# 漓江流域生态系统服务时空格局与演变

张昌顺　肖玉　马姜明　等 著

中国水利水电出版社
www.waterpub.com.cn
·北京·

## 内 容 提 要

本书在系统介绍漓江流域自然概况和社会经济的基础上，阐明该流域土地利用格局与变化，从全域、区县、子流域和生态系统尺度，揭示净初级生产力、水源涵养、土壤保持、固碳释氧、生境质量和水供给服务的空间格局及其演变规律，阐明了流域主要生态系统服务空间自相关规律及其权衡关系，并结合地形地貌、气候变化、社会经济等数据，分析了引起该流域主要生态系统服务变化的主要驱动因素。

本书可供从事气象学、地理学、环境科学、生态学等相关专业的科研人员、管理人员、技术人员、高等院校师生参考阅读。

**图书在版编目（CIP）数据**

漓江流域生态系统服务时空格局与演变 / 张昌顺等著. -- 北京 : 中国水利水电出版社, 2023.10
ISBN 978-7-5226-1667-4

Ⅰ. ①漓… Ⅱ. ①张… Ⅲ. ①漓江－流域－生态系－研究 Ⅳ. ①X321.267

中国国家版本馆CIP数据核字(2023)第140636号

| | |
|---|---|
| 书　　名 | **漓江流域生态系统服务时空格局与演变**<br>LI JIANG LIUYU SHENGTAI XITONG FUWU SHIKONG GEJU YU YANBIAN |
| 作　　者 | 张昌顺　肖　玉　马姜明　等　著 |
| 出版发行 | 中国水利水电出版社<br>（北京市海淀区玉渊潭南路1号D座　100038）<br>网址：www.waterpub.com.cn<br>E-mail：sales@mwr.gov.cn<br>电话：(010) 68545888（营销中心） |
| 经　　售 | 北京科水图书销售有限公司<br>电话：(010) 68545874、63202643<br>全国各地新华书店和相关出版物销售网点 |
| 排　　版 | 中国水利水电出版社微机排版中心 |
| 印　　刷 | 北京中献拓方科技发展有限公司 |
| 规　　格 | 170mm×240mm　16开本　13印张　262千字 |
| 版　　次 | 2023年10月第1版　2023年10月第1次印刷 |
| 定　　价 | **80.00**元 |

桂林市拥有得天独厚的漓江山水景观资源。由于桂林市生态功能没有“亚洲水塔”——青藏高原和北方生态屏障带那么重要，桂林市生态系统服务研究相对滞后。尽管桂林市生态系统服务研究得到了有效发展，但仍缺乏系统性研究，尤其缺少生态系统服务动态演化、空间流动及生态系统服务权衡与协同等研究。正因此，本书以桂林市景观资源富集区——漓江流域为研究区，探明流域生态系统格局演变，研究流域水源涵养、土壤保持、净初级生产力、生境质量、固碳释氧等主要生态系统服务时空格局与演变规律，揭示流域主要生态系统服务冷热点格局演变、生态系统服务间权衡与协同关系，为流域生态产品价值核算、价值实现机制和生态产业化研究提供数据支撑。

漓江流域净初级生产力、水源涵养、土壤保持、固碳释氧等主要生态系统服务资源丰富。2000—2020年流域净初级生产力平均为$7.26\times10^{12}$g C/年，单位面积平均为559.19g C/($m^2$·年)。尽管由于气候波动，流域植被净初级生产力时空格局略有差异，但流域周边山地丘陵区一般都具有较高的净初级生产力，说明生态系统格局是影响流域净初级生产力的主要因素。流域年水源涵养、土壤保持、固碳量和释氧量分别为44.43亿t/年、43.02亿t/年、0.12亿t/年和0.09亿t/年，价值量分别为29.77亿元/年、134.53亿元/年、30.89亿元/年和30.51亿元/年。主要生态系统服务在区县间、子流域间、栅格间和年际间均差异显著，这是区域生态系统构成与格局、气候、地貌和人为

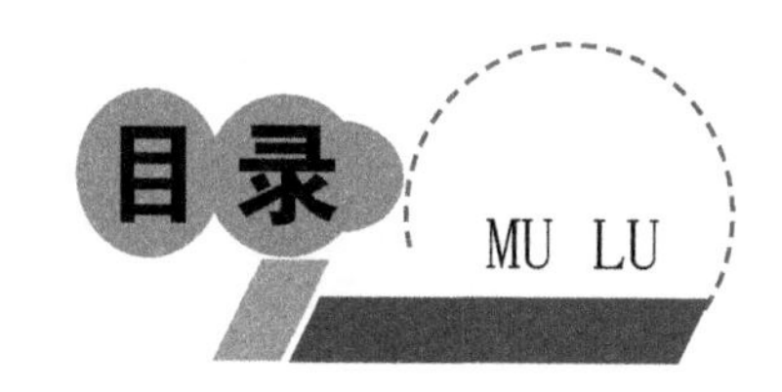
目录
MU LU

# 第1章　漓江流域基本概况

本章首先从地理位置、地形地貌、气象条件、土壤类型、水系分布、土地覆被和河流水文等方面介绍漓江流域自然本底，再从经济、人口、文化和旅游产业等方面阐述漓江流域社会经济发展水平，为深刻理解与把握流域自然、社会、经济等概况，以及生态系统服务核算与分析提供基础数据支撑。

## 1.1　自　然　概　况

### 1.1.1　地理位置

漓江流域（24°6′39″N～25°54′56″N，110°4′59″E～111°17′35″E）位于广西壮族自治区东北部，地处中国“两屏三带”（即青藏高原生态屏障、黄土高原-川滇生态屏障、东北森林带、北方防沙带和南方丘陵山地带）的南岭山地森林及生物多样性生态功能区的西南部，是连通长江与珠江的重要纽带。漓江流域整体呈带状分布，全域南北长约200km，东西宽约124km，总面积约1.30万$km^2$，占桂林市总面积的46.76%。根据2021年中国行政区划数据，该流域地跨广西壮族自治区桂林市13个区县（临桂区、秀峰区、叠彩区、象山区、七星区、雁山区、阳朔县、灵川县、兴安县、平乐县、荔浦市、恭城瑶族自治县和资源县）、贺州市富川瑶族自治县和钟山县、来宾市的金秀瑶族自治县和湖南省永州市江永县，共17个区县，其中95%区域位于桂林市境内。

漓江流域主要包括漓江、荔浦河和恭城河3条河流。其中，漓江发源于广西壮族自治区兴安县华江瑶族乡越城岭山脉的最高峰猫儿山东北面老山界南侧，是漓江流域的主体，它流经灵川县、桂林市、阳朔县至平乐县，与荔浦河、恭城河相汇后称为桂江；荔浦河，又名荔江，发源于广西壮族自治区来宾市金秀瑶族自治县大瑶山老山北麓，流经荔浦市，自西南向东北流入平乐县与漓江汇合，注入桂江；恭城河，又名茶江，发源于广西自壮族治区桂林市恭城瑶族自治县东北都

---

本章执笔人：广西师范大学马姜明，中国科学院地理科学与资源研究所张昌顺，国家林业和草原局林草调查规划院王小昆。

❶ 本书中，多个县级行政区划统一用“区县”表示。

庞岭的大龙源，自北往南纵贯恭城瑶族自治县，至平乐县后汇入桂江。

### 1.1.2　地形地貌

漓江流域地势起伏较大，整体周边高、中部低，其中以北部漓江上游源区的猫儿山最高，其次为东部恭城瑶族自治县与江永县和富川瑶族自治县交界地带和中东部的恭城瑶族自治县分别与灵川县和阳朔县交界地带，再次为流域南部金秀瑶族自治县的北部区域。漓江流域整体以小于 500m 的低海拔为主，约占总面积的 68.8%，广泛分布于流域中部、中南部和中东部地区。600～1000m 区域主要分布于流域北部、中部和西南地区，约占总面积的 25.0%，海拔大于 1000m 区域主要分布于北部兴安县东南部和西北部、资源县西南部地区，以及恭城瑶族自治县西北部与灵川县和阳朔县交界地带、恭城瑶族自治县东部及其与江永县和富川瑶族自治县交界地带和流域西南部的金秀瑶族自治县境内，约占流域总面积的 6.2%（图 1-1）。

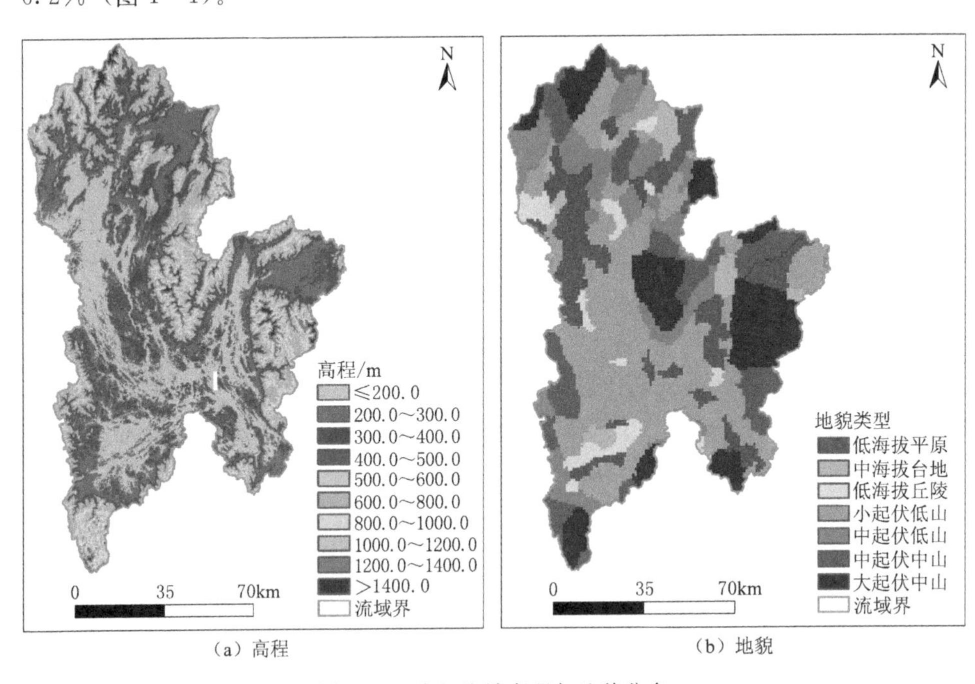


（a）高程　　（b）地貌

图 1-1　漓江流域高程与地貌分布

漓江流域地貌类型多样，以小起伏低山、低海拔平原、大起伏中山、中起伏中山和中起伏低山占主导，分别约占总面积的 35.7%、16.9%、14.2%、12.6%和 12.4%，其中小起伏低山广泛分布于中部、中南部和南部地区，并在北部兴安县和东北部江永县和富川瑶族自治县也有集中连片分布；低海拔平原主要分布于桂林市市辖区境内，在江永县也有较大面积分布；大起伏中山主要分布于流域北部和东北部、东部恭城瑶族自治县及其与江永县和富川瑶族自治县交界地带、南部金秀瑶族自治县、荔浦市和平乐县等区县边界地带；中起伏中山主要分布于流域北部、东部和西南部地区；中起伏低山主要分布于流域中北部、中东部和西南部地区。中海拔台地和低海拔丘陵面积占比分别为4.5%和3.7%，其中中海拔台地主要分布于北部兴安县、恭城瑶族自治县、富川瑶族自治县和荔浦市境内；低海拔丘陵主要分布于临桂区与灵川县交界地带和荔浦市的中部地区（图1-1）。

### 1.1.3 气象条件

漓江流域气候夏长冬短，雨热同期，属于典型的中亚热带季风气候，全年气温较高。大部分区域多年平均气温大于18℃，其次为15～17℃区域，主要分布于流域北部和东北部地区，小于13℃的区域主要分布于海拔较高的北部源区、中北部和东部山区（图1-2）。风向以偏北风为主，平均风速约2.5m/s，热量丰富，年均日照时数1447h，无霜期长。受锋面、低涡、热带气旋等天气系统影响，流域年均降水天数166d，连续降水最长天数30d，年均降水量约1688mm。多年平均降水量从南至北呈先降低后增加再降低的分布格局（图1-2）。流域全年雨量充沛但季节分布不均，每年的3—8月为汛期，降水量为1100～1400mm，占全年降水量的75%，其中又以5—6月降水量最多（507～683mm），占全年降水量的35%左右。相较而言，9月至次年2月为旱季，降水量为370～430mm，仅占全年降水量的25%，降水量最小月份出现在12月或次年1月。

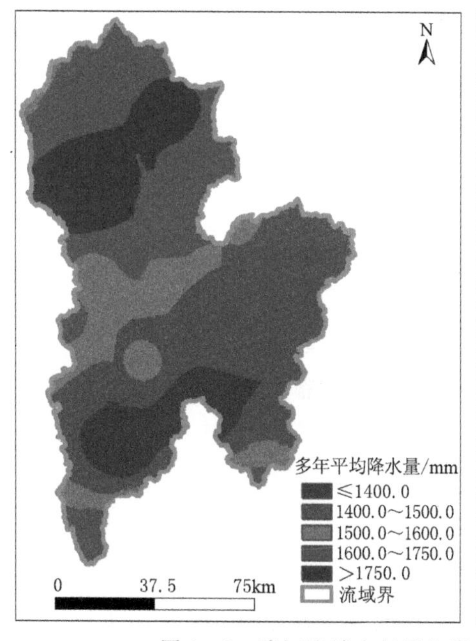


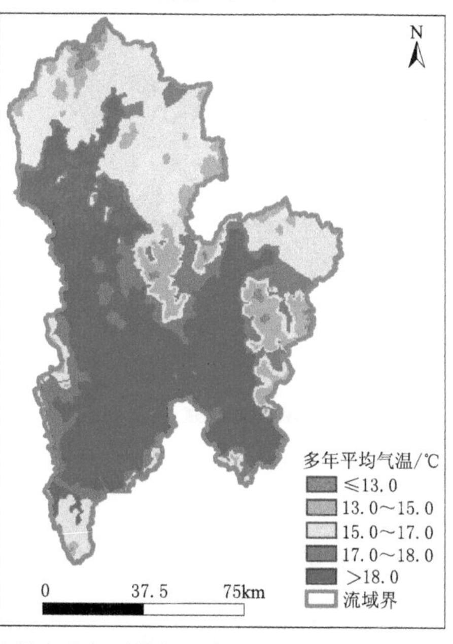


图1-2 漓江流域多年平均降水量和多年平均气温分布格局

### 1.1.4 土壤类型

漓江流域土壤类型多样，有7个土纲15种土类，以铁铝土土纲占主导，约占总面积的59.30%。铁铝土土纲以红壤分布最广，约占流域总面积的44.30%，主要分布于流域北部、中东部和西南部地区；黄壤次之，主要分布于中东部、东部和西南部地区，约占总面积的10.64%。初育土是仅次于铁铝土的第二大土纲，约占总面积的26.16%，主要分布于流域中部小起伏低山地区，其中又以石灰岩土分布最广，约占总面积的14.24%，主要分布于雁山区和阳朔县境内。随后是人为土土纲的水稻土，约占总面积的11.15%，零星分布于北部、南部和东部地区。半水成土土纲面积最小，约占总面积的0.05%，仅在北部小范围分布（图1-3）。

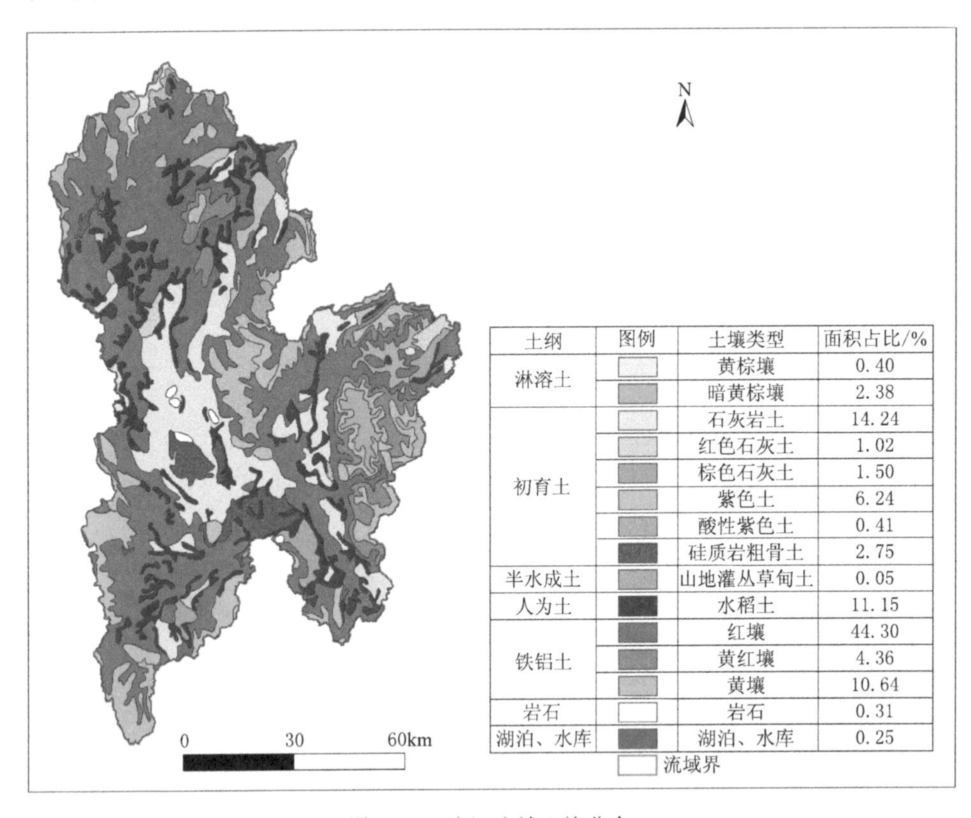


图1-3 漓江流域土壤分布

### 1.1.5 水系分布

漓江流域分布有桂江水系的一级支流，以漓江、荔浦河和恭城河为主。漓江是一条南北流向的河流，干流全长214km，水系较为复杂。按照所处地理位置的差异将漓江划分为上游、中游和下游。上游指桂林以上河段，主源为乌龟江，西接龙塘江，东纳黑洞江，三江合一称六洞河，又名华江。华江自北向南流经兴安县，东汇黄柏江，西纳川江，汇合称为大溶江。大溶江南下流经溶江镇与灵渠相汇，继续南下接小溶江始称漓江。其中，古运河灵渠沟通了湘江和漓江，是沟通长江与珠江的重要纽带。漓江继续南下，在灵川县与甘棠江汇合流入桂林市。上游的干支流共同承担着桂林市的城市供水、漓江补水等水资源利用重任，是桂林市的重要水源地。漓江中游指桂林—阳朔河段，上游河流在灵川县沿下秦至大面圩进入桂林市区，自北向南穿越市区，途中与右岸支流桃花江，左岸支流花江与潮田河相汇，而后蜿蜒向南流向阳朔。在草坪回族乡冠岩处进入阳朔县，先后汇合兴坪河、遇龙河和金宝河，流出阳朔进入下游。值得注意的是，该河段是漓江的黄金旅游河段，旅游业和通航对水量的依赖性很高，河流流量保持在60m/s以上时才可以维持河道内良好的生态环境和优美的山水景观。漓江下游指三江交汇河段，主要由漓江下游、荔浦河下游和恭城河下游组成。荔浦河自西南流向东北，在平乐县与漓江汇合后注入桂江，主要支流为马岭河。恭城河自东北流向西南，在平乐县注入桂江，主要支流包括莲花河、势江河、西岭河和榕津河等。

### 1.1.6 土地覆被

2020年漓江流域土地覆被以林地占主导，约占流域总面积的64.85%，在流域内广泛分布。其中，有林地占比最高，约占流域总面积的46.40%，主要分布于流域北部、东部、南部和西南部等山区；灌木林地次之，主要分布于中部和中南部地区；其他林地占比最低，仅约占总面积的1.79%。耕地是仅次于林地的第二大土地覆被类型，主要分布于流域平原、台地和小起伏低山丘陵地区，约占流域总面积的21.72%，其中又以水田分布最广，约占总面积的15.08%。草地是仅次于林地和耕地的第三大土地利用类型，主要分布于中部建成区及北部、东部、中东部和南部山区，占总面积的8.99%。其余地类面积之和的面积占比约为4.42%，其中以建设用地面积占比最高，约占总面积的3.15%，主要分布于桂林市各区县县城所在地，尤其以桂林市主城区集中连片分布面积最大（图1-4）。

### 1.1.7 河流水文

漓江的地表径流来源于流域内的地表水和地下水，在雨洪时地表水向地下水渗透。低水期和枯水期地下水补给河槽，形成漓江的径流过程。漓江在桂林水文站断面处实测多年平均年径流量为40.3亿$m^3$（1941—1990年），最大年径流量为56.3亿$m^3$（1968年），最小年径流量值为23.3亿$m^3$（1963年）。作为一条

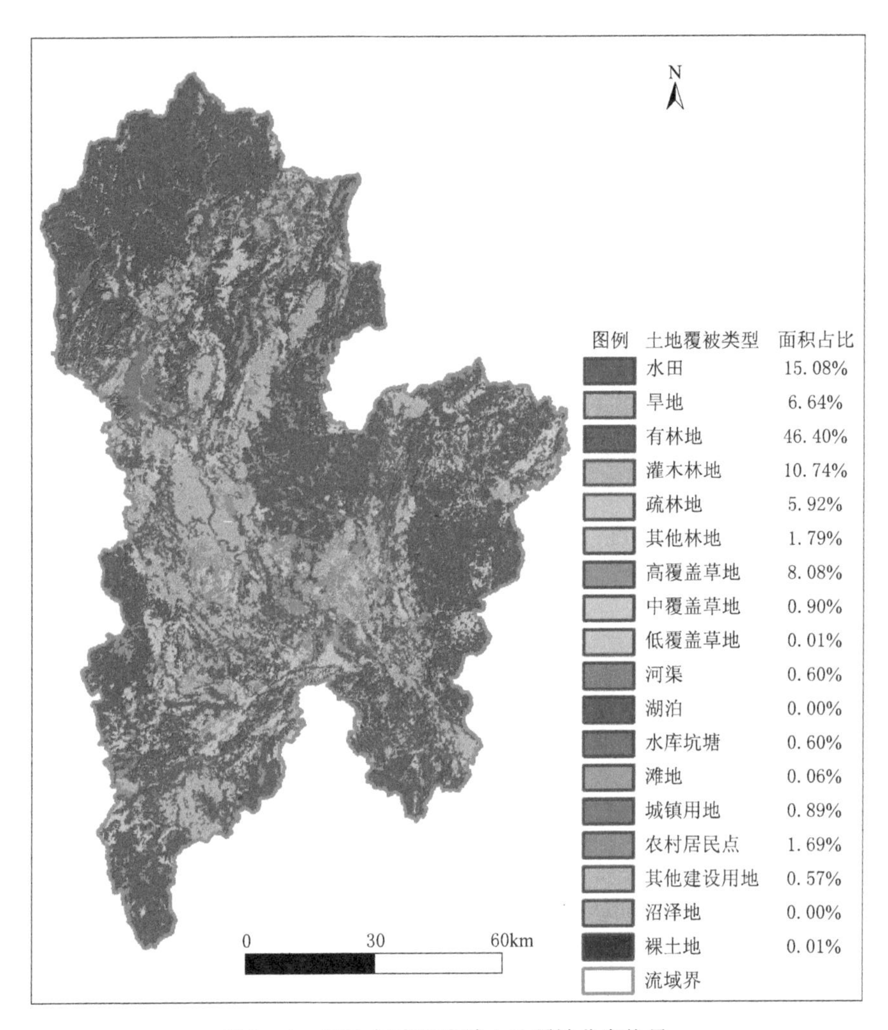


图 1-4 2020 年漓江流域土地覆被分布格局

雨源型河流，漓江径流量在丰水季和枯水季相差悬殊，高值期与低值期的径流量相差 7.8 倍，枯涨之变为广西河流之最。流域年内月径流分配与其年内月降水量分配一致，其中 3—8 月雨季径流量占全年径流总量的 77.5%，而 5—6 月为全年高值期，约占总量的 37.7%；12 月至次年 1 月为径流量低值期，仅约占总量的 4.5%，约为高值期的 11.9%。据实测，漓江桂林水文站瞬时最高水位为 147.43m(1952 年)，最大流量为 5200$m^3$/s(1952 年)，最低水位为 140.18m（1989 年)，最小流量为 3.8$m^3$/s，1936—1990 年平均水位为 141.36m。

漓江的泥沙主要来自上游兴安县、灵川县及桃花江沿岸，由暴雨、洪水冲刷地面和河岸而形成，以悬沙为主。含沙量的变化随暴雨、洪水而定，洪水期含沙量较大，桂林水文站断面实测最大值达10.3kg/m³（1977年），低水时含沙量较小。每年1月、2月和11月、12月常接近0，多年平均含沙量为0.084kg/m³，多年平均年输沙量为34.3万t。漓江上游河道流经山区，植被繁茂，覆盖率高，表土流失少，兴安县溶江镇司门前以下河床主要由卵石、砂组成，泥质甚少，河床上还有沉降泥沙、澄清水色作用的大量深潭，造就了晶莹的江水，使之成为广西含沙量最小的河流，获得“江作青罗带”的美誉。

## 1.2 社会经济

### 1.2.1 经济

根据流域区县产业结构数据可知，2022年漓江流域各区县经济结构差异显著，其中第一产业占比以恭城瑶族自治县最高，高达51.65%，平乐县次之，为47.44%，随后为兴安县、资源县和富川瑶族自治县，分别为44.97%、39.68%和39.51%，七星区最低，仅为0.52%；第二产业占比以临桂区最高，为35.93%，钟山县次之，为34.72%，随后为七星区和富川瑶族自治县，分别为30.66%和30.10%，叠彩区最低，仅为7.89%；第三产业占比以桂林市叠彩区最高，高达90.54%，秀峰区次之，为89.11%，随后为象山区、七星区和雁山区，分别为71.54%、68.82%和63.91%，富川瑶族自治县最低，仅为30.39%（表1-1）。

表1-1　　2022年漓江流域各区县经济结构特征

| 区县 | 第一产业增加值 | | 第二产业增加值 | | 第三产业增加值 | |
|---|---|---|---|---|---|---|
| | 产值/亿元 | 比重/% | 产值/亿元 | 比重/% | 产值/亿元 | 比重/% |
| 秀峰区 | 0.57 | 0.55 | 10.75 | 10.34 | 92.60 | 89.11 |
| 叠彩区 | 1.48 | 1.57 | 7.44 | 7.89 | 85.32 | 90.54 |
| 象山区 | 1.41 | 0.74 | 52.90 | 27.72 | 136.53 | 71.54 |
| 七星区 | 1.49 | 0.52 | 87.69 | 30.66 | 196.82 | 68.82 |
| 雁山区 | 7.45 | 20.54 | 5.64 | 15.55 | 23.18 | 63.91 |
| 临桂区 | 56.09 | 20.07 | 100.41 | 35.93 | 122.96 | 44.00 |
| 阳朔县 | 43.48 | 34.14 | 22.33 | 17.54 | 61.54 | 48.32 |
| 灵川县 | 65.89 | 32.31 | 45.65 | 22.39 | 92.38 | 45.30 |
| 兴安县 | 75.10 | 44.97 | 29.32 | 17.56 | 62.57 | 37.47 |
| 资源县 | 24.14 | 39.68 | 8.10 | 13.31 | 28.60 | 47.01 |
| 平乐县 | 68.06 | 47.44 | 23.72 | 16.53 | 51.69 | 36.03 |

续表

| 区县 | 第一产业增加值 | | 第二产业增加值 | | 第三产业增加值 | |
|---|---|---|---|---|---|---|
| | 产值/亿元 | 比重/% | 产值/亿元 | 比重/% | 产值/亿元 | 比重/% |
| 恭城瑶族自治县 | 49.23 | 51.65 | 10.47 | 10.99 | 35.61 | 37.36 |
| 荔浦市 | 37.14 | 21.84 | 47.25 | 27.78 | 85.70 | 50.38 |
| 金秀瑶族自治县 | 10.64 | 23.94 | 11.43 | 25.71 | 22.38 | 50.35 |
| 富川瑶族自治县 | 40.3 | 39.51 | 30.7 | 30.10 | 31 | 30.39 |
| 钟山县 | 25.4 | 16.80 | 52.5 | 34.72 | 73.3 | 48.48 |
| 江永县 | 29.15 | 31.26 | 23.29 | 24.98 | 40.81 | 43.76 |

## 1.2.2 人口

漓江流域各区县第七次人口普查数据中常住人口数量与人口密度差异悬殊，其中人口数量以临桂区最高，为55.51万人，灵川县次之，为42.28万人，随后为七星区、钟山县、平乐县、荔浦市和兴安县，分别为38.73万人、35.11万人、34.09万人、33.45万人和30.70万人，金秀瑶族自治县最低，仅为13.03万人。而人口密度以七星区最高，达5532.91人/$km^2$，随后为叠彩区、秀峰区和象山区，分别为3977.94人/$km^2$、3834.90人/$km^2$和3186.80人/$km^2$，金秀瑶族自治县最低，仅为52.72人/$km^2$，随后为资源县，仅为71.68人/$km^2$（表1-2）。

**表1-2　　漓江流域各区县第七次人口普查结果**

| 区县 | 人口总数/万人 | 密度/(人/$km^2$) | 区县 | 人口总数/万人 | 密度/(人/$km^2$) |
|---|---|---|---|---|---|
| 秀峰区 | 16.11 | 3834.90 | 资源县 | 13.92 | 71.68 |
| 叠彩区 | 20.29 | 3977.94 | 平乐县 | 34.09 | 180.10 |
| 象山区 | 28.68 | 3186.80 | 恭城瑶族自治县 | 24.54 | 114.69 |
| 七星区 | 38.73 | 5532.91 | 荔浦市 | 33.45 | 190.61 |
| 雁山区 | 13.26 | 437.75 | 金秀瑶族自治县 | 13.03 | 52.72 |
| 临桂区 | 55.51 | 247.04 | 富川瑶族自治县 | 26.65 | 173.30 |
| 阳朔县 | 27.31 | 190.20 | 钟山县 | 35.11 | 238.65 |
| 灵川县 | 42.28 | 183.50 | 江永县 | 23.57 | 144.42 |
| 兴安县 | 30.70 | 131.67 | | | |

## 1.2.3 文化

何艳阳（2022）对漓江流域文化进行了系统总结，流域不仅拥有得天独厚的自然资源，还拥有极其丰富的人文资源与宝贵的历史文化遗产。既有史前文化遗址、古代水利、古代城池和古代石刻、古村古镇、宗教历史、名人故居、民国抗战等有形有色的人文景观，还有无形的人文历史（文态）资源，诸如非物质文化遗产及文化景观等精神范畴的寄情于漓江山水的文化资源，诸如题名、辞赋、宗教、信仰、诗歌、绘画、自然山水风光等。自然资源、人文历史（文态）资源和人文景观高度耦合、情景交融、相得益彰，形成了别具一格的漓江流域人文历史（文态）资源。

（1）史前文化遗址。在 12 个史前文化遗产中，9 个分布于距离漓江干流 5km 以内的桂林市中心区段，3 个分布于距离漓江干流 5～10km 内。

（2）古代水利文化资源。其中灵渠、桂柳运河等重要的水利枢纽均处在两江交汇之地，与漓江水域关系密切。此外，如会仙河和相思江上有大梁堰、官陂堰、牲匠堰和潢山大堰等农业灌溉工程。

（3）古代城池遗址和古代石刻遗址。古代城池遗址和古代石刻遗址的数量随距漓江远近呈负相关分布，越远分布越分散，其中古代石刻遗址主要分布于沿漓江两岸七星区、象山区、秀峰区的岩溶[1]山峰和溶洞中。

（4）古镇古村。分布于桂林市各县市的古镇古村共 57 个，占漓江流域总数的 83.82%，其中又以恭城瑶族自治县和灵川县的古村古镇数量最多，留存较为完好。

（5）名人故居（旧居）。有 23 处名人故居大多分布于城区，约占流域名人故居数量的 76.67%。

（6）宗教历史文化资源。流域宗教历史文化资源主要分布于桂林市区、灵川县和永福县等地近漓江及其他水系处，共有 21 处，其余县市零散分布。

（7）民国抗战遗址遗迹。民国抗战遗址遗迹集中分布于桂林市中心近漓江处，在其余各县市沿漓江零散分布。

（8）非物质文化遗产。如碑刻类历史文化遗产同样集中分布在桂林市区近漓江区域，而民俗、美食类非物质文化遗产则主要分布在恭城瑶族自治区和阳朔县境内。

（9）文化景观。自然公园及自然保护区主要零散分布于流域内各区县。

### 1.2.4 旅游产业

漓江流域是中国最早发展旅游业的地区之一，也是桂林市旅游资源的富集区，流域范围内 4A 级以上级别的景点就达 55 处，其中 41 处自然风光景点，14 处人文景观景点。2007 年桂林市漓江景区已成为广西壮族自治区首个国家级 5A 旅游景区，2013 年漓江还被评选为全球最美最值得去的 15 条河流之一。现在桂

---

[1] 岩溶，英文 karst，音译为喀斯特，故又称喀斯特，根据专业习惯，本书中统一用词“岩溶”。

林市形成了“三山两洞一条江”（三山为象鼻山、伏波山、叠彩山，两洞为芦笛岩、七星岩，一江为漓江）的旅游发展格局（钟泓，2009）。2018 年桂林市旅游总消费超过 1200 亿元，较 2017 年增长了 33%，总收入达 159.19 亿元，占全市旅游总收入的 94.59%，接待游客人数突破 1 亿人次，增长了 22%，是一个典型的以旅游产业为主导的区域（钟佩，2020）。

# 第 2 章　生态系统格局与演变

从全域、区县和子流域尺度研究 2000—2020 年漓江流域生态系统格局与演变规律。结果表明，2020 年漓江流域以森林和农田占主导，分别约占总面积的 68.4%和 21.7%，但流域生态系统分布时空异质性显著，森林和草地生态系统面积占比随漓江及主要支流源区→中游→下游或从山区→丘陵区→平原/台地不断降低，而农田、聚落等人工生态系统占比却呈相反的变化趋势。2000—2020 年全域农田、森林和草地生态系统面积整体不断减少，而水域与湿地、聚落和其他生态系统面积却不断增加。流域生态系统转移强度 2000—2010 年低于 2010—2020 年，2000—2010 年区域生态系统转移主要驱动力为退耕还林还草还湿工程建设和城市化，2010—2020 年生态系统转移的主要驱动力为城市扩张与土地开发，且 2000—2020 年生态系统面积变化/转移强度在区县间和子流域间均差异显著，这是区域资源禀赋、生态建设和城市化建设等综合作用的结果。

## 2.1　研究方法与数据来源

### 2.1.1　研究方法

利用 ArcMap 空间分析软件，在对土地覆被数据进行重分类后，利用栅格计算和数据转换等功能，获取不同尺度评价单元农田、森林、草地、水域与湿地、聚落和其他等生态系统类型动态数据，再利用回归分析、相关分析等方法研究不同尺度各类生态系统演变趋势。

使用最小二乘法所得的线性拟合函数分析区县尺度和子流域尺度各类生态系统面积的变化趋势，计算模型为

$$Slope=\frac{n\sum_{i=1}^{n}x_iy_i-(\sum_{i=1}^{n}x_i)(\sum_{i=1}^{n}y_i)}{n\sum_{i=1}^{n}x_i^2-(\sum_{i=1}^{n}x_i)^2} \tag{2-1}$$

本章执笔人：广西师范大学马姜明，中国科学院地理科学与资源研究所张昌顺，国家林业和草原局林草调查规划院王小昆。

式中：$Slope$ 为评价单元 $i$ 类生态系统面积变化趋势；$n$ 为研究总年数；$y_i$ 为评价单元第 $x_i$ 年 $i$ 类生态系统面积值。

当 $Slope>0$ 时，表示评价单元该类生态系统类型面积呈增加趋势；当 $Slope<0$ 时，表示评价单元该类生态系统面积呈下降趋势；当 $Slope=0$ 时，表示评价单元该类生态系统类型面积无变化。

采用 $F$ 检验法确定区县尺度和子流域尺度各类生态系统面积变化趋势显著性水平，即对各类生态系统面积变化趋势进行显著性检验，以反映趋势变化置信度高低。

$$F=\frac{\sum_{i=1}^{n}(\widetilde{y_i}-\bar{y})^2\times(n-2)}{\sum_{i=1}^{n}(y_i-\widetilde{y_i})^2} \tag{2-2}$$

式中：$n$ 为研究年份数量，在此为 2000 年、2005 年、2010 年、2015 年、2018 年和 2020 年 6 期；$\widetilde{y_i}$ 为拟合回归值；$\bar{y}$ 为 $i$ 评价单元 $i$ 类生态系统面积平均值；$y_i$ 为 $x_i$ 年评价单元 $i$ 类生态系统面积值。

最终根据自由度和显著性水平查表获得检验阈值，确定区县和子流域尺度各类生态系统面积变化趋势是否达到极显著变化和显著变化水平。

基于 ArcMap 空间分析软件，在对土地覆被数据进行重分类的基础上，利用 ArcMap 栅格运算功能，研究 2000—2010 年、2010—2020 年和 2000—2020 年全域栅格尺度生态系统转移空间格局，再导出不同时期生态系统转移属性表，通过 Excel 数据透视表功能，获取全域尺度生态系统转移矩阵。此后再利用栅格计算研究 2000—2020 年区县尺度和子流域尺度生态系统转移规律，最后导出属性表，利用 Excel 数据透视表功能获得 2000—2020 年区县尺度和子流域尺度生态系统的转移矩阵。

### 2.1.2 数据来源

2000 年、2005 年、2010 年、2015 年、2018 年和 2020 年 30m×30m 土地覆被数据从资源环境科学数据中心购买获得。行政区划数据来自广西师范大学。子流域分布数据基于 30m×30m 数字高程模型（Digital Elevation Model，DEM）数据获得。

## 2.2 全 域 尺 度

### 2.2.1 格局

2020 年漓江流域生态系统以森林和农田占主导，分别约占流域总面积的

64.85%和21.73%。其中，森林广泛分布于流域平原、台地以外的山地丘陵地区，农田主要分布于台地、平原及丘陵地带；其次为草地，主要分布于中南部和北部山地丘陵地区，约占总面积的8.99%；再次为聚落，主要集中连片分布于桂林市主城区，以及北部兴安县县城及中南部恭城瑶族自治县、平乐县、阳朔县等县城所在地，约占总面积的3.16%；水域与湿地主要分布于北部地区，此外，还零星分布于南部和东部地区（图2-1）。

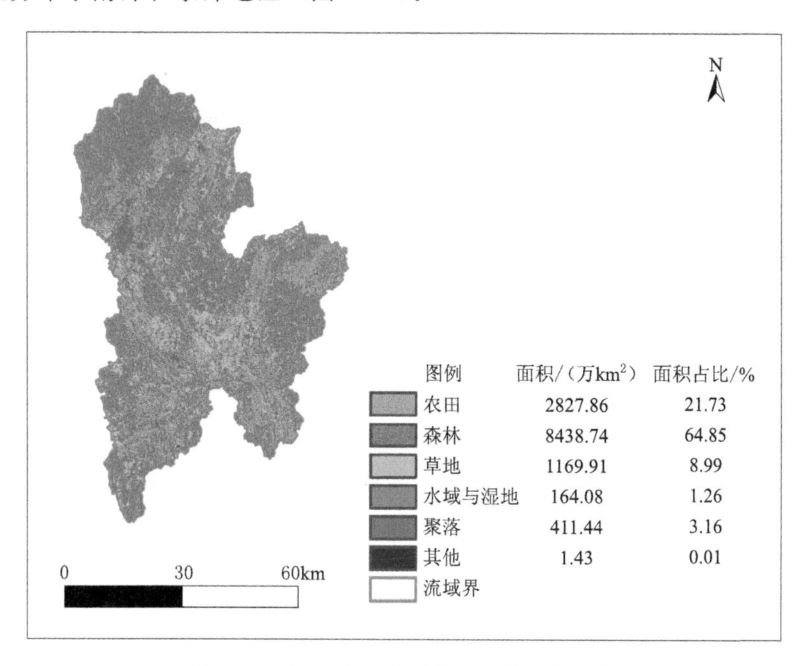


图2-1 2020年生态系统分布格局与结构

### 2.2.2 演变

由于漓江流域各类生态系统变化量不大，致使不同年份生态系统空间分布格局差异不太明显。最为显著的为聚落面积变化，尤其以桂林市主城区集中连片聚落分布面积增长明显，其次为兴安县、恭城瑶族自治县等县城区域增长明显。此外，北部水域与湿地面积增加较为显著，农田、森林、草地等生态系统因退耕还林还草还湿生态工程建设较分散而空间格局变化不显著（图2-2）。

2000—2020年漓江流域农田、森林、草地、水域与湿地等生态系统面积发生了显著变化，集中表现为农田和草地面积极显著降低，*Slope* 分别为$-3.5km^2$/年和$-1.4km^2$/年（$P<0.01$），水域与湿地和聚落面积极显著增加，*Slope* 分别为$1.12km^2$/年和$4.90km^2$/年（$P<0.01$），其他用地面积增加不显著（$P>0.05$），森林面积呈现先增加后降低的变化态势，这是流域退耕

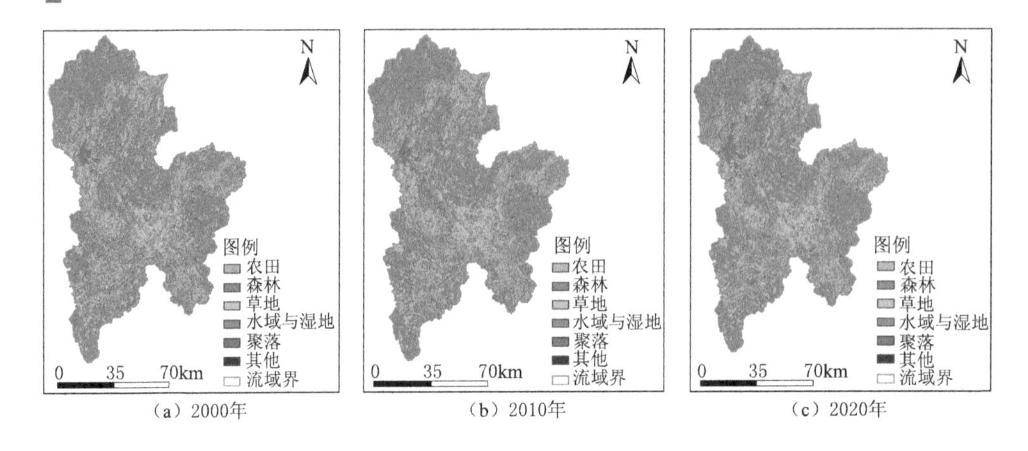


图 2-2　2000 年、2010 年和 2020 年漓江流域生态系统分布格局

还林还草还湿、生态修复等生态工程建设和城市化扩张综合作用的结果(图 2-3)。

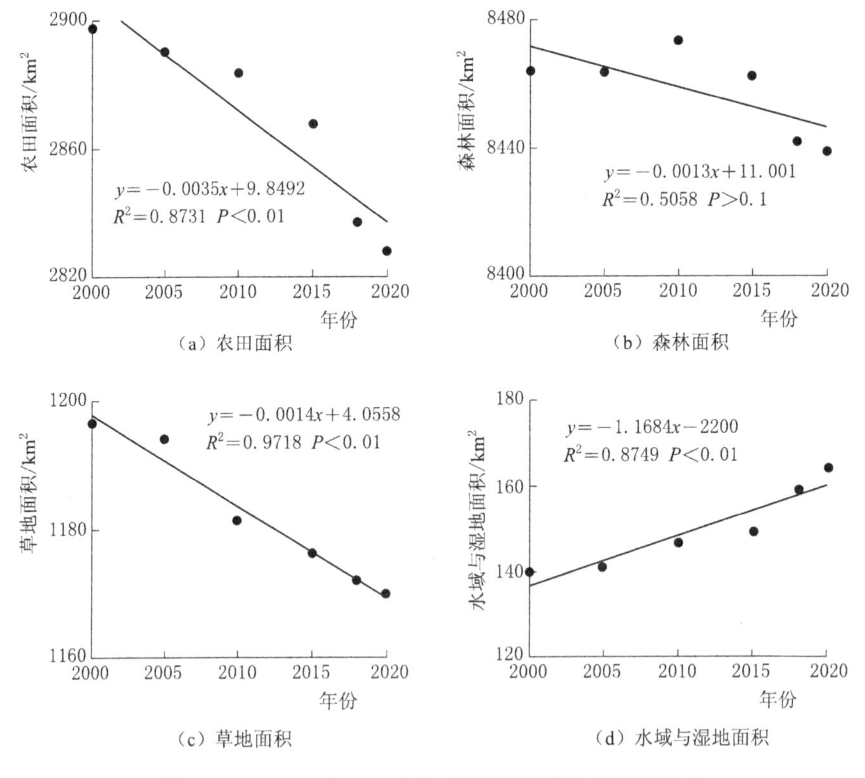


图 2-3（一）　2000—2020 年漓江流域生态系统演变

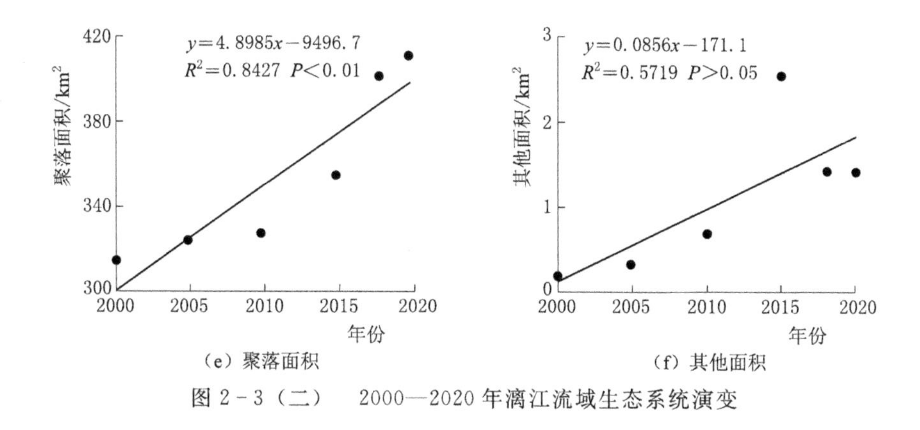


（e）聚落面积　　（f）其他面积

图 2-3（二）　2000—2020 年漓江流域生态系统演变

### 2.2.3 生态系统转移

流域生态系统转移矩阵分析表明，2010—2020 年生态系统转移强度明显强于 2000—2010 年。2000—2010 年，分别共有 40.767km²、30.198km²、28.352km²、2.502km²、8.224km² 和 0.063km² 的农田、森林、草地、水域与湿地、聚落和其他生态系统转化成其他生态系统，同时期间转化成农田、森林、草地、水域与湿地、聚落和其他的面积分别有 26.802km²、39.519km²、13.109km²、8.883km²、21.235km² 和 0.563km²，最终使得期间农田和草地面积分别减少了 13.966km² 和 15.243km²，聚落、森林、水域与湿地和其他增加了 13.009km²、9.320km²、6.3814km² 和 0.499km²，说明退耕还林还草还湿工程和城市化建设是该时期影响流域生态系统变化的主导因子。该时期农田主要转化成森林和聚落，森林主要转化成农田和草地，草地则主要转化成森林，水域与湿地和聚落主要转化成农田和森林，其他主要转化成森林和水域与湿地（表 2-1 和表 2-2）。

表 2-1　2000—2010 年、2010—2020 年和 2000—2020 年生态系统转移矩阵　单位：km²

| 年份 | 生态系统类型 | 农田 | 森林 | 草地 | 水域与湿地 | 聚落 | 其他 | 合计 |
|---|---|---|---|---|---|---|---|---|
| | | 2010 年 | | | | | | |
| 2000 | 农田 | 2856.724 | 16.521 | 4.306 | 4.676 | 15.101 | 0.164 | 2897.492 |
| | 森林 | 17.159 | 8433.884 | 7.510 | 2.050 | 3.324 | 0.156 | 8464.083 |
| | 草地 | 3.354 | 20.559 | 1168.228 | 1.788 | 2.651 | 0.000 | 1196.580 |
| | 水域与湿地 | 1.057 | 0.855 | 0.426 | 137.717 | 0.159 | 0.005 | 140.219 |
| | 聚落 | 5.230 | 1.553 | 0.867 | 0.338 | 306.684 | 0.238 | 314.910 |
| | 其他 | 0.002 | 0.031 | 0.000 | 0.031 | 0.000 | 0.138 | 0.202 |
| | 合计 | 2883.526 | 8473.403 | 1181.337 | 146.600 | 327.919 | 0.701 | 13013.486 |

续表

| 年份 | 生态系统类型 | 农田 | 森林 | 草地 | 水域与湿地 | 聚落 | 其他 | 合计 |
|---|---|---|---|---|---|---|---|---|
| | | 2020 年 | | | | | | |
| 2010 | 农田 | 2656.331 | 113.589 | 25.079 | 14.510 | 74.015 | 0.001 | 2883.525 |
| | 森林 | 116.02 | 8258.846 | 53.135 | 16.826 | 27.569 | 0.989 | 8473.385 |
| | 草地 | 23.614 | 54.032 | 1088.184 | 4.243 | 11.252 | 0.009 | 1181.334 |
| | 水域与湿地 | 9.737 | 6.665 | 1.673 | 126.761 | 1.739 | 0.025 | 146.600 |
| | 聚落 | 22.150 | 5.590 | 1.840 | 1.479 | 296.860 | 0.001 | 327.920 |
| | 其他 | 0.005 | 0.023 | 0.000 | 0.264 | 0.005 | 0.404 | 0.701 |
| | 合计 | 2827.857 | 8438.745 | 1169.911 | 164.083 | 411.44 | 1.429 | 13013.465 |
| 2000 | 农田 | 2641.313 | 122.825 | 27.168 | 19.347 | 86.678 | 0.160 | 2897.491 |
| | 森林 | 125.805 | 8231.808 | 56.961 | 18.358 | 30.002 | 1.131 | 8464.065 |
| | 草地 | 25.579 | 70.960 | 1081.864 | 4.636 | 13.530 | 0.010 | 1196.579 |
| | 水域与湿地 | 10.199 | 6.812 | 1.595 | 119.779 | 1.831 | 0.004 | 140.220 |
| | 聚落 | 24.954 | 6.296 | 2.323 | 1.934 | 279.399 | 0.002 | 314.908 |
| | 其他 | 0.008 | 0.044 | 0.000 | 0.026 | 0.000 | 0.122 | 0.200 |
| | 合计 | 2827.858 | 8438.745 | 1169.911 | 164.08 | 411.44 | 1.429 | 13013.463 |

**表 2-2　2000—2010 年、2010—2020 年和 2000—2020 年生态系统转移强度**

%

| 年份 | 生态系统类型 | 农田 | 森林 | 草地 | 水域与湿地 | 聚落 | 其他 |
|---|---|---|---|---|---|---|---|
| | — | 2010 年 | | | | | |
| 2000 | 农田 | — | 40.53 | 10.56 | 11.47 | 37.04 | 0.40 |
| | 森林 | 56.82 | — | 24.87 | 6.79 | 11.01 | 0.52 |
| | 草地 | 11.83 | 72.51 | — | 6.31 | 9.35 | 0.00 |
| | 水域与湿地 | 42.23 | 34.17 | 17.01 | — | 6.37 | 0.22 |
| | 聚落 | 63.59 | 18.88 | 10.54 | 4.10 | — | 2.89 |
| | 其他 | 2.86 | 48.57 | 0.00 | 48.57 | 0.00 | — |
| | | 2020 年 | | | | | |
| 2010 | 农田 | — | 50.00 | 11.04 | 6.39 | 32.58 | 0.00 |
| | 森林 | 54.08 | — | 24.77 | 7.84 | 12.85 | 0.46 |
| | 草地 | 25.35 | 58.01 | — | 4.55 | 12.08 | 0.01 |
| | 水域与湿地 | 49.08 | 33.59 | 8.43 | — | 8.76 | 0.13 |
| | 聚落 | 71.32 | 18.00 | 5.92 | 4.76 | — | 0.00 |
| | 其他 | 1.82 | 7.60 | 0.00 | 89.06 | 1.52 | — |

续表

| 年份 | 生态系统类型 | 农田 | 森林 | 草地 | 水域与湿地 | 聚落 | 其他 |
|---|---|---|---|---|---|---|---|
| 2000 | 农田 | — | 47.94 | 10.61 | 7.55 | 33.84 | 0.06 |
| | 森林 | 54.17 | — | 24.53 | 7.90 | 12.92 | 0.49 |
| | 草地 | 22.30 | 61.86 | — | 4.04 | 11.79 | 0.01 |
| | 水域与湿地 | 49.90 | 33.33 | 7.80 | — | 8.96 | 0.02 |
| | 聚落 | 70.27 | 17.73 | 6.54 | 5.45 | — | 0.01 |
| | 其他 | 10.34 | 56.32 | 0.00 | 33.33 | 0.00 | — |

就转出量和转入量大小而言，2010—2020 年生态系统转出以农田、森林和草地转出为主，分别转出了 227.194km$^2$、214.538km$^2$ 和 93.150km$^2$，约占期间生态系统转出总面积的 91.3%。转入则以转化成森林、农田、聚落和草地为主，分别转入了 179.879km$^2$、171.526km$^2$、114.580km$^2$ 和 81.727km$^2$，约占转入总量的 93.5%，使得 2010—2020 年农田、森林和草地面积分别减少了 55.668km$^2$、34.640km$^2$ 和 11.423km$^2$，而聚落和水域与湿地面积分别增加了 83.520km$^2$ 和 17.483km$^2$，说明影响该时期流域生态系统转化的主导因子是城市化建设，快速城市化侵占了农田、森林和草地生态系统。期间农田主要转为森林和聚落，森林主要转为农田，草地主要转为森林和农田，水域与湿地主要转为农田和森林，聚落主要转为森林、其他主要转为水域与湿地，同时也说明该时期流域城市化过程中非常注重湿地保护与建设（表 2－1 和表2－2）。

2000—2020 年流域转出以农田、森林和草地转出为主，分别为 256.179km$^2$、232.257km$^2$ 和 114.714km$^2$，转入则以森林、农田和聚落为主，分别为 206.937km$^2$、186.545km$^2$ 和 132.041km$^2$，使得期间农田、森林和草地面积共减少了 69.633km$^2$、25.320km$^2$ 和 26.668km$^2$，而聚落和水域与湿地面积共增加了 96.532km$^2$ 和 23.860km$^2$，这是流域退耕还林还草还湿工程和城市建设共同作用的结果。深入分析发现，2000—2020 年农田主要转化成森林和聚落，约占转出总量的 47.94%和 33.84%；森林主要转化成农田和草地，约占转出量的 54.17%和 24.53%；草地主要转为森林，约占 61.86%；水域与湿地主要转化成农田和森林；其他主要转化成森林和水域与湿地（表 2－1 和表 2－2）。

基于转移矩阵分析结果，在此仅分析主要转入类型和转出类型的空间格局。结果表明，2000—2020 年漓江流域农田转出区域分布广泛，但主要分布于桂林市主城区及兴安县、灵川县等县城区域，而在北部、东部、南部和中部等地区大量零星分布的农田转化成森林、草地和水域与湿地，说明该时期退耕还林还草还湿和城市化是影响流域农田转出的主要因素。森林转出区域主要分布于兴安县、灵川县等县城及河流沿岸地区，低山丘陵区次之。草地转出主要有三大区域，即北部兴安县、中部的桂林市主城区和东部恭城瑶族自治县境内，其余主要分布于低山丘陵区，这可能与该时期流域市区城市绿地建设和大规模退耕还林还草工程有关（图 2-4）。

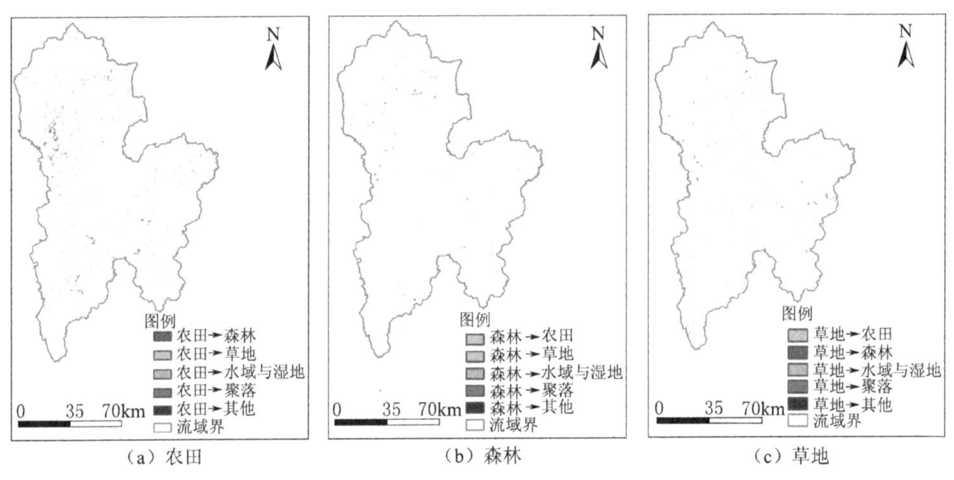


（a）农田　（b）森林　（c）草地

图 2-4　2000—2020 年农田、森林和草地转出分布格局

同理，鉴于 2000—2020 年生态系统转入量以森林、农田和聚落转入面积最大，在此仅分析森林、农田和聚落转入区域格局。2000—2020 年农田转入区域广泛分布于流域中部、中北部、中东部和中南部的山地丘陵区。与农田转入区域格局类似，森林转入区同样分布广泛，但在恭城瑶族自治县中部和东部地区有大面积连片分布。而聚落转入区域集中分布于桂林市主城区及灵川县、兴安县、恭城瑶族自治县、阳朔县和平乐县等区县建成区（图 2-5）。

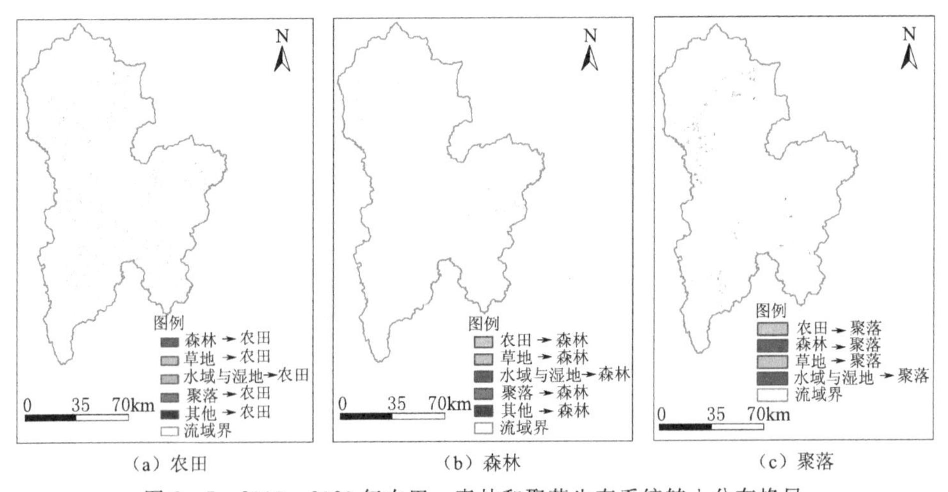


（a）农田　（b）森林　（c）聚落

图 2-5　2000—2020 年农田、森林和聚落生态系统转入分布格局

# 2.3 区 县 尺 度

## 2.3.1 格局

漓江流域灵川县、兴安县、恭城瑶族自治县、荔浦市、阳朔县、平乐县、江永县、临桂区、金秀瑶族自治县、雁山区和富川瑶族自治县的面积较大。其中以灵川县、兴安县、恭城瑶族自治县、荔浦市、阳朔县和平乐县的贡献较大，此六区县面积均大于 $1200\mathrm{km}^2$，总面积约占流域总面积的 83.2%，且均以森林和农田生态系统占主导，随后为草地、聚落、水域与湿地（图 2-6）。

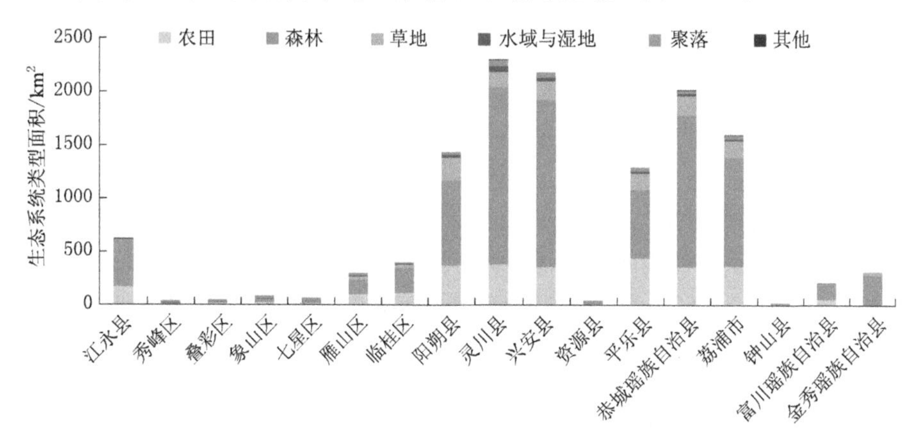


图 2-6　2020 年漓江流域各区县不同生态系统面积

地形地貌、人为干扰、生态系统格局制约着区域主导生态功能，进而影响区域生态保护与建设，最终影响区域生态系统格局、质量与演变规律。漓江流域不同区县生态系统构成差异悬殊，一般表现为从源区→上游→中游→下游森林生态系统面积占比不断降低，而农田、水域与湿地、聚落等生态系统面积占比与地貌关系更为紧密，一般为农田、水域与湿地、聚落生态系统面积占比在平原、台地区较高，而在河流或支流源区及其上游地区农田、水域与湿地、聚落生态系统面积占比较低。森林生态系统面积占比以钟山县最高，达 96.9%，该区域是恭城河支流的源区；资源县次之，为 94.0%；随后为金秀瑶族自治县，达 90.2%；叠彩区最低，仅为 23.2%。农田生态系统面积占比以叠彩区最高，达 37.4%；随后为雁山区和平乐县，均约为 34.4%；钟山县最低，仅约为 0.2%。草地以阳朔县最高，约为 15.4%；平乐县次之，为 11.9%；江永县最低，约为 1.1%。聚落面积占比以七星区最高，约为 45.9%；秀峰区次之，约为 44.2%；钟山县最低，几乎没有聚落分布。水域与湿地面积占比以秀峰区最高，为 4.4%，叠彩区次之，约为 2.6%（图 2-7）。

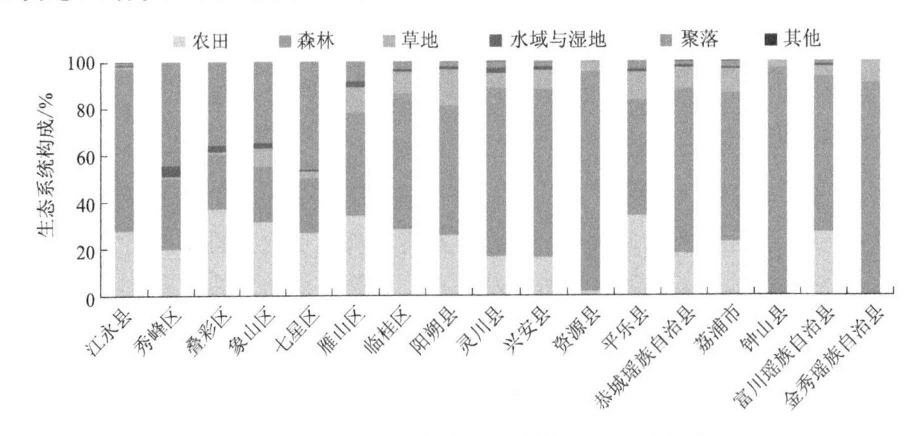


图 2-7 2020 年漓江流域各区县生态系统构成

## 2.3.2 演变

趋势分析结果表明，2000—2020 年农田、森林、草地、水域与湿地、聚落和其他类型生态系统面积变化因区县而不同，其中雁山区、灵川县和兴安县的农田面积分别以 0.2179$km^2$/年、0.8442$km^2$/年和 0.3937$km^2$/年的速率极显著减少，秀峰区、叠彩区、象山区、七星区、临桂区、阳朔县、恭城瑶族自治县和荔浦市等 8 区县农田面积均以不同速率显著减少，而流域内的江永县、资源县、平乐县等 6 区县农田面积变化不显著。资源县和富川瑶族自治县森林面积分别极显著增加和显著增加，雁山区森林面积以 0.1706$km^2$/年的速率极显著降低，象山区、灵川县、兴安县和荔浦市森林面积显著降低，其余区县森林面积变化不显著。除叠彩区外，其余区县草地面积均以不同速率下降，其中雁山区、阳朔县和恭城瑶族自治县草地面积下降达 $P<0.01$ 极显著水平，江永县、秀峰区、七星区、灵川县、兴安县、资源县、平乐县和富川瑶族自治县草地面积下降速率达 $P<0.05$ 显著水平，其余区县草地面积下降速率不显著。水域与湿地面积变化较特殊，阳朔县、灵川县和富川瑶族自治县水域与湿地面积呈极显著增加，雁山区、临桂区、兴安县和荔浦市水域与湿地面积增加速率亦达 $P<0.05$ 显著水平，而秀峰区水域与湿地面积以 0.0016$km^2$/年的速率极显著减少，其余区县水域与湿地面积变化不显著。与农田、森林、草地和水域与湿地不同，绝大多数区县聚落面积均以不同速率增加，其中灵川县以 1.0949$km^2$/年的速率极显著增加，秀峰区、叠彩区、象山区、七星区、雁山区、阳朔县和恭城瑶族自治县均以不同速率显著增加。裸土裸岩等其他生态系统仅恭城瑶族自治县和荔浦市极显著增加，其余区县变化不显著。2000—2020 年漓江流域各区县尺度不同生态系统面积变

化趋势及其显著性详见表 2－3。

表 2－3　2000—2020 年漓江流域各区县尺度不同生态系统面积变化趋势（*Slope*）及其显著性

| 区县 | 农田 | 森林 | 草地 | 水域与湿地 | 聚落 | 其他 |
|---|---|---|---|---|---|---|
| 江永县 | −0.0144 | −0.0053 | −0.0195* | 0.0120 | 0.0183 | 0.0115 |
| 秀峰区 | −0.1445* | −0.0191 | −0.0247* | −0.0016** | 0.1899* | — |
| 叠彩区 | −0.1962* | −0.0133 | 0.0021 | 0.0011 | 0.2064* | — |
| 象山区 | −0.1862* | −0.0225* | −0.0404 | 0.0028 | 0.2463* | — |
| 七星区 | −0.2669* | −0.0097 | −0.0094* | −0.0074 | 0.2934* | — |
| 雁山区 | −0.2179** | −0.1706** | −0.1859** | 0.0835* | 0.4909* | — |
| 临桂区 | −0.1242* | −0.1274 | −0.0087 | 0.0268* | 0.2335 | — |
| 阳朔县 | −0.3162* | −0.0280 | −0.0607** | 0.1190** | 0.2858* | — |
| 灵川县 | −0.8442** | −0.3612* | −0.1078* | 0.2013** | 1.0949** | 0.0173 |
| 兴安县 | −0.3937** | −0.6885* | −0.1334* | 0.4240* | 0.7873 | 0.0046 |
| 资源县 | 0.0000 | 0.0027** | −0.0030* | — | 0.0002 | — |
| 平乐县 | −0.2719 | −0.0566 | −0.0357* | 0.0251 | 0.3398 | — |
| 恭城瑶族自治县 | −0.1506* | 0.2636 | −0.5795** | 0.1551 | 0.2867* | 0.0169* |
| 荔浦市 | −0.3319* | −0.1362* | −0.0909 | 0.0987* | 0.4180 | 0.0428* |
| 钟山县 | −0.0002 | 0.0012 | −0.0010 | — | — | — |
| 富川瑶族自治县 | −0.0129 | 0.0915* | −0.1144* | 0.0282** | 0.0072 | — |
| 金秀瑶族自治县 | 0.0008 | 0.0152 | −0.0160 | — | — | — |

**注**　* 和 ** 分别为在 $P<0.05$ 和 $P<0.01$ 水平上变化趋势显著。

## 2.3.3 生态系统转移

由于流域流经区县面积相差悬殊，在此以转出率来比较分析漓江流域各区县生态系统转移特征。2000—2020 年生态系统转出率：①农田生态系统以秀峰区最高，达 30.8%，即有 30.8%的农田生态系统转化成非农田用地；随后为七星区和叠彩区，分别为 28.7%和 21.6%；江永县最低，仅为 5.0%；随后为富川瑶族自治县和平乐县，分别为 6.0%和 7.2%。②森林转出率以叠彩区最高，为 7.2%；随后为七星区和象山区，分别为 6.8%和 6.5%；钟山县最低，仅为 0.3%。③草地转出率以秀峰区最高，高达 59.6%；随后为富川瑶族自治县，为 25.7%；阳朔县最低，为 6.9%。④水域与湿地转出率以七星区最高，达 39.4%；随后为秀峰区，为 22.1%；江永县最低，为 9.9%。⑤聚落转出率以资源县最高，达 22.2%；随后为兴安县，为 18.9%；秀峰区最低，仅为 1.6%。⑥其他类型转出主要发生在流域的江永县境内，共转出了 0.08km$^2$（表 2－4）。

表 2-4 2000—2020 年各区县尺度生态系统转移矩阵

单位：$km^2$

| 年份 | 区县 | 类型 | 2020 年 | | | | | | 区县 | | | | | | | 区县 | | | | | | |
|---|---|---|---|---|---|---|---|---|---|---|---|---|---|---|---|---|---|---|---|---|---|---|
| | | | 农田 | 森林 | 草地 | 水域与湿地 | 聚落 | 其他 | | 农田 | 森林 | 草地 | 水域与湿地 | 聚落 | 其他 | | 农田 | 森林 | 草地 | 水域与湿地 | 聚落 | 其他 |
| 2000 | 秀峰区 | 农田 | 8.00 | 0.20 | 0.01 | 0.17 | 3.18 | 0.00 | 临桂区 | 106.87 | 4.42 | 1.52 | 0.60 | 3.16 | 0.00 | 平乐县 | 418.95 | 16.31 | 5.10 | 1.80 | 9.34 | 0.00 |
| | | 森林 | 0.34 | 12.36 | 0.00 | 0.06 | 0.31 | 0.00 | | 4.65 | 226.66 | 1.50 | 0.46 | 1.24 | 0.00 | | 16.46 | 612.82 | 5.51 | 0.45 | 2.43 | 0.00 |
| | | 草地 | 0.03 | 0.02 | 0.44 | 0.05 | 0.55 | 0.00 | | 1.46 | 1.55 | 33.36 | 0.09 | 0.39 | 0.00 | | 4.72 | 6.16 | 143.42 | 0.19 | 0.81 | 0.00 |
| | | 水域与湿地 | 0.12 | 0.08 | 0.02 | 1.48 | 0.20 | 0.00 | | 0.23 | 0.39 | 0.05 | 3.21 | 0.00 | 0.00 | | 1.11 | 0.55 | 0.31 | 13.39 | 0.13 | 0.00 |
| | | 聚落 | 0.09 | 0.04 | 0.01 | 0.09 | 14.44 | 0.00 | | 0.94 | 0.19 | 0.11 | 0.02 | 7.84 | 0.00 | | 3.79 | 0.45 | 0.22 | 0.07 | 29.89 | 0.00 |
| | 叠彩区 | 农田 | 18.14 | 0.49 | 0.00 | 0.07 | 4.45 | 0.00 | 阳朔县 | 345.56 | 17.66 | 5.54 | 2.86 | 7.85 | 0.00 | 恭城瑶族自治县 | 340.57 | 17.21 | 4.08 | 1.56 | 5.14 | 0.00 |
| | | 森林 | 0.29 | 11.14 | 0.10 | 0.08 | 0.39 | 0.00 | | 18.62 | 764.83 | 8.18 | 1.14 | 1.40 | 0.00 | | 17.49 | 1381.63 | 8.90 | 2.87 | 3.41 | 0.26 |
| | | 草地 | 0.00 | 0.05 | 0.45 | 0.00 | 0.00 | 0.00 | | 4.98 | 9.21 | 206.47 | 0.77 | 0.28 | 0.00 | | 3.94 | 17.80 | 168.44 | 1.02 | 1.16 | 0.01 |
| | | 水域与湿地 | 0.13 | 0.00 | 0.00 | 1.06 | 0.07 | 0.00 | | 1.51 | 0.83 | 0.24 | 14.04 | 0.16 | 0.00 | | 1.20 | 1.04 | 0.26 | 12.71 | 0.12 | 0.00 |
| | | 聚落 | 0.35 | 0.04 | 0.00 | 0.07 | 13.13 | 0.00 | | 2.17 | 0.81 | 0.23 | 0.19 | 20.10 | 0.00 | | 2.30 | 1.12 | 0.22 | 0.16 | 24.26 | 0.00 |
| | 象山区 | 农田 | 27.00 | 0.70 | 0.23 | 0.11 | 4.42 | 0.00 | 灵川县 | 356.32 | 20.93 | 1.97 | 3.13 | 18.09 | 0.16 | 荔浦市 | 346.64 | 15.85 | 3.15 | 1.17 | 9.54 | 0.00 |
| | | 森林 | 0.74 | 20.28 | 0.09 | 0.05 | 0.53 | 0.00 | | 21.50 | 1621.86 | 9.75 | 4.03 | 5.31 | 0.00 | | 16.07 | 988.8 | 8.77 | 0.94 | 2.62 | 0.68 |
| | | 草地 | 0.25 | 0.15 | 6.46 | 0.05 | 0.70 | 0.00 | | 1.65 | 9.58 | 132.45 | 0.40 | 2.14 | 0.00 | | 3.07 | 9.65 | 152.00 | 0.85 | 0.81 | 0.00 |
| | | 水域与湿地 | 0.17 | 0.08 | 0.02 | 1.84 | 0.04 | 0.00 | | 2.09 | 1.89 | 0.17 | 39.65 | 0.37 | 0.00 | | 0.20 | 0.61 | 0.12 | 6.37 | 0.15 | 0.00 |
| | | 聚落 | 0.36 | 0.06 | 0.01 | 0.15 | 25.22 | 0.00 | | 4.39 | 1.61 | 0.16 | 0.72 | 40.06 | 0.00 | | 3.96 | 0.48 | 0.25 | 0.00 | 28.79 | 0.00 |

续表

| 年份 | 区县 | 类型 | 2020年 | | | | | | | | | | | | | | | | | | | |
|---|---|---|---|---|---|---|---|---|---|---|---|---|---|---|---|---|---|---|---|---|---|---|
| | | | 农田 | 森林 | 草地 | 水域与湿地 | 聚落 | 其他 | 区县 | 农田 | 森林 | 草地 | 水域与湿地 | 聚落 | 其他 | 区县 | 农田 | 森林 | 草地 | 水域与湿地 | 聚落 | 其他 |
| 2000 | 七星区 | 农田 | 18.07 | 0.48 | 0.13 | 0.06 | 6.62 | 0.00 | 兴安县 | 333.54 | 14.68 | 4.04 | 5.99 | 9.39 | 0.00 | 富川瑶族自治县 | 55.18 | 2.59 | 0.21 | 0.36 | 0.38 | 0.00 |
| | | 森林 | 0.28 | 15.81 | 0.07 | 0.02 | 0.78 | 0.00 | | 15.25 | 1535.53 | 9.65 | 7.24 | 7.89 | 0.00 | | 2.82 | 138.32 | 0.64 | 0.46 | 0.04 | 0.00 |
| | | 草地 | 0.15 | 0.05 | 1.75 | 0.00 | 0.19 | 0.00 | | 3.97 | 9.21 | 162.08 | 0.68 | 3.28 | 0.00 | | 0.12 | 2.73 | 8.30 | 0.02 | 0.00 | 0.00 |
| | | 水域与湿地 | 0.11 | 0.02 | 0.00 | 0.40 | 0.13 | 0.00 | | 2.65 | 0.87 | 0.31 | 17.36 | 0.19 | 0.00 | | 0.07 | 0.15 | 0.01 | 1.17 | 0.10 | 0.00 |
| | | 聚落 | 0.37 | 0.19 | 0.05 | 0.03 | 24.57 | 0.00 | | 4.76 | 0.86 | 0.98 | 0.22 | 29.35 | 0.00 | | 0.29 | 0.07 | 0.00 | 0.01 | 2.23 | 0.00 |
| | 雁山区 | 农田 | 98.29 | 3.41 | 1.12 | 1.36 | 4.08 | 0.00 | 资源县 | 0.69 | 0.08 | 0.00 | 0.00 | 0.03 | 0.00 | 江永县 | 165.85 | 7.56 | 0.07 | 0.10 | 1.00 | 0.00 |
| | | 森林 | 3.32 | 128.61 | 0.93 | 0.36 | 3.42 | 0.00 | | 0.11 | 41.40 | 0.12 | 0.00 | 0.01 | 0.00 | | 7.59 | 422.07 | 0.68 | 0.18 | 0.23 | 0.19 |
| | | 草地 | 1.20 | 1.12 | 30.60 | 0.52 | 3.23 | 0.00 | | 0.00 | 0.18 | 1.66 | 0.00 | 0.00 | 0.00 | | 0.05 | 1.02 | 5.94 | 0.00 | 0.00 | 0.00 |
| | | 水域与湿地 | 0.54 | 0.19 | 0.08 | 5.08 | 0.16 | 0.00 | | 0.00 | 0.02 | 0.00 | 0.00 | 0.07 | 0.00 | | 0.09 | 0.12 | 0.01 | 2.01 | 0.00 | 0.00 |
| | | 聚落 | 0.84 | 0.17 | 0.08 | 0.18 | 14.32 | 0.00 | | 0.05 | 0.01 | 0.00 | 0.00 | 0.00 | 0.00 | | 0.35 | 0.18 | 0.00 | 0.03 | 5.13 | 0.00 |
| | 金秀瑶族自治县 | 农田 | 1.57 | 0.25 | 0.00 | 0.00 | 0.00 | 0.00 | 钟山县 | 0.01 | 24.27 | 0.07 | 0.00 | 0.00 | 0.00 | | 0.01 | 0.04 | 0.00 | 0.03 | 0.00 | 0.12 |
| | | 森林 | 0.28 | 285.42 | 2.00 | 0.00 | 0.00 | 0.00 | | 0.00 | 0.08 | 0.66 | 0.00 | 0.00 | 0.00 | | | | | | | |
| | | 草地 | 0.00 | 2.38 | 27.34 | 0.00 | 0.00 | 0.00 | | | | | | | | | | | | | | |

深入分析发现，2000—2020年农田、森林、草地等生态系统转出特征在区县间差异显著，绝大多数区县农田主要转化成森林和聚落。如临桂区，在 $9.7km^2$ 的农田转出量中，分别有 $4.42km^2$ 和 $3.16km^2$ 转化成森林和聚落；荔浦市也类似，在 $29.71km^2$ 的转出量中，有 $15.85km^2$ 和 $9.54km^2$ 转化成森林和聚落，这与该时期流域大多数区县实施了大规模退耕还林还草还湿工程和快速城市化有关。仅少数区县农田主要转化成森林和草地。如金秀瑶族自治县和钟山县农田主要转出为森林和草地；流经的资源县也类似，转出农田主要转化成森林和草地，这主要是漓江流域只流经这些区县的偏远地区，没有流经这些区县的建成区或乡镇区域。而桂林市主城区及阳朔县、平乐县等县城，在城市扩张和生态工程的作用下，农田主要转化成森林和聚落。森林转出主要为农田、草地或聚落，同样也与区位相关，桂林市主城区森林主要转化成聚落和农田，如 $0.71km^2$ 森林转出的秀峰区，转化成农田和聚落的分别为 $0.34km^2$ 和 $0.31km^2$，而只涉及偏远郊区的钟山县和资源县森林主要转化成草地。同理，草地转出也呈现与森林转出类似的特征，在此就不详细介绍。聚落主要转化成农田和森林（表2-4）。

生态系统转入特征同样因区县和生态系统的不同而不同，如秀峰区，农田转入主要来自森林和水域与湿地，森林主要来自农田。象山区，农田转入主要来自森林聚落和水域与湿地，森林转入主要来自农田和草地。资源县农田转入主要来自森林，森林转入主要来自草地。区县间生态系统构成与格局、城市化建设强度和生态建设规模等差异显著，致使2000—2020年各区县生态系统转入、转出特征差异明显（表2-4）。

# 2.4 子流域尺度

## 2.4.1 格局

漓江流域主要小流域有恭城河上游、漓江上游、荔浦河上游、潮田河、灵渠、榕津河和甘棠江，面积分别为 $1926.6km^2$、$1550.1km^2$、$1266.4km^2$、$1241.6km^2$、$975.9km^2$、$888.3km^2$ 和 $770.9km^2$，此7条子流域面积之和约占流域总面积的66.3%，其中又以恭城河上游子流域面积最大，约占漓江流域总面积的14.8%，即约占流域总面积的1/7。其次为遇龙江、西岭河和马岭河子流域，分别为 $666.0km^2$、$626.6km^2$ 和 $610.8km^2$，而流域下游诸如漓江入桂江段、恭城河下游、恭城河入桂江段、荔浦河入桂江段等子流域面积均较小，尤其以恭城河下游子流域最小，约为 $80km^2$，漓江下游子流域面积之和仅约为全流域总面积的0.6%（图2-8）。

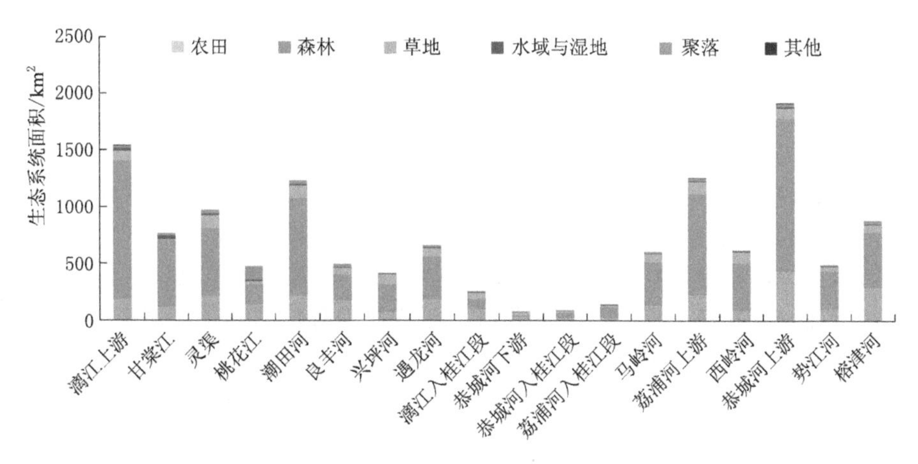


图 2-8 2020 年漓江流域各小流域不同生态系统面积

2020 年子流域生态系统构成差异显著，但子流域生态系统构成由源区（包括支流源区）→中游→下游呈现有规律的变化，即森林面积占比不断降低，而农田面积占比不断增加；草地面积占比也呈现不断增加态势；除桃花江外，聚落面积占比也不断增加，这是地形地貌、资源分布和城市格局与城市化建设等综合作用的结果。源区一般为山高坡陡山区，生态系统以森林为主，而中下游随着平原台地的增加，农田和聚落不断增加，且随着城市绿化的建设，草地等绿地不断增加，使得草地占比也随之增加。漓江上游和恭城河、荔浦河上游森林面积占比均较高，分别为 79.4%、70.2%和 70.3%。此外，甘棠江是漓江中游的支流源区，森林面积占比也很高，为 76.1%；而恭城河下游因地势平坦，森林面积占比仅为 17.7%，远小于其农田面积占比（41.8%）和草地面积占比（33.5%）。此外，漓江入桂江段、良丰河、榕津河、桃花江等因地势平坦适宜开垦耕种和更适宜人居，农田和聚落面积占比均较高（图 2-9）。

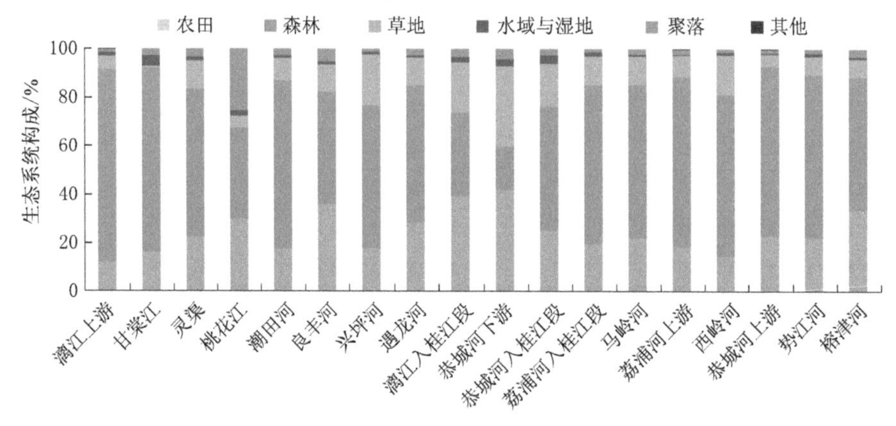


图 2-9 2020 年漓江流域各子流域生态系统构成

### 2.4.2 演变

2000—2020年生态系统面积变化因子流域和生态系统而不同。农田面积变化，恭城河上游、西岭河、荔浦河上游和遇龙河显著减少，而漓江上游、甘棠江、灵渠、桃花江、潮田河、良丰河、兴坪河和漓江入桂江段等子流域极显著减少。森林面积变化，甘棠江和灵渠分别以0.9616km²/年和0.9688km²/年的速率极显著减少，漓江上游、良丰河、遇龙河和漓江入桂江段等子流域显著减少。草地面积变化，桃花江、兴坪河、遇龙河、西岭河和势江河等子流域极显著降低，漓江上游、甘棠江、灵渠、潮田河、良丰河、漓江入桂江段、恭城河上游和榕津河等子流域显著降低。水域与湿地面积变化，灵渠、良丰河、兴坪河、遇龙河、荔浦河上游和恭城河上游等子流域呈极显著增加，甘棠河、桃花江、潮田河、漓江入桂江段、马岭河、势江河和榕津河等子流域显著减少。聚落面积变化，漓江上游和灵渠极显著增加，桃花江、潮田河、良丰河、兴坪河、遇龙河、西岭河和恭城河上游等子流域显著增加。其他系统面积变化，恭城河极显著增加，荔浦河上游显著增加（表2-5）。

**表2-5　2000—2020年子流域生态系统面积变化趋势（*Slope*）**

| 子流域 | 农田 | 森林 | 草地 | 水域与湿地 | 聚落 | 其他 |
|---|---|---|---|---|---|---|
| 漓江上游 | −0.9478** | −0.8638* | −0.8631* | 0.7923 | 0.9218** | 0.4612 |
| 甘棠江 | −0.9228** | −0.9616** | −0.8902* | 0.8299* | 0.9451 | 0.2306 |
| 灵渠 | −0.9594** | −0.9688** | −0.8638* | 0.9473** | 0.9697** | — |
| 桃花江 | −0.9346** | −0.7239 | −0.9702** | 0.8349* | 0.9156* | — |
| 潮田河 | −0.9258** | −0.8025 | −0.9014* | 0.8768* | 0.9089* | — |
| 良丰河 | −0.9461** | −0.8913* | −0.9057* | 0.9478** | 0.9071* | — |
| 兴坪河 | −0.9781** | 0.6652 | −0.9525** | 0.9752** | 0.8325* | — |
| 遇龙河 | −0.8381* | −0.8973* | −0.9502** | 0.9835** | 0.8359* | — |
| 漓江入桂江段 | −0.9390** | −0.9047* | 0.9107* | 0.9117* | 0.7716 | — |
| 恭城河下游 | −0.6772 | −0.8093 | 0.6378 | −0.6146 | 0.7504 | — |
| 恭城河入桂江段 | −0.7557 | −0.7291 | −0.7973 | −0.7624 | 0.7691 | — |
| 荔浦河入桂江段 | −0.7915 | 0.7279 | −0.6748 | 0.4033 | 0.7606 | — |
| 马岭河 | −0.7841 | 0.4243 | −0.7951 | 0.8453* | 0.7499 | — |
| 荔浦河上游 | −0.8827* | −0.7986 | −0.6244 | 0.9459** | 0.8104 | 0.8899* |
| 西岭河 | −0.8302* | −0.6123 | −0.9238** | 0.7591 | 0.8520* | — |
| 恭城河上游 | −0.8679* | 0.8337 | −0.9035* | 0.9282** | 0.8646* | 0.9307** |
| 势江河 | −0.7533 | 0.6940 | −0.9376** | 0.8663* | 0.7552 | — |
| 榕津河 | −0.8029 | −0.5851 | −0.8915* | 0.8754* | 0.7299 | — |

注　*和**分别为在 $P<0.05$ 和 $P<0.01$ 水平上变化趋势显著。

### 2.4.3 生态系统转移

2000—2020年生态系统转移矩阵结果表明，区域生态系统转移规律因生态系统类型和子流域的不同而不同，但所有子流域农田转出量均大于其农田转入量，这是区域土地开发、城市建设和退耕还林还草还湿等生态工程建设等综合作用的结果。除兴坪河、荔浦河入桂江段、马岭河、恭城河上游和势江河外，其余子流域森林生态系统转出量大于其转入量，说明2000—2020年漓江流域城市扩张毁林开发速率大于造林速率，流域森林保护还有待于加强。同理，除漓江入桂江段外，其余子流域草地转出量均大于草地转入量，这可能与该区域土地开发强度大有关。除恭城河下游、恭城河入桂江段和荔浦河入桂江段三子流域水域与湿地转出量略大于转入量外，其余子流域水域与湿地转入量均大于水域与湿地转出量，这说明2000—2020年该区域水域与湿地保护与建设成效显著，但少数子流域亟待加强水域与湿地保护与建设力度。2000—2020年，所有子流域聚落转出量均小于其转入量，尤其以桃花江聚落转入量最大，达33.3$km^2$，约为其转出量的10.0倍，其原因主要为桂林市主城区大部分位于该子流域，期间桂林市主城区城市扩张加速（表2-6）。

各子流域生态系统转入、转出特征存在差异，但表现为与子流域区位密切相关。干流或支流源区/上游或山地丘陵占主导的子流域，农田生态系统主要转化成森林、水域与湿地和聚落；而对于城市化程度较高的子流域，其农田主要转化成聚落。如桃花江流域，在33.98$km^2$转出的农田中，有27.03$km^2$转化成聚落，4.98$km^2$转化成森林；而在漓江上游子流域17.07$km^2$转出农田中，仅有4.13$km^2$转化成聚落，7.53$km^2$和3.73$km^2$转化成森林和草地，说明区域区位与功能定位和土地开发强度对子流域生态系统转移影响显著。源区或上游一般为山地丘陵区，也是重要的水土保持、水源涵养等重要生态功能区，人为干扰强度相对较小，生态保护与建设力度较大，聚落扩张相对缓慢，生态系统转移主要受生态保护与建设工程的影响；而中下游地区，随着平原台地面积占比的增加，人为干扰不断增大，城市扩张加快，生态系统转移主要受城市扩张的影响（表2-6）。

生态系统转入特征分析表明，区域生态系统转入来源同样与区位密切相关。一般表现为漓江及各支流源区子流域森林、草地、水域与湿地等自然生态系统转入量在总转入量中占比远高于中下游或平原台地占主导的子流域，而聚落转入量占比则远低于中下游或平原台地占主导的子流域。如漓江上游子流域，在55.04$km^2$的转入量中，有33.92$km^2$转换成森林、草地和水域与湿地，约占总量的61.6%，转化成聚落的仅为8.90$km^2$，约占总量的16.1%。而在桃花江子流域转入量的54.27$km^2$中转化成森林、草地等自然生态系统仅为12.03$km^2$，约占总量的 22.2%，转化成聚落的高达 33.28km²，约占总量的 61.3%（表 2-6）。

表 2-6　　2000—2020 年生态系统转移矩阵　　单位：km²

| 区　域 | 类型 | 农田 | 森林 | 草地 | 水域与湿地 | 聚落 | 其他 | 转出量 |
|---|---|---|---|---|---|---|---|---|
| 漓江上游 | 农田 | 174.57 | 7.53 | 1.52 | 3.73 | 4.13 | 0.16 | 17.07 |
| | 森林 | 7.30 | 1216.93 | 5.41 | 8.30 | 3.49 | — | 24.50 |
| | 草地 | 1.35 | 5.30 | 79.29 | 0.32 | 1.14 | — | 8.11 |
| | 水域与湿地 | 1.31 | 0.60 | 0.15 | 11.54 | 0.14 | — | 2.20 |
| | 聚落 | 2.10 | 0.37 | 0.13 | 0.56 | 12.76 | — | 3.16 |
| | 转入量 | 12.06 | 13.80 | 7.21 | 12.91 | 8.90 | 0.16 | |
| 甘棠江 | 农田 | 114.41 | 6.01 | 0.23 | 1.41 | 4.79 | — | 12.44 |
| | 森林 | 6.20 | 578.42 | 0.69 | 1.65 | 1.95 | — | 10.49 |
| | 草地 | 0.20 | 0.48 | 5.84 | 0.05 | 0.86 | — | 1.59 |
| | 水域与湿地 | 0.70 | 1.47 | 0.02 | 29.84 | 0.13 | — | 2.32 |
| | 聚落 | 1.61 | 0.42 | 0.01 | 0.15 | 13.31 | — | 2.19 |
| | 转入量 | 8.71 | 8.38 | 0.95 | 3.26 | 7.73 | | |
| 灵渠 | 农田 | 200.97 | 9.76 | 2.90 | 2.85 | 6.36 | — | 21.87 |
| | 森林 | 10.40 | 578.79 | 5.92 | 0.64 | 4.54 | — | 21.50 |
| | 草地 | 2.92 | 5.57 | 105.12 | 0.54 | 2.29 | — | 11.32 |
| | 水域与湿地 | 1.74 | 0.37 | 0.22 | 9.97 | 0.10 | — | 2.43 |
| | 聚落 | 3.13 | 0.61 | 0.87 | 0.14 | 19.16 | — | 4.75 |
| | 转入量 | 18.19 | 16.31 | 9.91 | 4.17 | 13.29 | | |
| 桃花江 | 农田 | 134.30 | 4.98 | 0.87 | 1.10 | 27.03 | — | 33.98 |
| | 森林 | 5.07 | 173.94 | 1.33 | 0.60 | 4.28 | — | 11.28 |
| | 草地 | 0.88 | 1.32 | 20.92 | 0.14 | 1.37 | — | 3.71 |
| | 水域与湿地 | 0.81 | 0.51 | 0.07 | 8.04 | 0.60 | — | 1.99 |
| | 聚落 | 2.20 | 0.54 | 0.16 | 0.41 | 87.98 | — | 3.31 |
| | 转入量 | 8.96 | 7.35 | 2.43 | 2.25 | 33.28 | | |
| 潮田河 | 农田 | 200.13 | 13.06 | 1.41 | 1.62 | 4.85 | — | 20.94 |
| | 森林 | 13.68 | 839.40 | 7.07 | 0.92 | 1.86 | — | 23.53 |
| | 草地 | 1.20 | 7.36 | 106.63 | 0.35 | 0.81 | — | 9.72 |
| | 水域与湿地 | 1.38 | 0.52 | 0.14 | 9.84 | 0.25 | — | 2.29 |
| | 聚落 | 2.06 | 1.08 | 0.11 | 0.28 | 25.55 | — | 3.53 |
| | 转入量 | 18.32 | 22.02 | 8.73 | 3.17 | 7.77 | | |

续表

| 区 域 | 类型 | 农田 | 森林 | 草地 | 水域与湿地 | 聚落 | 其他 | 转出量 |
|---|---|---|---|---|---|---|---|---|
| 良丰河 | 农田 | 170.68 | 5.44 | 2.42 | 1.12 | 6.49 | — | 15.47 |
| | 森林 | 5.22 | 222.6 | 1.56 | 0.36 | 3.82 | — | 10.96 |
| | 草地 | 2.46 | 1.86 | 52.52 | 0.39 | 3.98 | — | 8.69 |
| | 水域与湿地 | 0.32 | 0.27 | 0.07 | 3.95 | 0.01 | — | 0.67 |
| | 聚落 | 1.22 | 0.23 | 0.15 | 0.01 | 11.85 | — | 1.61 |
| | 转入量 | 9.22 | 7.80 | 4.20 | 1.88 | 14.30 | | |
| 兴坪河 | 农田 | 69.19 | 4.01 | 1.05 | 0.81 | 0.79 | — | 6.66 |
| | 森林 | 4.17 | 241.37 | 3.41 | 0.24 | 0.31 | — | 8.13 |
| | 草地 | 1.05 | 3.70 | 83.66 | 0.35 | 0.12 | — | 5.22 |
| | 水域与湿地 | 0.32 | 0.25 | 0.14 | 3.36 | 0.04 | — | 0.75 |
| | 聚落 | 0.40 | 0.20 | 0.02 | 0.03 | 3.56 | — | 0.65 |
| | 转入量 | 5.94 | 8.16 | 4.62 | 1.43 | 1.26 | | |
| 遇龙河 | 农田 | 175.79 | 9.63 | 2.62 | 0.85 | 6.32 | — | 19.42 |
| | 森林 | 10.14 | 363.14 | 3.01 | 0.46 | 0.73 | — | 14.34 |
| | 草地 | 2.21 | 3.65 | 69.72 | 0.37 | 0.12 | — | 6.35 |
| | 水域与湿地 | 0.66 | 0.22 | 0.05 | 4.44 | 0.07 | — | 1.00 |
| | 聚落 | 1.07 | 0.43 | 0.15 | 0.04 | 10.10 | — | 1.69 |
| | 转入量 | 14.08 | 13.93 | 5.83 | 1.72 | 7.24 | | |
| 漓江入桂江段 | 农田 | 96.98 | 2.97 | 2.19 | 0.97 | 1.00 | — | 7.13 |
| | 森林 | 3.27 | 86.70 | 1.15 | 0.31 | 0.34 | — | 5.07 |
| | 草地 | 1.86 | 1.17 | 51.04 | 0.04 | 0.07 | — | 3.14 |
| | 水域与湿地 | 0.39 | 0.17 | 0.08 | 4.16 | 0.03 | — | 0.67 |
| | 聚落 | 0.80 | 0.15 | 0.07 | 0.05 | 7.45 | — | 1.07 |
| | 转入量 | 6.32 | 4.46 | 3.49 | 1.37 | 1.44 | | |
| 恭城河下游 | 农田 | 31.39 | 0.56 | 1.18 | 0.12 | 0.46 | — | 2.32 |
| | 森林 | 0.55 | 13.10 | 0.39 | 0.10 | 0.05 | — | 1.09 |
| | 草地 | 1.06 | 0.38 | 25.15 | 0.03 | 0.06 | — | 1.53 |
| | 水域与湿地 | 0.17 | 0.08 | 0.05 | 1.90 | 0.01 | — | 0.31 |
| | 聚落 | 0.26 | 0.02 | 0.03 | 0.03 | 2.84 | — | 0.34 |
| | 转入量 | 2.04 | 1.04 | 1.65 | 0.28 | 0.58 | | |
| 恭城河入桂江段 | 农田 | 20.58 | 1.44 | 0.26 | 0.32 | 0.66 | — | 2.68 |
| | 森林 | 1.63 | 44.05 | 0.64 | 0.05 | 0.33 | — | 2.65 |

续表

| 区 域 | 类型 | 农田 | 森林 | 草地 | 水域与湿地 | 聚落 | 其他 | 转出量 |
|---|---|---|---|---|---|---|---|---|
| 恭城河入桂江段 | 草地 | 0.24 | 0.88 | 14.93 | 0.05 | 0.19 | — | 1.36 |
| | 水域与湿地 | 0.17 | 0.06 | 0.18 | 2.75 | 0.08 | — | 0.49 |
| | 聚落 | 0.06 | 0.01 | 0.03 | 0.01 | 0.99 | — | 0.11 |
| | 转入量 | 2.10 | 2.39 | 1.11 | 0.43 | 1.26 | | |
| 荔浦河入桂江段 | 农田 | 25.48 | 1.86 | 0.44 | 0.13 | 0.74 | — | 3.17 |
| | 森林 | 1.92 | 91.41 | 1.01 | 0.19 | 0.05 | — | 3.17 |
| | 草地 | 0.34 | 1.20 | 15.81 | 0.02 | 0.04 | — | 1.60 |
| | 水域与湿地 | 0.14 | 0.16 | 0.04 | 1.94 | 0.01 | — | 0.35 |
| | 聚落 | 0.16 | 0.03 | 0.02 | 0.00 | 1.13 | — | 0.21 |
| | 转入量 | 2.56 | 3.25 | 1.51 | 0.34 | 0.84 | | |
| 马岭河 | 农田 | 126.89 | 5.26 | 1.24 | 0.55 | 3.60 | — | 10.65 |
| | 森林 | 4.95 | 377.46 | 3.97 | 0.38 | 0.21 | — | 9.51 |
| | 草地 | 1.53 | 3.89 | 65.84 | 0.63 | 0.10 | — | 6.15 |
| | 水域与湿地 | 0.04 | 0.24 | 0.06 | 2.57 | 0.02 | — | 0.36 |
| | 聚落 | 1.42 | 0.21 | 0.08 | 0.00 | 9.64 | — | 1.71 |
| | 转入量 | 7.94 | 9.60 | 5.35 | 1.56 | 3.93 | | |
| 荔浦河上游 | 农田 | 215.85 | 10.48 | 1.63 | 0.59 | 5.89 | — | 18.59 |
| | 森林 | 10.89 | 871.42 | 6.58 | 0.40 | 2.41 | 0.68 | 20.96 |
| | 草地 | 1.41 | 7.68 | 104.79 | 0.21 | 0.70 | — | 10.00 |
| | 水域与湿地 | 0.11 | 0.25 | 0.03 | 2.84 | 0.12 | — | 0.51 |
| | 聚落 | 2.46 | 0.25 | 0.16 | 0.00 | 18.61 | — | 2.87 |
| | 转入量 | 14.87 | 18.66 | 8.40 | 1.20 | 9.12 | 0.68 | |
| 西岭河 | 农田 | 83.67 | 3.34 | 1.70 | 0.55 | 1.12 | — | 6.71 |
| | 森林 | 3.82 | 409.63 | 4.36 | 2.10 | 1.21 | — | 11.49 |
| | 草地 | 1.80 | 5.41 | 95.77 | 0.41 | 0.06 | — | 7.68 |
| | 水域与湿地 | 0.24 | 0.44 | 0.14 | 4.28 | 0.03 | — | 0.85 |
| | 聚落 | 0.62 | 0.21 | 0.08 | 0.07 | 5.57 | — | 0.98 |
| | 转入量 | 6.48 | 9.40 | 6.28 | 3.13 | 2.42 | | |
| 恭城河上游 | 农田 | 414.31 | 19.72 | 2.23 | 1.29 | 4.99 | — | 28.23 |
| | 森林 | 19.86 | 1317.35 | 5.09 | 0.98 | 1.70 | 0.45 | 28.08 |
| | 草地 | 2.06 | 13.68 | 86.92 | 0.24 | 0.61 | 0.01 | 16.60 |
| | 水域与湿地 | 0.93 | 0.48 | 0.13 | 7.66 | 0.18 | — | 1.72 |

续表

| 区域 | 类型 | 农田 | 森林 | 草地 | 水域与湿地 | 聚落 | 其他 | 转出量 |
|---|---|---|---|---|---|---|---|---|
| 恭城河上游 | 聚落 | 1.95 | 0.88 | 0.14 | 0.13 | 22.38 | — | 3.10 |
| | 其他 | 0.01 | 0.04 | 0.00 | 0.03 | 0.00 | 0.12 | 0.08 |
| | 转入量 | 24.81 | 34.80 | 7.59 | 2.67 | 7.48 | 0.46 | |
| 势江河 | 农田 | 102.3 | 5.87 | 1.11 | 0.22 | 0.74 | — | 7.94 |
| | 森林 | 5.98 | 325.92 | 2.06 | 0.47 | 0.97 | — | 9.48 |
| | 草地 | 0.88 | 3.78 | 34.37 | 0.42 | 0.51 | — | 5.59 |
| | 水域与湿地 | 0.24 | 0.46 | 0.03 | 5.06 | 0.02 | — | 0.75 |
| | 聚落 | 0.65 | 0.34 | 0.07 | 0.01 | 6.28 | — | 1.07 |
| | 转入量 | 7.75 | 10.45 | 3.27 | 1.12 | 2.24 | | |
| 榕津河 | 农田 | 283.25 | 10.87 | 2.17 | 1.12 | 6.68 | — | 20.84 |
| | 森林 | 10.70 | 471.72 | 3.19 | 0.19 | 1.72 | — | 15.80 |
| | 草地 | 2.11 | 3.45 | 61.01 | 0.05 | 0.46 | — | 6.07 |
| | 水域与湿地 | 0.54 | 0.27 | 0.01 | 5.59 | 0.02 | — | 0.84 |
| | 聚落 | 2.77 | 0.29 | 0.05 | 0.03 | 20.06 | — | 3.14 |
| | 转入量 | 16.12 | 14.88 | 5.42 | 1.39 | 8.88 | | |

## 2.5 小　结

基于土地覆被、行政区划和子流域分布数据，利用ArcMap空间分析软件重分类、栅格计算和Excel数据透视表功能，从全域、区县和子流域尺度研究2000—2020年漓江流域生态系统格局与演变规律。结果表明：

(1) 2020年漓江流域以森林和农田生态系统占主导，分别约占总量的64.85%和21.73%，但生态系统构成在流域内区县间和子流域间均存在显著差异，一般表现为森林和草地生态系统面积占比随着漓江及主要支流源区→中游→下游或从山区→丘陵区→平原台地变化而降低，而农田、聚落等人工生态系统面积占比却呈现相反的变化趋势。2000—2020年全域农田、森林和草地生态系统整体呈不断减少，而水域与湿地、聚落和其他生态系统面积呈不断增加。

(2) 2000—2010年全域生态系统转移强度低于2010—2020年。2000—2010年区域生态系统转移主要驱动力为退耕还林还草还湿工程和城市扩张建设，2010—2020年生态系统转移的主要驱动力为城市扩张。2000—2020年全域农田主要转化成森林和聚落，森林主要转化成草地和聚落，草地则主要转化成森林，水域与湿地和聚落主要转化成农田和森林，其他主要转化成森林和水域与湿地。

（3）2000—2020 年漓江流域生态系统转化不仅在区县间和子流域间差异显著，在生态系统类型间差异亦显著，这是区域资源禀赋、城市开发和生态建设等综合作用的结果，一般表现为漓江及各支流源区/上游区县或子流域森林、草地、水域与湿地等自然生态系统转入量在总转入量中占比远高于中下游或平原台地占主导的子流域，而聚落转入占比则刚好相反。

# 第3章　净初级生产力格局与演变

植被净初级生产力是表征地球支持能力和区域生态系统可持续发展能力的一个重要参数，对反映区域生态系统功能和生态环境质量具有重要意义。本章利用光能利用率模型（Carnegie - Ames - Stanford Approach，CASA）模拟2000—2020年漓江流域植被净初级生产力的空间数据，并从全域、区县、子流域和生态系统尺度研究流域净初级生产力格局与演变趋势。结果表明，2000—2020年漓江流域净初级生产力变化不大，2020年比2000年略有提高。2000—2020年，漓江流域单位面积净初级生产力和净初级生产力总量均呈波动中略有上升的变化趋势，2018年最高，2010年最低。漓江流域大部分区县和子流域的单位面积净初级生产量和净初级生产总量均呈增加趋势。流域净初级生产力以森林最高，聚落最低，且各类生态系统净初级生产力均不断增加，说明流域生态保护与建设成效明显，生态系统质量不断提升。

## 3.1　研究方法与数据来源

### 3.1.1　研究方法

净初级生产力（net primary pruductivity，NPP）可根据光能利用率模型进行计算。该模型认为NPP是由植物光合作用与其对光能利用率的大小共同决定，目前已被广泛应用于陆地生态系统NPP的估算。其计算公式为

$$NPP(i,\ t)=APAR(i,\ t)\varepsilon(i,\ t) \tag{3-1}$$

式中：$NPP(i,\ t)$表示像元$i$在$t$月的植被净初级生产力，g C/m$^2$；$APAR(i,\ t)$为像元$i$在$t$月吸收的光合有效辐射，MJ/m$^2$；$\varepsilon(i,\ t)$表示像元$i$在$t$月的实际光能利用率，g C/MJ。

植物吸收光合有效辐射（Absorbed Photosynthetic Active Radiation，APAR）由太阳总辐射和植物自身的特征决定，计算公式为

$$APAR(i,\ t)=0.5R_s(i,\ t)FPAR(i,\ t) \tag{3-2}$$

式中：$R_s(i,\ t)$为$t$月在像元$i$处的太阳总辐射量，MJ/m$^2$；$FPAR(i,\ t)$为植被

本章执笔人：中国科学院地理科学与资源研究所黄孟冬、肖玉。

对入射光合有效辐射的吸收比例；常数 0.5 表示植被所能利用的太阳有效辐射占太阳总辐射的比例。

太阳总辐射 $R_s(i, t)$ 的计算可以参考 PM 公式：

$$R_s = (a_s + b_s n/N) R_a \tag{3-3}$$

$$N = (24\omega_s)/\pi \tag{3-4}$$

$$\omega_s = \arccos(-\tan\varphi \times \tan\delta) \tag{3-5}$$

$$\varphi = \frac{2\pi Lat}{360} \tag{3-6}$$

$$\delta = 0.409\sin\left(\frac{2\pi}{365}J - 1.39\right) \tag{3-7}$$

$$R_a = \frac{24 \times 60}{\pi} G_{sc} \cdot dr \cdot (\omega_s \sin\varphi\sin\delta + \cos\varphi\cos\delta\sin\omega_s) \tag{3-8}$$

$$dr = 1 + 0.033 \times \cos\left(\frac{2\pi}{365}J\right) \tag{3-9}$$

式中：$R_s$ 为太阳总辐射，$MJ/(m^2 \cdot d)$；$a_s$ 和 $b_s$ 为回归系数，取值分别为 0.25 和 0.50；$n$ 为日照时数，h；$N$ 为最大日照时数，h；$R_a$ 为天文辐射，$MJ/(m^2 \cdot d)$；$Lat$ 为气象站纬度，(°)；$\omega_s$ 为日出时角；$J$ 为日序，d，从 1 到 365 或 366，1 月 1 日取日序为 1；$\varphi$ 为纬度（弧度）；$\delta$ 为太阳磁偏角；$G_{sc}$ 为太阳常数，$MJ/(m^2 \cdot min)$，取值为 0.0820；$dr$ 为日地平均距离。

$FPAR(i, t)$ 取决于植被类型和植被状况，与归一化植被指数（Normalized Defference Vegetation Index，NDVI）和比值植被指数（Simple Ratio，SR）存在较好的线性关系（Field et al.，1995），可以通过二者来计算：

$$FPAR(i, t) = \alpha FPAR_{NDVI}(i, t) + (1-\alpha) FPAR_{SR}(i, t) \tag{3-10}$$

式中：$FPAR(i, t)$ 为植被对入射光合有效辐射的吸收比例；$FPAR_{NDVI}(i, t)$ 为基于 NDVI 的植被对入射光合有效辐射的吸收比例；$FPAR_{SR}(i, t)$ 为基于 SR 的植被对入射光合有效辐射的吸收比例；$\alpha$ 为调整系数，取值为 0.5。

基于 NDVI 的计算公式为

$$FPAR_{NDVI}(i, t) = \frac{NDVI(i, t) - NDVI_{j,min}}{NDVI_{j,max} - NDVI_{j,min}} \times (FPAR_{max} - FPAR_{min}) + FPAR_{min} \tag{3-11}$$

式中：$NDVI_{j,max}$ 和 $NDVI_{j,min}$ 分别对应第 $j$ 种植被类型的 NDVI 最大值和最小值；$FPAR_{max} = 0.95$，$FPAR_{min} = 0.001$，且二者不随植被类型变化。

比值植被指数（SR）计算公式为

$$SR(i,t)=\frac{1+NDVI(i,t)}{1-NDVI(i,t)} \tag{3-12}$$

基于 SR 的计算公式为

$$FPAR_{SR}(i,t)=\frac{SR(i,t)-SR_{j,\min}}{SR_{j,\max}-SR_{j,\min}}(FPAR_{\max}-FPAR_{\min})+FPAR_{\min} \tag{3-13}$$

式中：$FPAR_{max}=0.95$、$FPAR_{min}=0.001$，且二者不随植被类型变化；$SR_{max}$、$SR_{min}$ 参考朱文泉等（2007）所得结果，对应第 $j$ 种植被类型 95%和 5%的 NDVI 值计算的 SR。

光能利用率 ε 表示植被将吸收的光合有效辐射转化为有机碳的效率。

$$\varepsilon(i,t)=T_{\varepsilon1}(i,t)T_{\varepsilon2}(i,t)W_{\varepsilon}(i,t)\varepsilon_{\max} \tag{3-14}$$

式中：$T_{\varepsilon1}(i,t)$ 和 $T_{\varepsilon2}(i,t)$ 分别为低温和高温对光能利用率的影响系数；$W_{\varepsilon}(i,t)$ 为水分胁迫影响系数，反映水分条件的影响；$\varepsilon_{max}$为理想条件下的最大光能利用率（取 0.389g C/MJ）。

$T_{\varepsilon1}(i,t)$ 表示低温和高温情况下植物内在生化作用对光合的限制。即与最适温度相比较，当月平均气温对植物光合作用的限制情况。

$$T_{\varepsilon1}(i,t)=0.8+0.02T_{opt}(i)-0.0005\,T_{opt}(i)^2 \tag{3-15}$$

式中：$T_{opt}(i)$ 为植物生长的最适温度，定义为某一区域一年内 NDVI 值达到最高时的当月平均气温，℃，取站点 8 月的温度作为 $T_{opt}(i)$。当某一月平均温度 $T(i,t)$ 小于或等于－10℃时，$T_{\varepsilon1}(i,t)$ 取值为 0。

$T_{\varepsilon2}(i,t)$ 表示环境温度由最适温度向高温和低温变化时植被光能利用率逐渐变小的趋势（Potter et al.，1993）。

$$T_{\varepsilon2}(i,t)=\frac{1.1814}{1+\exp\{0.2\times[T_{opt}(i)-10-T(i,t)]\}}\times\frac{1}{1+\exp\{0.3\times[-T_{opt}(i)-10+T(i,t)]\}} \tag{3-16}$$

式中：$T(i,t)$ 为某一月平均温度。当某一月平均温度 $T(i,t)$ 比最适温度 $T_{opt}(i)$（8 月平均温度）高 10℃或低 13℃时，该月的 $T_{\varepsilon2}(i,t)$ 值等于月平均温度 $T(i,t)$ 为最适温度 $T_{opt}(i)$ 时 $T_{\varepsilon2}(i,t)$ 值的一半。

$W_{\varepsilon}(i,t)$ 为水分胁迫影响系数，反映了水分条件对植物光能利用率的影响，其取值范围为 0.5（极端干旱条件）～1（非常湿润条件）（朴世龙等，2001），计算式为

$$W_{\varepsilon}(i,t)=0.5+\frac{0.5ET(i,t)}{ET_0(i,t)} \tag{3-17}$$

式中：$ET(i, t)$ 为实际蒸散量，mm；$ET_0(i, t)$ 为潜在蒸散量，mm，可根据区域实际蒸散模型和互补关系求取（周广胜等，1996）。

### 3.1.2 数据来源

所需数据主要包括气象、土地覆被、NDVI 数据。气象数据来源于中国气象科学数据共享服务网国家台站的日均温度、降水、湿度、日照时数、日均风速等数据，利用反距离权重法进行空间插值得到。2000 年、2005 年、2010 年、2015 年、2018 年和 2020 年土地覆被数据（空间分辨率 30m）来源于资源环境科学数据中心。NDVI 数据（空间分辨率 30m）来源于中国科学院计算机网络信息中心国际科学数据镜像网站。

## 3.2 全 域 尺 度

2000—2020 年，漓江流域生态系统单位面积净初级生产力变化范围为 506.59～620.79g C/($m^2$·年)，其中 2010 年最低，2018 年最高。单位面积净初级生产力在 2000—2010 年略有减少，在 2010—2018 年持续上升，在 2018—2020 年又有所减少。2000—2020 年，漓江流域生态系统单位面积净初级生产力总体为波动中略有上升的趋势，年增加量为 2.78g C/($m^2$·年)。2000—2020 年，漓江流域生态系统净初级生产力总量变化范围为 $6.59\times10^{12}$～$8.08\times10^{12}$g C/年，其中 2010 年最低，2018 年最高（图 3-1）。2000—2010 年，净初级生产力总量连续减少，2010—2018 年净初级生产力总量持续增加，但 2018—2020 年又有所减少，2020 年净初级生产力总量与 2000 年相比变化不大。2000—2020 年，漓江流域净初级生产总量呈在波动中略有增加的变化趋势，年增加量平均为 $3.62\times10^{10}$g C/年。2000—2018 年，漓江流域生态系统单位面积净初级生产力和

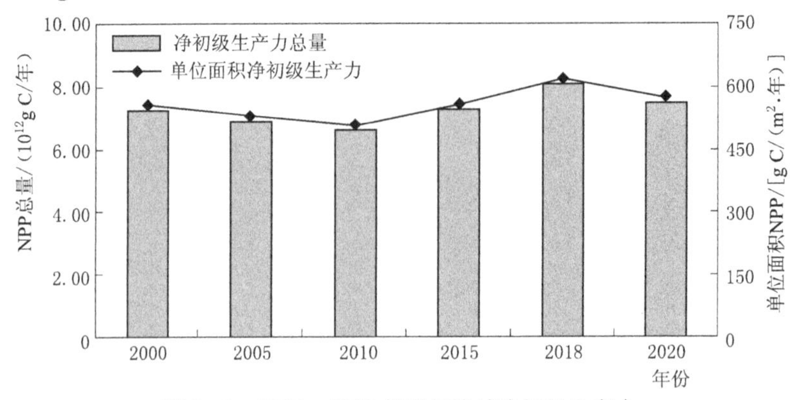


图 3-1 2000—2020 年漓江流域净初级生产力

净初级生产力总量都保持波动且稍有上升趋势的主要原因可能与该时期漓江流域实施了大规模退耕还林还草工程有关。退耕还林还草工程规模以2004年左右最大，2007年后进入巩固期，而森林生产力与林龄关系密切，退耕林分初期很低，随着林龄增长，退耕林分生产力不断增加，致使2000—2010年净初级生产力整体呈下降态势，2010—2018年退耕林分中龄林面积不断增加，整体净初级生产力不断增加。此外，净初级生产力还可能与流域降水、日照等因子变化有关。

2000—2020年漓江流域生态系统单位面积净初级生产力空间分布格局非常接近（图3-2）。从空间上看，漓江流域单位面积净初级生产力较低的地区呈南北走向分布于西部、中部偏东地区，单位面积净初级生产力较高的地区则分布于较低地区的东部和南部。这是区域生态系统格局、气候和人为等因子综合作用的结果。净初级生产力低值区主要为桂林市主城区，这些区域以聚落占主导，人为

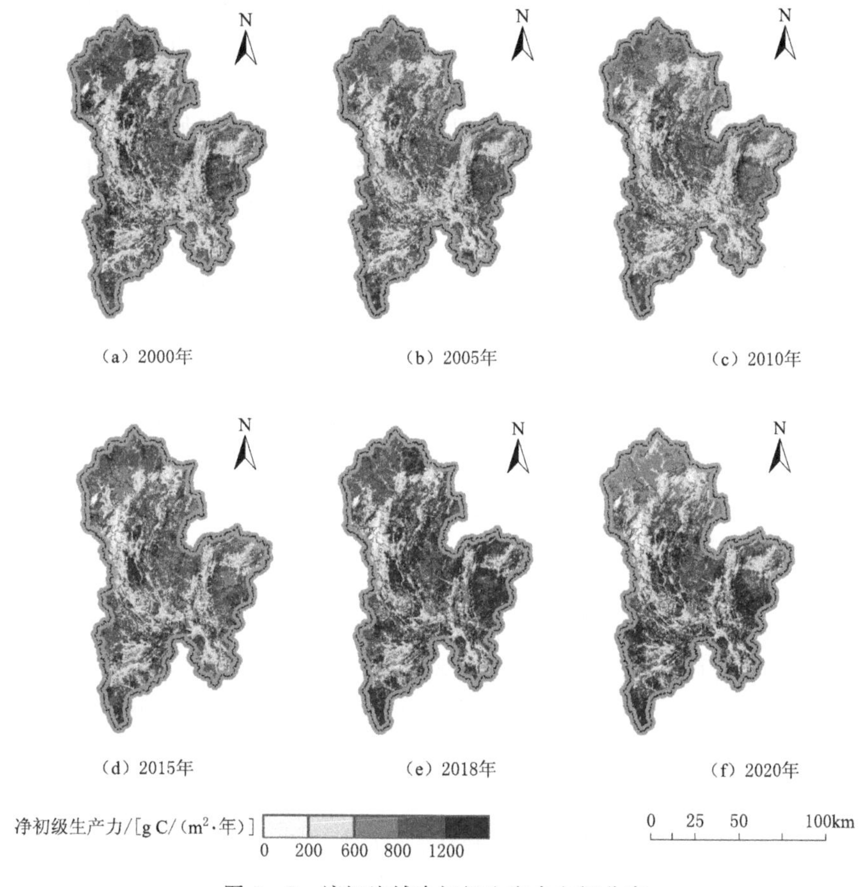


图3-2 漓江流域净初级生产力空间分布

干扰强度大；而净初级生产力高值区大多为森林占主导的山地丘陵区，人为干扰强度小。因此，漓江流域净初级生产力较高的地区均分布在山地的南坡与东坡。从不同年份来看，2018年单位面积净初级生产力高于其他年份，高值区域面积显著增加，低值区域面积缩小，东部、南部地区净初级生产力较其他年份有显著的增加。这可能与降雨的年际变化有关。2018年该区域年降水量显著降低。降水量降低会减少区域大气水汽，降低大气云量，增大太阳有效辐射，进而促进植物光合作用，提高区域净初级生产力。

## 3.3 区县尺度

2000—2020年，漓江流域不同区县的单位面积净初级生产力变化范围为262.55～916.47g C/($m^2$·年)，最低值出现在2010年的桂林市象山区，最高值出现在2018年的来宾市金秀瑶族自治县。单位面积净初级生产力较高的区县在不同年份之间存在较大差异，2000年以金秀、钟山、灵川、资源和荔浦等区县较高，2005年以金秀、钟山、恭城、荔浦和灵川等区县较高，2010年以金秀、钟山、资源、灵川和恭城等区县较高，2015年以金秀、资源、恭城、钟山和灵川等区县较高，2018年以金秀、钟山、恭城、江永和资源等区县较高，2020年则以金秀、钟山、恭城、荔浦和平乐等区县较高（表3-1）。综合来看，2000—2020年，金秀、钟山、恭城和资源的单位面积净初级生产力都略高于其他区县。2000—2020年，秀峰、叠彩、兴安和资源的单位面积净初级生产力总体呈下降趋势，其中资源和叠彩的下降趋势相对显著，年单位面积净初级生产力减少量分别为1.08g C/$m^2$和0.87g C/$m^2$；其他区县的单位面积净初级生产力总体均呈增长趋势，其中金秀、平乐、恭城单位面积净初级生产力年增加量最大，均超过5g C/$m^2$。

2000—2020年，漓江流域不同区县净初级生产力总量变化范围为$0.12\times10^{11}$～$14.22\times10^{11}$g C/年，其中最低值出现在2005年和2010年的桂林市秀峰区，最高值出现在2018年的桂林市灵川县。2000—2020年漓江流域以灵川、兴安、恭城、荔浦和阳朔等区县净初级生产力总量相对较高。这5个区县净初级生产力总量占当年漓江流域净初级生产力总量比例均在73%以上（表3-1）。这一方面是因为部分区县单位面积净初级生产力相对较高，更主要的是因为5个区县面积相对较大，其净初级生产力总量显著高于其他区县。2000—2020年，秀峰、叠彩、兴安和资源等区县的净初级生产力总量总体呈下降趋势，其中兴安县的下降趋势最显著，净初级生产力总量减少量为$6.68\times10^8$g C/年；其他区县的净初级生产力总量总体均呈增长趋势，其中平乐、恭城和荔浦等区县净初级生产力总量增加趋势最明显，年净初级生产力总量增加量在$50\times10^8$g C/年以上，其中恭城的增加量最大，为$113.99\times10^8$g C/年。

表 3-1　2000—2020 年漓江流域不同区县净初级生产力

| 区县 | 单位面积净初级生产力/[g C/(m²·年)] | | | | | | 单位面积净初级生产力年变化量/(g C/m²) | 净初级生产力总量/($10^{11}$g C/年) | | | | | | |
|---|---|---|---|---|---|---|---|---|---|---|---|---|---|---|
| | 2000 年 | 2005 年 | 2010 年 | 2015 年 | 2018 年 | 2020 年 | | 2000 年 | 2005 年 | 2010 年 | 2015 年 | 2018 年 | 2020 年 | 净初级生产力年变化量/($10^8$g C) |
| 江永县 | 516.90 | 509.04 | 474.59 | 508.85 | 653.96 | 530.82 | 3.66 | 3.21 | 3.16 | 2.95 | 3.16 | 4.06 | 3.29 | 22.70 |
| 秀峰区 | 359.80 | 289.03 | 279.62 | 351.94 | 330.81 | 320.76 | −0.02 | 0.15 | 0.12 | 0.12 | 0.15 | 0.14 | 0.14 | −0.01 |
| 叠彩区 | 344.50 | 306.56 | 284.78 | 334.45 | 322.43 | 298.52 | −0.87 | 0.17 | 0.15 | 0.14 | 0.17 | 0.16 | 0.15 | −0.44 |
| 象山区 | 335.22 | 264.06 | 262.55 | 330.56 | 311.11 | 318.58 | 0.74 | 0.30 | 0.24 | 0.24 | 0.30 | 0.28 | 0.29 | 0.67 |
| 七星区 | 323.09 | 284.88 | 273.25 | 308.87 | 312.27 | 307.41 | 0.16 | 0.23 | 0.20 | 0.19 | 0.22 | 0.22 | 0.22 | 0.11 |
| 雁山区 | 479.89 | 430.96 | 423.43 | 515.53 | 521.19 | 498.84 | 3.15 | 1.46 | 1.31 | 1.28 | 1.56 | 1.58 | 1.51 | 9.55 |
| 临桂区 | 553.17 | 476.61 | 476.23 | 533.06 | 530.31 | 524.60 | 0.37 | 2.22 | 1.91 | 1.91 | 2.14 | 2.13 | 2.10 | 1.50 |
| 阳朔县 | 544.41 | 512.66 | 511.05 | 539.95 | 595.96 | 587.98 | 3.13 | 7.82 | 7.36 | 7.34 | 7.75 | 8.56 | 8.44 | 44.99 |
| 灵川县 | 594.39 | 549.83 | 536.80 | 577.09 | 618.10 | 559.79 | 0.51 | 13.67 | 12.65 | 12.35 | 13.28 | 14.22 | 12.88 | 11.66 |
| 兴安县 | 567.48 | 509.29 | 493.42 | 564.65 | 618.73 | 464.61 | −0.31 | 12.37 | 11.10 | 10.76 | 12.31 | 13.49 | 10.13 | −6.68 |
| 资源县 | 576.96 | 528.39 | 567.00 | 636.73 | 642.97 | 425.98 | −1.08 | 0.26 | 0.23 | 0.25 | 0.28 | 0.29 | 0.19 | −0.48 |
| 平乐县 | 487.91 | 507.09 | 449.78 | 522.53 | 576.64 | 605.31 | 5.49 | 6.32 | 6.56 | 5.82 | 6.76 | 7.46 | 7.83 | 71.07 |
| 恭城瑶族自治县 | 566.27 | 573.39 | 536.75 | 586.02 | 692.63 | 659.07 | 5.65 | 11.43 | 11.58 | 10.84 | 11.83 | 13.98 | 13.31 | 113.99 |
| 荔浦市 | 571.69 | 554.78 | 522.59 | 573.31 | 607.77 | 643.76 | 3.44 | 9.16 | 8.88 | 8.37 | 9.18 | 9.73 | 10.31 | 55.10 |
| 钟山县 | 654.94 | 702.49 | 647.18 | 583.88 | 721.51 | 837.03 | 4.85 | 0.16 | 0.18 | 0.16 | 0.15 | 0.18 | 0.21 | 1.22 |
| 富川瑶族自治县 | 514.32 | 486.92 | 449.11 | 536.07 | 639.69 | 537.75 | 4.55 | 1.11 | 1.05 | 0.97 | 1.16 | 1.38 | 1.16 | 9.83 |
| 金秀瑶族自治县 | 714.04 | 753.91 | 702.02 | 758.99 | 916.47 | 860.51 | 8.40 | 2.28 | 2.41 | 2.24 | 2.42 | 2.93 | 2.75 | 26.81 |

## 3.4 子流域尺度

漓江流域包括 18 条子流域。2000—2020 年，漓江流域单位面积净初级生产力变化范围为 353.29～692.87g C/($m^2$·年)，其中 2010 年恭城河下游子流域单位面积净初级生产力最低，而 2018 年荔浦河上游子流域最高（表 3-2）。不同子流域单位面积净初级生产力在不同年份之间存在较大差别。2000 年单位面积净初级生产力较高的子流域包括漓江上游、荔浦河上游、潮田河、马岭河和甘棠江，2005 年以荔浦河上游、势江河、潮田河、马岭河和荔浦河入桂江段等子流域较高，2010 年以潮田河、荔浦河上游、兴坪河、西岭河和马岭河等子流域较高，2015 年以荔浦河入桂江段、潮田河、荔浦河上游、恭城河入桂江段和势江河等子流域较高，2018 年以荔浦河上游、势江河、恭城河上游、潮田河和西岭河等子流域较高，2020 年则以荔浦河上游、势江河、荔浦河入桂江段、马岭河和恭城河入桂江段等子流域较高。总体来看，2000—2020 年，荔浦河上游、潮田河和势江河等 3 条子流域单位面积净初级生产力较高。2000—2020 年，漓江流域各子流域单位面积净初级生产力变化波动较小，漓江上游、甘棠江和桃花江 3 条子流域的单位面积净初级生产力呈减小趋势；其他子流域单位面积净初级生产力均呈增加趋势，其中恭城河入桂江段、恭城河下游、势江河、荔浦河入桂江段、恭城河上游和榕津河等子流域单位面积净初级生产力年变化量增加趋势较为明显，单位面积净初级生产力年增加量超过 5g C/$m^2$。

2000—2020 年，漓江流域不同子流域净初级生产力总量变化范围为 $0.28\times10^{11}$～$13.13\times10^{11}$g C/年，以 2010 年恭城河下游子流域净初级生产力总量最低，而 2018 年恭城河上游子流域净初级生产力总量最高（表 3-2）。2000—2018 年，恭城河上游、漓江上游、荔浦河上游、潮田河和灵渠等 5 条子流域净初级生产力总量较高，2020 年，恭城河上游、荔浦河上游、潮田河、漓江上游和榕津河等 5 条子流域净初级生产力总量较高。2000—2020 年，上述子流域的净初级生产力总量均占对应年份漓江流域净初级生产力总量的 53% 以上。其中，2000 年、2020 年恭城河上游子流域净初级生产力总量占比最高，均超过 14%。2000—2020 年，漓江上游、甘棠江和桃花江子流域净初级生产力总量呈减少趋势，其中，漓江上游子流域净初级生产力总量年减少量最大，为 $40.96\times10^8$g C；其他子流域净初级生产总量均呈增加趋势，恭城河上游、荔浦河上游、榕津河、潮田河和势江河等子流域净初级生产总量增加趋势较为明显，净初级生产力总量年增加量超过 $30\times10^8$g C。

表 3-2 2000—2020 年漓江流域不同子流域净初级生产力

| 子流域 | 单位面积净初级生产力/[g C/(m² · 年)] | | | | | | 单位面积净初级生产力年变化量/(g C/m²) | 净初级生产力总量/($10^{11}$ g C/年) | | | | | | 净初级生产力年变化量/($10^8$ g C) |
|---|---|---|---|---|---|---|---|---|---|---|---|---|---|---|
| | 2000 年 | 2005 年 | 2010 年 | 2015 年 | 2018 年 | 2020 年 | | 2000 年 | 2005 年 | 2010 年 | 2015 年 | 2018 年 | 2020 年 | |
| 漓江上游 | 617.95 | 531.21 | 521.54 | 576.99 | 624.01 | 459.93 | −2.64 | 9.58 | 8.24 | 8.09 | 8.95 | 9.67 | 7.13 | −40.96 |
| 甘棠江 | 580.41 | 530.84 | 504.92 | 560.91 | 572.70 | 479.00 | −1.94 | 4.47 | 4.09 | 3.89 | 4.32 | 4.42 | 3.69 | −14.92 |
| 灵渠 | 505.82 | 483.76 | 463.25 | 535.21 | 605.66 | 485.72 | 2.62 | 4.94 | 4.72 | 4.52 | 5.22 | 5.91 | 4.74 | 25.60 |
| 桃花江 | 440.88 | 369.53 | 355.31 | 417.53 | 402.04 | 393.58 | −0.62 | 2.11 | 1.77 | 1.70 | 2.00 | 1.93 | 1.89 | −2.98 |
| 潮田河 | 599.41 | 568.95 | 569.29 | 615.18 | 665.57 | 637.61 | 3.50 | 7.44 | 7.06 | 7.07 | 7.64 | 8.26 | 7.92 | 43.51 |
| 良丰河 | 487.25 | 421.85 | 426.76 | 497.83 | 510.23 | 493.04 | 2.43 | 2.43 | 2.10 | 2.13 | 2.48 | 2.55 | 2.46 | 12.12 |
| 兴坪河 | 557.31 | 545.80 | 541.11 | 527.60 | 604.55 | 612.75 | 2.57 | 2.35 | 2.31 | 2.29 | 2.23 | 2.55 | 2.59 | 10.88 |
| 遇龙河 | 554.43 | 507.53 | 505.36 | 543.26 | 586.77 | 578.27 | 2.45 | 3.69 | 3.38 | 3.37 | 3.62 | 3.91 | 3.85 | 16.33 |
| 漓江入桂江段 | 447.55 | 451.97 | 415.22 | 492.44 | 521.15 | 513.13 | 4.08 | 1.18 | 1.19 | 1.09 | 1.30 | 1.37 | 1.35 | 10.76 |
| 恭城河下游 | 379.82 | 386.58 | 353.29 | 455.59 | 486.80 | 490.54 | 6.41 | 0.30 | 0.31 | 0.28 | 0.36 | 0.39 | 0.39 | 5.12 |
| 恭城河入桂江段 | 510.32 | 498.66 | 482.79 | 601.26 | 633.36 | 649.59 | 8.15 | 0.46 | 0.45 | 0.44 | 0.54 | 0.57 | 0.59 | 7.38 |
| 荔浦河入桂江段 | 573.47 | 563.98 | 517.86 | 622.57 | 650.75 | 685.54 | 5.94 | 0.83 | 0.81 | 0.75 | 0.90 | 0.94 | 0.99 | 8.57 |
| 马岭河 | 586.87 | 565.42 | 526.59 | 580.39 | 595.46 | 655.73 | 2.79 | 3.58 | 3.45 | 3.22 | 3.54 | 3.64 | 4.01 | 17.05 |
| 荔浦河上游 | 601.87 | 600.27 | 566.93 | 613.26 | 690.92 | 692.87 | 4.88 | 7.62 | 7.60 | 7.18 | 7.77 | 8.75 | 8.77 | 61.83 |
| 西岭河 | 553.76 | 546.00 | 533.18 | 574.14 | 657.66 | 613.28 | 4.48 | 3.47 | 3.42 | 3.34 | 3.60 | 4.12 | 3.84 | 28.09 |
| 恭城河上游 | 546.30 | 541.28 | 509.92 | 555.82 | 681.65 | 605.86 | 5.06 | 10.52 | 10.43 | 9.82 | 10.71 | 13.13 | 11.67 | 97.33 |
| 势江河 | 559.33 | 598.70 | 519.26 | 591.52 | 683.78 | 687.76 | 6.15 | 2.79 | 2.99 | 2.59 | 2.95 | 3.41 | 3.43 | 30.66 |
| 榕津河 | 501.13 | 528.90 | 461.06 | 518.45 | 583.16 | 621.19 | 5.04 | 4.45 | 4.70 | 4.10 | 4.61 | 5.18 | 5.52 | 44.76 |

# 3.5 生态系统尺度

漓江流域生态系统包括6个一级类和18个二级类。2000—2020年，漓江流域不同生态系统类型单位面积净初级生产力变化范围为116.43～804.78g C/(m$^2$·年)，2010年聚落生态系统中的城镇用地单位面积净初级生产力最低，2018年森林生态系统中灌木林的单位面积净初级生产力最高（表3-3）。需要说明的是，2000年和2005年没有区分裸地和沼泽地，全部划为裸地，沼泽地的单位面积净初级生产力没有值。2000—2020年，一级生态系统中森林单位面积净初级生产力显著高于其他生态系统类型；二级生态系统中则是有林地、灌木林地、疏林地的单位面积净初级生产力总体显著高于其他二级类型。2000—2020年，一级生态系统中所有生态系统类型单位面积净初级生产力均呈增加趋势，其中其他生态系统和森林生态系统单位面积净初级生产力年增长量较大，超过3g C/m$^2$。2000—2020年，二级生态系统中只有湖泊单位面积净初级生产力呈减少趋势，年减少量为0.2g C/m$^2$；其他二级生态系统单位面积净初级生产力均呈增加趋势，其中沼泽地、灌木林、其他林地和裸土地的增加趋势较为明显，年增加量超过4g C/m$^2$。

2000—2020年，漓江流域一级生态系统净初级生产力总量变化范围为0.05×10$^9$～6392.11×10$^9$g C/年，其中2018年森林生态系统的净初级生产力总量最高，2000年的其他生态系统的净初级生产力总量最低（表3-3）。2000—2020年均以森林生态系统的净初级生产力总量最高，净初级生产力占流域净初级生产力总量的比例在79%左右。2000—2020年，漓江流域所有一级生态系统净初级生产力总量均呈增加趋势，净初级生产力年增加量超过2×10$^7$g C，其中森林生态系统净初级生产力总量的年增加量远超其他生态系统一级类的年增加量，为2470.84×10$^7$g C。二级生态系统净初级生产力总量变化范围为0.03×10$^9$～4511.70×10$^9$g C/年，其中2015年、2018年和2020年沼泽地净初级生产力总量最低，2018年有林地的净初级生产力总量最高。2000—2020年，有林地、灌木林地、水田、疏林地和高覆盖度草地等二级生态系统净初级生产力总量明显高于其他二级类型。2000—2020年，滩地、湖泊和低覆盖度草地二级生态系统净初级生产力总量呈减少趋势，其中滩地的下降趋势最为明显，净初级生产力总量年减少量达4.69×10$^7$g C；其他二级生态系统净初级生产力总量均呈增加趋势，有林地、灌木林地、水田、高覆盖度草地、疏林地和旱地等二级生态系统净初级生产力总量增加趋势较为明显，其中，有林地、灌木林地和水田的增加趋势最明显，净初级生产力总量年增加量超过486.00×10$^7$g C。

表 3-3　**2000—2020 年漓江流域不同生态系统净初级生产力**

| 生态系统类型 | | 单位面积净初级生产力/[g C/(m² · 年)] | | | | | | 单位面积净初级生产力年变化量/(g C/m²) | 净初级生产力总量/($10^9$ g C/年) | | | | | | |
|---|---|---|---|---|---|---|---|---|---|---|---|---|---|---|---|
| | | 2000 年 | 2005 年 | 2010 年 | 2015 年 | 2018 年 | 2020 年 | | 2000 年 | 2005 年 | 2010 年 | 2015 年 | 2018 年 | 2020 年 | 净初级生产力年变化量/($10^7$ g C) |
| 农田 | 水田 | 314.61 | 312.43 | 295.94 | 337.95 | 371.37 | 354.67 | 2.80 | 631.12 | 624.72 | 591.45 | 671.95 | 731.13 | 696.25 | 486.03 |
| | 旱地 | 324.75 | 317.69 | 306.42 | 357.45 | 387.38 | 363.37 | 3.10 | 289.49 | 283.02 | 271.17 | 314.34 | 336.33 | 314.22 | 225.21 |
| | **小计** | 317.73 | 314.05 | 299.16 | 343.93 | 376.27 | 357.33 | 2.89 | 920.61 | 907.74 | 862.63 | 986.29 | 1067.46 | 1010.47 | 711.24 |
| 森林 | 有林地 | 678.65 | 644.66 | 608.37 | 662.62 | 747.04 | 675.32 | 2.23 | 4126.31 | 3902.04 | 3686.07 | 4010.98 | 4511.70 | 4077.86 | 1230.93 |
| | 灌木林 | 700.22 | 660.62 | 654.46 | 735.33 | 804.78 | 775.29 | 5.90 | 981.56 | 925.00 | 916.37 | 1029.04 | 1124.52 | 1083.27 | 808.94 |
| | 疏林地 | 701.95 | 672.84 | 646.45 | 710.01 | 771.40 | 742.08 | 3.62 | 546.02 | 521.24 | 500.51 | 547.55 | 594.18 | 571.61 | 252.56 |
| | 其他林地 | 589.84 | 586.87 | 555.84 | 627.42 | 689.21 | 660.58 | 4.87 | 120.45 | 138.26 | 133.43 | 149.63 | 161.71 | 153.82 | 178.40 |
| | **小计** | 682.22 | 648.27 | 617.98 | 677.97 | 757.21 | 697.56 | 3.03 | 5774.34 | 5486.55 | 5236.38 | 5737.20 | 6392.11 | 5886.56 | 2470.84 |
| 草地 | 高覆盖度草地 | 373.44 | 360.92 | 349.14 | 387.86 | 427.06 | 413.95 | 2.88 | 401.74 | 387.30 | 370.15 | 409.65 | 449.61 | 435.43 | 255.05 |
| | 中覆盖度草地 | 375.81 | 334.12 | 329.30 | 373.83 | 411.59 | 368.91 | 1.64 | 44.63 | 39.73 | 39.24 | 44.11 | 48.38 | 42.95 | 15.38 |
| | 低覆盖度草地 | 322.95 | 317.06 | 292.92 | 348.44 | 401.48 | 372.23 | 3.70 | 0.65 | 0.64 | 0.59 | 0.71 | 0.64 | 0.60 | −0.05 |
| | **小计** | 373.59 | 358.18 | 347.04 | 386.39 | 425.47 | 409.41 | 2.76 | 447.03 | 427.67 | 409.98 | 454.47 | 498.63 | 478.97 | 270.38 |
| 水域与湿地 | 河渠 | 215.81 | 209.54 | 197.72 | 228.72 | 252.27 | 225.24 | 1.44 | 15.58 | 15.09 | 14.60 | 17.05 | 18.40 | 17.55 | 15.07 |
| | 湖泊 | 248.00 | 242.86 | 220.68 | 220.05 | 246.20 | 246.43 | −0.20 | 0.14 | 0.09 | 0.09 | 0.09 | 0.10 | 0.10 | −0.15 |
| | 水库坑塘 | 181.62 | 177.86 | 164.60 | 199.29 | 213.78 | 188.75 | 1.28 | 9.18 | 8.32 | 10.65 | 11.30 | 14.75 | 14.63 | 31.51 |
| | 滩地 | 185.53 | 174.61 | 196.40 | 163.60 | 192.98 | 208.80 | 0.74 | 3.14 | 3.81 | 1.50 | 2.91 | 3.27 | 1.73 | −4.69 |
| | **小计** | 199.96 | 193.71 | 183.10 | 209.78 | 229.28 | 207.23 | 1.18 | 28.04 | 27.30 | 26.84 | 31.35 | 36.52 | 34.00 | 41.73 |
| 聚落 | 城镇用地 | 142.83 | 128.58 | 116.43 | 147.82 | 140.74 | 134.55 | 0.19 | 12.44 | 12.53 | 11.72 | 15.49 | 15.93 | 15.64 | 20.64 |
| | 农村居民点 | 216.25 | 214.72 | 201.46 | 230.12 | 247.55 | 233.20 | 1.44 | 46.62 | 46.05 | 42.32 | 48.47 | 53.63 | 51.44 | 34.48 |
| | 其他建设用地 | 164.47 | 148.28 | 144.61 | 188.93 | 188.67 | 176.87 | 1.61 | 2.01 | 1.84 | 2.48 | 7.53 | 13.55 | 13.20 | 64.13 |
| | **小计** | 193.94 | 186.30 | 172.37 | 201.23 | 206.92 | 195.11 | 0.66 | 61.07 | 60.42 | 56.52 | 71.49 | 83.10 | 80.28 | 119.25 |
| 其他 | 沼泽地 | | | 155.58 | 174.37 | 206.29 | 192.73 | 11.46 | | | 0.06 | 0.03 | 0.03 | 0.03 | 0.17 |
| | 裸土地 | 237.54 | 203.41 | 192.01 | 264.82 | 319.40 | 291.67 | 4.59 | 0.05 | 0.07 | 0.06 | 0.63 | 0.40 | 0.37 | 2.36 |
| | **小计** | 237.54 | 203.41 | 170.94 | 258.76 | 306.43 | 280.33 | 4.00 | 0.05 | 0.07 | 0.12 | 0.66 | 0.44 | 0.40 | 2.53 |

由此可见，漓江流域除湖泊之外的所有生态系统净初级生产力均有所增加，尤其是其他生态系统的净初级生产力增加最显著。漓江流域净初级生产力以森林最高，草地次之，聚落最低，且森林和草地具有较高的净初级生产力增量。

## 3.6 小　结

植被净初级生产力是评估陆地生态系统质量、功能和可持续性的一个重要指标，对衡量区域生态系统功能和生态环境质量有重要意义。本章利用CASA模型，基于土地覆被、NDVI、降水、气温、风速、日照时数、相对湿度等数据，模拟获得2000—2020年漓江流域植被净初级生产力数据，对比分析全流域、不同区县、子流域和生态系统类型的单位面积净初级生产力和净初级生产力总量。结果显示：

（1）2000—2020年，漓江流域生态系统单位面积净初级生产力变化范围为506.59～620.79g C/($m^2$·年)，净初级生产力总量变化范围为$6.59\times10^{12}$～$8.08\times10^{12}$g C/年，二者在2000—2020年均变化趋势类似，在2000—2010年连续减少，2010—2018年持续增加，2018—2020年又有所减少。

（2）不同区县中，金秀、钟山、恭城和资源等区县单位面积净初级生产力略高，而灵川、兴安、恭城、荔浦和阳朔等区县净初级生产力总量较高。

（3）不同子流域中，荔浦河上游、潮田河和势江河等子流域单位面积净初级生产力较高，恭城河上游、漓江上游、荔浦河上游、潮田河、灵渠等子流域净初级生产力总量较高。

（4）不同生态系统类型中，单位面积净初级生产力以森林和草地生态系统较高，而净初级生产力总量以森林和农田生态系统较高，森林生态系统最高，说明森林是漓江流域生态保护与建设的重点。

# 第4章　水源涵养服务格局与演变

漓江流域是我国“两屏三带”生态安全战略格局中南方丘陵山地带的重要组成部分，流域内植被覆盖度高，降雨充沛，主要的生态系统类型是森林生态系统。水源涵养是漓江流域生态系统提供的重要功能之一，对了解流域水环境、流域生态环境建设和水资源合理分区利用有着重要意义。本章利用水量平衡模型，基于土地覆被、降水、土壤等数据，从全域、区县、子流域和生态系统类型4种尺度研究了2000—2020年漓江流域水源涵养量和价值量的格局与时空演变规律。结果表明，2000—2020年漓江流域单位面积水源涵养量和水源涵养总量整体上呈现增加趋势，其中2015年最高，2018年最低。漓江流域各区县和不同子流域的单位面积水源涵养量和水源涵养总量在不同年份之间存在显著差异，总体上呈现增加趋势。虽然草地和水域与湿地生态系统的单位面积水源涵养量较大，但是漓江流域水源涵养总量却以森林和农田生态系统占主导，这是区域生态系统构成、地形地貌和气候等因素综合作用的结果。

## 4.1　研究方法与数据来源

### 4.1.1　物质量计算方法

采用水量平衡方程计算水源涵养量：

$$Q_{wc}=\sum_{i=1}^{n}\left(\frac{Q_{wci}A_i}{10^3}\right) \tag{4-1}$$

$$Q_{wci}=P_i-R_i-ET_i \tag{4-2}$$

式中：$Q_{wc}$为总水源涵养量，$m^3$/年；$Q_{wci}$为第$i$个评估单元水源涵养量，mm/年；$A_i$为第$i$个评估单元面积，$m^2$；$P_i$为第$i$个评估单元降水量，mm/年，$P_i$通过台站降水量数据插值获得；$R_i$为第$i$个评估单元地表径流量，mm/年；$ET_i$为第$i$个评估单元蒸散发量，mm/年。

地表径流（$R_i$）由降水量乘以地表径流系数获得，计算公式如下：

---

本章执笔人：中国科学院地理科学与资源研究所毛慧、肖玉。

$$R_i = P_i \alpha_r \tag{4-3}$$

式中：$R_i$ 为第 $i$ 个评估单元地表径流量，mm/年；$P_i$ 为第 $i$ 个评估单元降雨量，mm/年；$\alpha_r$ 为平均地表径流系数，取值参考《资源环境承载能力监测预警技术方法（试行）》（国家发展和改革委员会，2016）不同生态系统类型的平均地表径流系数（表 4－1）。

**表 4－1　不同生态系统类型的平均地表径流系数**

| 生态系统类型 | | 平均地表径流系数 $\alpha_r$/% | 生态系统类型 | | 平均地表径流系数 $\alpha_r$/% |
|---|---|---|---|---|---|
| 森林 | 常绿针叶林 | 4.52 | 农田 | 水田 | 25.00 |
| | 常绿阔叶林 | 4.65 | | 水浇地 | 18.45 |
| | 落叶针叶林 | 0.88 | | 旱地 | 18.45 |
| | 落叶阔叶林 | 2.70 | 聚落 | 城镇建设用地 | 45.00 |
| | 针阔混交林 | 3.52 | | 农村聚落 | 30.00 |
| | 灌丛 | 4.17 | 湿地 | 沼泽 | 0.00 |
| 草地 | 草甸草地 | 9.13 | | 近海湿地 | 0.00 |
| | 典型草地 | 3.94 | | 内陆水体 | 0.00 |
| | 荒漠草地 | 18.27 | | 河湖滩地 | 0.00 |
| | 高寒草甸 | 8.20 | | 冰雪 | 0.00 |
| | 高寒草原 | 6.54 | 荒漠 | 裸岩 | 70.00 |
| | 灌丛草地 | 5.56 | | 裸地 | 19.72 |

蒸散发量通过气象台站数据计算的 $ET$ 值插值后获得。

蒸散发量采用《生态保护红线划定技术指南》（环境保护部，2015）中的计算方法：

$$ET = P(1 + \omega ET_0/P)/(1 + \omega ET_0/P + P/ET_0) \tag{4-4}$$

式中：$ET$ 为蒸散发量，mm/年；$P$ 为降水量，mm/年；$ET_0$ 为多年平均潜在蒸散发量，mm/年；$\omega$ 为下垫面（土地覆盖）影响系数，其取值参考《生态保护红线划定技术指南》（环境保护部，2015）（表 4－2）。

**表 4－2　水源涵养功能重要性评价参数 $\omega$ 参考取值**

| 土地利用类型 | 耕地 | 林地 | 灌丛 | 草地 | 人工用地 | 其他 |
|---|---|---|---|---|---|---|
| $\omega$ | 0.5 | 1.5 | 1.0 | 0.5 | 0.1 | 0.1 |

本章中应用了 PM 公式计算潜在蒸发量（$ET_0$）：

$$ET_0 = \frac{0.408\Delta(R_n - G) + \gamma \dfrac{900}{t+273} U_2 (e_s - e_a)}{\Delta + \gamma(1 + 0.34 U_2)} \tag{4-5}$$

式中：$R_n$ 为参考作物表面净辐射，MJ/($m^2$ · d)；$G$ 为土壤热通量密度，MJ/($m^2$ · d)；$\gamma$ 为干湿表常数，kPa/℃；$t$ 为日均温度，℃；$U_2$ 为 2m 处风速，m/s；$e_s$ 为饱和水汽压，kPa；$e_a$ 为实际水汽压，kPa；$\Delta$ 为饱和水汽压温度曲线的斜率，kPa/℃。净辐射 $R_n$：

$$R_n = R_{ns} - R_{nl} \tag{4-6}$$

$$R_{ns} = (1-\alpha) R_s \tag{4-7}$$

$$R_s = (a_s + b_s n/N) R_a \tag{4-8}$$

$$N = 24\omega_s/\pi \tag{4-9}$$

$$\omega_s = \arccos(-\tan\varphi\tan\delta) \tag{4-10}$$

$$\varphi = \frac{2\pi Lat}{360} \tag{4-11}$$

$$\delta = 0.409\sin\left(\frac{2\pi}{365}J - 1.39\right) \tag{4-12}$$

$$R_a = \frac{24\times 60}{\pi}G_{sc} \cdot dr \cdot (\omega_s \sin\varphi\sin\delta + \cos\varphi\cos\delta\sin\omega_s) \tag{4-13}$$

$$dr = 1 + 0.033\cos\left(\frac{2\pi}{365}J\right) \tag{4-14}$$

$$R_{nl} = \sigma\left(\frac{T_{kx}^4 + T_{kn}^4}{2}\right)(0.34 - 0.14\sqrt{e_a}) \times \left(1.35\frac{R_s}{R_{so}} - 0.35\right) \tag{4-15}$$

$$e_a = RH \cdot e_s \tag{4-16}$$

$$e_s = \frac{e(t_{max}) + e(t_{min})}{2} \tag{4-17}$$

$$e(t_{max}) = 0.6108\exp\left(\frac{17.27t_{max}}{t_{max} + 237.3}\right) \tag{4-18}$$

$$e(t_{min}) = 0.6108\exp\left(\frac{17.27t_{min}}{t_{min} + 237.3}\right) \tag{4-19}$$

$$T_{kx} = t_{max} + 273.15 \tag{4-20}$$

$$T_{kn} = t_{min} + 273.15 \tag{4-21}$$

$$R_{so} = (a_s + b_s) R_a \tag{4-22}$$

式中：$R_n$ 为净辐射，MJ/($m^2$ · d)；$R_{ns}$ 为净短波辐射，MJ/($m^2$ · d)；$R_{nl}$ 为净长波辐射，MJ/($m^2$ · d)；$\alpha$ 为参考作物的反照率，取值为 0.23；$R_s$ 为太阳总辐

射，MJ/(m$^2$ · d)；$a_s$ 和 $b_s$ 为回归系数，取值分别为 0.25 和 0.50；$n$ 为日照时数，h；$N$ 为最大日照时数，h；$R_a$ 为天文辐射，MJ/(m$^2$ · d)；$Lat$ 为气象站纬度，(°)；$\omega_s$ 为日出时角；$J$ 为日序，d，从 1 到 365 或 366，1 月 1 日取日序为 1；$\varphi$ 为纬度（弧度）；$\delta$ 为太阳磁偏角；$G_{sc}$ 为太阳常数，MJ/(m$^2$ · min)，取值为 0.0820；$dr$ 为日地平均距离；$\sigma$ 为斯蒂芬-玻尔兹曼常数，MJ · K$^4$/(m$^2$ · d)，取值为 $4.903\times10^{-9}$；$RH$ 为相对湿度；$T_{kx}$、$T_{kn}$ 分别为最高气温、最低气温对应的绝对温度，K；$e_a$ 为实际水汽压，kPa；$e_s$ 饱和水汽压，kPa；$t_{max}$ 和 $t_{min}$ 分别为最高气温和最低气温，℃；$R_{so}$ 为晴空辐射，MJ/(m$^2$ · d)。

$$G=0.14(T_{month,n}-T_{month,n})\approx 0 \tag{4-23}$$

$$U_2=4.87\frac{U_z}{\ln 67.8z-5.42} \tag{4-24}$$

$$\Delta=4098\frac{0.6108\times\exp\left(\frac{17.27t}{t+237.3}\right)}{(t+237.3)^2} \tag{4-25}$$

$$\gamma=0.00163P_a/\lambda \tag{4-26}$$

$$P_a=101.3\left(\frac{293-0.0065H}{293}\right)^{5.26} \tag{4-27}$$

$$\lambda=2.501-2.361\times10^{-3}t \tag{4-28}$$

式中：$G$ 为土壤热容量在短时间内的变化，非常小，约为 0；$U_2$ 为 2m 处风速，m/s；$U_z$ 为 $z$ 高度处测得的风速，m/s，$z$ 取 10m；$\Delta$ 为水汽压曲线斜率；$\gamma$ 为湿度计算常量；$P_a$ 为气压，kPa；$\lambda$ 为汽化潜热，MJ/kg；$H$ 为海拔高度，m；$t$ 为平均温度，℃。

### 4.1.2 价值量计算方法

水源涵养价值运用市场价格法计算，即通过水源涵养量与水资源价格来计算：

$$V_{wc}=\sum_{i=1}^{n}(V_{wci}A_i) \tag{4-29}$$

$$V_{wci}=\frac{Q_{wci}c_{wc}}{10^3} \tag{4-30}$$

式中：$V_{wc}$ 为水源涵养价值，元/年；$V_{wci}$ 为单位面积水源涵养价值，元/(m$^2$ · 年)；$A_i$ 为第 $i$ 个评估单元面积，m$^2$；$c_{wc}$ 为水库单位库容的工程造价及维护成本，元/m$^3$，取值为 0.67 元/m$^3$（肖飞鹏等，2014）。

### 4.1.3 数据来源

所需数据主要包括气象、土壤、土地覆被、DEM等。土壤数据来源于联合国粮农组织（Food and Agiculture Organization of the United Nations，FAO）国际应用系统分析研究所（International Institute for Applied Systems Analysis ⅡASA）构建的世界土壤数据库（Harmonized World Soil Database，HWSD），其中中国境内的数据来源于中国科学院南京土壤研究所提供的1：1000000第二次全国土壤普查数据（包括不同土壤类型的比例、容重、导电率等）。气象数据来源于中国气象科学数据共享服务网国家台站的日均温度、降水、湿度、日照时数等数据，利用反距离权重法进行空间插值得到。2000年、2005年、2010年、2015年、2018年和2020年土地覆被数据（空间分辨率30m）来源于中国科学院资源环境科学数据中心。DEM（空间分辨率30m）源于资源环境科学数据中心。

## 4.2 全域尺度

2000—2020年，漓江流域生态系统单位面积水源涵养量变化范围为585.16～1425.39mm/年，其中2018年最低，2015年最高。单位面积水源涵养量在2000—2015年总体上呈现增加趋势，在2015—2018年显著减少，在2018—2020年增加。2000—2020年，漓江流域生态系统单位面积水源涵养量变化总体呈现增加趋势，年增加量为16.91mm/年。2000—2020年，漓江流域生态系统水源涵养总量变化范围为$7.61\times10^9\sim18.53\times10^9 m^3$/年，其中2018年最低，2015年最高（图4-1）。2000—2015年，水源涵养总量明显增加，2015—

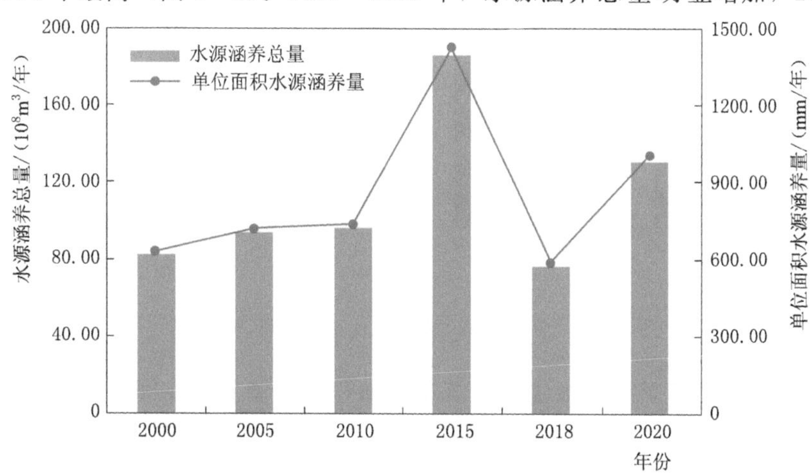


图4-1 2000—2020年漓江流域水源涵养量

2018 年水源涵养总量显著下降，而 2018—2020 年增加。2000—2020 年，漓江流域水源涵养量总体变化趋势为增加，年增加量为 $2.20\times10^8m^3$。2015 年漓江流域生态系统单位面积水源涵养量和水源涵养总量都显著高于其他年份的主要原因是当年降水量显著增加，进而导致当年的水源涵养量也会有非常明显的增加。而 2018 年的降水量显著低于其他年份，因而导致漓江流域当年的单位面积水源涵养量和水源涵养总量都明显低于其他年份。

2000—2020 年，漓江流域生态系统单位面积水源涵养价值量变化范围为 3920.59～9550.15 元/($hm^2$・年)，其中 2018 年最低，2015 年最高。单位面积水源涵养价值量变化趋势与水源涵养总价值量变化趋势一致，2000—2015 年总体增加，2015—2018 年显著减少，2018—2020 年增加。2000—2020 年，漓江流域生态系统单位面积水源涵养价值量变化趋势为增加，年增加量为 113.27 元/$hm^2$。2000—2020 年，漓江流域生态系统水源涵养价值量变化范围为 $5.10\times10^9$～$12.42\times10^9$ 元/年，其中 2018 年最低，2015 年最高（图 4-2）。与水源涵养物质量变化趋势一样，从 2000 年到 2015 年，水源涵养价值量明显增加，从 2015 年到 2018 年水源涵养价值量大幅度下降，2018 年到 2020 年显著增加。2000—2020 年，漓江流域水源涵养价值量总体变化趋势为增加，年增加量为 $1.47\times10^8$ 元。

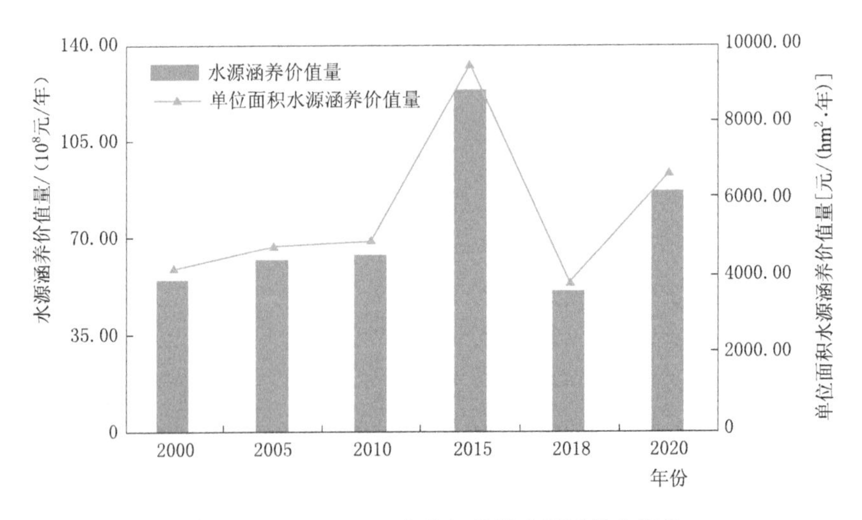


图 4-2　2000—2020 年漓江流域水源涵养价值量

2000—2020 年漓江流域生态系统单位面积水源涵养量空间分布格局年际波动明显，这主要由区域降水、风速和气温等波动变化所致（图 4-3）。从空间上看，漓江流域西北部、西部、中部和北部生态系统单位面积水源涵养量相对较高，而东部、西南部和东南部单位面积水源涵养量相对较低。这主要是由于漓江流域中部、北部等地分布较多中低山，相对于平原地区而言，其海拔更高，降水量相对较大。同时，这些区域植被覆盖度较高，拦蓄径流的能力较强，其地表径流较小。因此，漓江流域中部和北部单位面积水源涵养量较高。从不同年份来看，2018 年全域单位面积水源涵养量总体上低于其他年份，而 2015 年和 2020 年全域单位面积水源涵养量显著高于其他年份。主要是由于 2018 年降水量显著低于其他年份，而 2015 年和 2020 年流域内出现了较大降水，降水量的时空差异导致单位面积水源涵养量的时空差异。

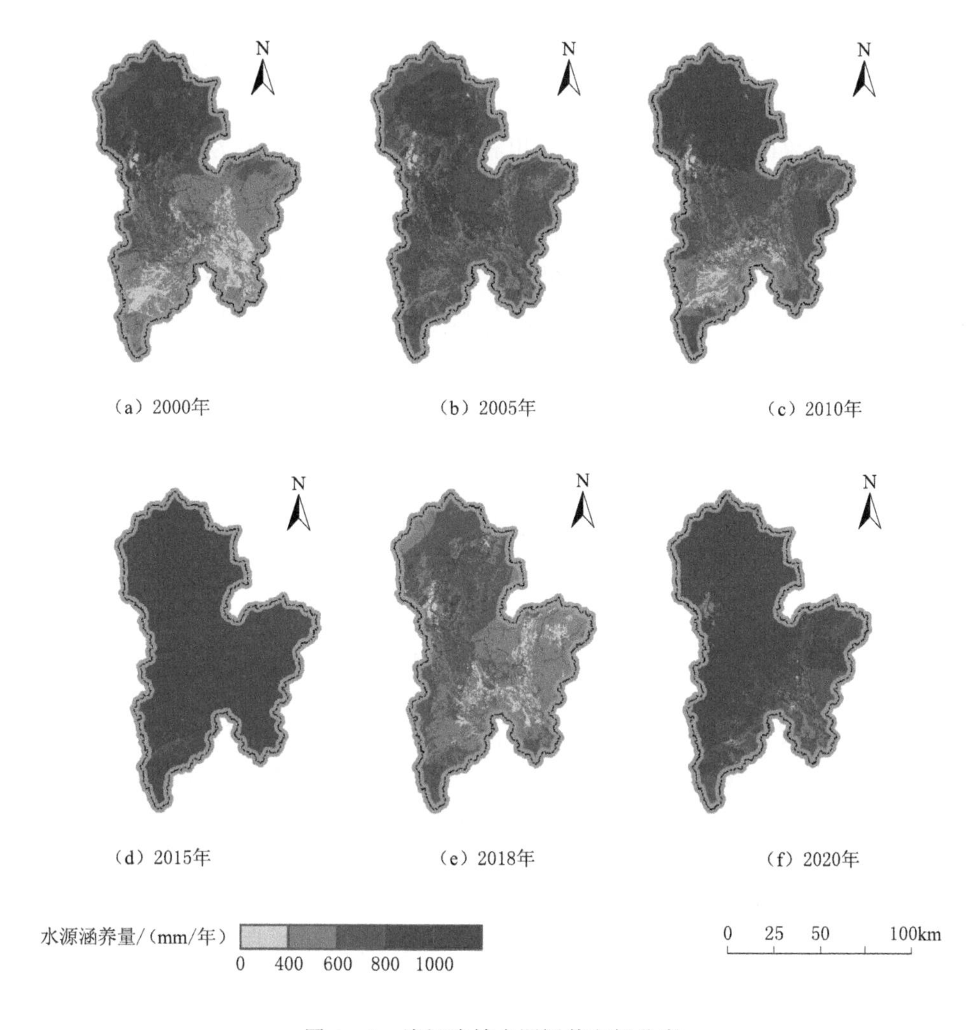


图 4-3　漓江流域水源涵养空间分布

## 4.3 区县尺度

2000—2020年，漓江流域不同区县的单位面积水源涵养量变化范围为412.13～1912.44mm/年，最低值出现在2000年的钟山县，最高值出现在2015年的雁山区。单位面积水源涵养量较高的区县在不同年份之间存在较大差异。2000年以秀峰、灵川、兴安、资源和临桂等区县较高，2005年和2018年以灵川、兴安、资源、金秀和临桂等区县较高，2010年以灵川、兴安、富川、资源和金秀等区县较高，2015年以叠彩、象山、雁山、灵川和临桂等区县较高，2020年则以雁山、灵川、兴安、资源和临桂等区县较高（表4-3）。综合来看，2000—2020年，灵川、兴安和临桂等区县的单位面积水源涵养量略高于其他区县。2000—2020年，漓江流域各个区县的单位面积水源涵养量总体上均呈现增长趋势，其中象山、雁山、阳朔、灵川和临桂等区县的增长最为明显，年增加量超过18.80mm。

2000—2020年，漓江流域不同区县水源涵养总量变化范围为$0.10\times10^8$～$39.52\times10^8 m^3$/年，其中最低值出现在2000年的贺州市钟山县，最高值出现在2015年的桂林市灵川县。水源涵养总量较高的区县在不同年份之间基本一致，2000—2020年均以阳朔、灵川、兴安、恭城和荔浦等区县相对较高，这5个县区的水源涵养量占当年漓江流域水源涵养总量比例均在73%以上（表4-3）。这一方面是因为部分区县单位面积水源涵养量相对较高，更主要的是因为这5个区县面积相对较大，其水源涵养总量显著高于其他区县。2000—2020年，漓江流域各个区县的水源涵养总量整体上呈现增加趋势，其中阳朔、灵川、兴安、恭城、荔浦等区县增加最为明显，年水源涵养总量增加量在$2690.00\times10^4 m^3$以上。

2000—2020年，漓江流域单位面积水源涵养价值量变化范围为2761.25～12813.35元/($hm^2$·年)，其中2015年的雁山区最高，2000年的钟山县最低。不同区县的单位面积水源涵养价值量的相对大小与物质量保持一致。2000年秀峰、灵川、兴安、资源和临桂等区县单位面积水源涵养价值较高，2005年和2018年以灵川、兴安、资源、金秀和临桂等区县单位面积水源涵养价值较高，2010年单位面积水源涵养价值较高的是灵川、兴安、富川、资源和金秀等区县，2015年叠彩、象山、雁山、灵川和临桂等区县较高，2020年则以雁山、灵川、兴安、资源和临桂等区县较高（表4-4）。综合来看，2000—2020年，单位面积水源涵养价值较高的区县包括灵川、兴安和临桂。2000—2020年，漓江流域各个区县的单位面积水源涵养价值总体上均呈现增长趋势，其中象山、雁山、阳朔、灵川和临桂等区县的增长最为明显，年增加量超过126.30元/$hm^2$。

表 4-3　2000—2020 年漓江流域不同区县水源涵养量

| 区县 | 单位面积水源涵养量/(mm/年) | | | | | | 单位面积水源涵养量年变化量/mm | 水源涵养总量/($10^8 m^3$/年) | | | | | | 水源涵养量年变化量/($10^4 m^3$) |
|---|---|---|---|---|---|---|---|---|---|---|---|---|---|---|
| | 2000 年 | 2005 年 | 2010 年 | 2015 年 | 2018 年 | 2020 年 | | 2000 年 | 2005 年 | 2010 年 | 2015 年 | 2018 年 | 2020 年 | |
| 江永县 | 544.81 | 674.37 | 725.72 | 1440.01 | 505.54 | 836.10 | 14.78 | 3.38 | 4.19 | 4.50 | 8.94 | 3.14 | 5.19 | 917.00 |
| 秀峰区 | 799.16 | 569.37 | 602.62 | 1448.07 | 529.18 | 987.22 | 12.94 | 0.34 | 0.24 | 0.25 | 0.61 | 0.22 | 0.42 | 54.74 |
| 叠彩区 | 763.68 | 587.28 | 685.87 | 1555.90 | 553.01 | 1004.40 | 15.85 | 0.39 | 0.30 | 0.35 | 0.79 | 0.28 | 0.51 | 80.08 |
| 象山区 | 713.40 | 591.91 | 564.74 | 1591.98 | 534.39 | 1027.70 | 18.86 | 0.64 | 0.53 | 0.51 | 1.43 | 0.48 | 0.92 | 169.09 |
| 七星区 | 689.07 | 552.51 | 604.59 | 1554.22 | 523.76 | 948.75 | 17.47 | 0.48 | 0.39 | 0.43 | 1.09 | 0.37 | 0.67 | 122.78 |
| 雁山区 | 658.06 | 739.32 | 652.53 | 1912.44 | 625.01 | 1190.26 | 27.97 | 2.00 | 2.24 | 1.98 | 5.80 | 1.90 | 3.61 | 848.07 |
| 阳朔县 | 574.36 | 723.97 | 611.41 | 1479.18 | 559.78 | 1027.96 | 20.29 | 8.24 | 10.39 | 8.78 | 21.23 | 8.04 | 14.76 | 2912.63 |
| 灵川县 | 803.84 | 766.81 | 882.35 | 1718.29 | 655.46 | 1203.08 | 19.63 | 18.49 | 17.64 | 20.30 | 39.52 | 15.08 | 27.67 | 4514.58 |
| 兴安县 | 872.53 | 791.47 | 1017.10 | 1439.44 | 640.44 | 1206.30 | 12.35 | 19.02 | 17.25 | 22.17 | 31.38 | 13.96 | 26.29 | 2690.90 |
| 平乐县 | 430.34 | 633.90 | 563.32 | 1173.34 | 519.93 | 741.86 | 15.02 | 5.57 | 8.20 | 7.29 | 15.18 | 6.73 | 9.60 | 1943.16 |
| 恭城瑶族自治县 | 484.03 | 694.90 | 681.97 | 1333.04 | 506.30 | 868.54 | 16.47 | 9.77 | 14.03 | 13.77 | 26.91 | 10.22 | 17.53 | 3323.40 |
| 荔浦市 | 452.94 | 669.39 | 511.06 | 1101.71 | 582.61 | 846.51 | 17.16 | 7.25 | 10.72 | 8.18 | 17.64 | 9.33 | 13.55 | 2748.04 |
| 富川瑶族自治县 | 553.36 | 670.20 | 777.88 | 1551.72 | 545.65 | 814.01 | 15.92 | 1.20 | 1.45 | 1.68 | 3.35 | 1.18 | 1.76 | 344.09 |
| 钟山县 | 412.13 | 686.31 | 671.19 | 1351.96 | 569.07 | 755.19 | 17.75 | 0.10 | 0.17 | 0.17 | 0.34 | 0.14 | 0.19 | 44.63 |
| 资源县 | 945.70 | 756.76 | 899.60 | 1167.62 | 646.26 | 1116.48 | 5.13 | 0.42 | 0.34 | 0.40 | 0.52 | 0.29 | 0.50 | 22.74 |
| 金秀瑶族自治县 | 534.38 | 771.31 | 786.99 | 1204.36 | 718.30 | 799.04 | 13.65 | 1.70 | 2.46 | 2.51 | 3.84 | 2.29 | 2.55 | 435.30 |
| 临桂区 | 795.49 | 747.31 | 719.58 | 1719.30 | 626.60 | 1207.25 | 20.56 | 3.19 | 2.99 | 2.88 | 6.88 | 2.51 | 4.83 | 823.26 |

表 4-4　2000—2020 年漓江流域不同区县水源涵养价值量

| 区县 | 单位面积水源涵养价值量[元/(hm$^2$·年)] | | | | | | 单位面积水源涵养价值量年变化量/(元/hm$^2$) | 水源涵养价值量/($10^8$ 元/年) | | | | | | 水源涵养价值量年变化量/($10^4$ 元) |
|---|---|---|---|---|---|---|---|---|---|---|---|---|---|---|
| | 2000 年 | 2005 年 | 2010 年 | 2015 年 | 2018 年 | 2020 年 | | 2000 年 | 2005 年 | 2010 年 | 2015 年 | 2018 年 | 2020 年 | |
| 江永县 | 3650.19 | 4518.31 | 4862.31 | 9648.04 | 3387.14 | 5601.84 | 99.03 | 2.27 | 2.80 | 3.02 | 5.99 | 2.10 | 3.48 | 614.39 |
| 秀峰区 | 5354.39 | 3814.79 | 4037.53 | 9702.08 | 3545.48 | 6614.36 | 86.73 | 0.23 | 0.16 | 0.17 | 0.41 | 0.15 | 0.28 | 36.68 |
| 叠彩区 | 5116.69 | 3934.75 | 4595.36 | 10424.50 | 3705.16 | 6729.47 | 106.19 | 0.26 | 0.20 | 0.23 | 0.53 | 0.19 | 0.34 | 53.65 |
| 象山区 | 4779.81 | 3965.82 | 3783.78 | 10666.29 | 3580.39 | 6885.62 | 126.33 | 0.43 | 0.36 | 0.34 | 0.96 | 0.32 | 0.62 | 113.29 |
| 七星区 | 4616.78 | 3701.84 | 4050.75 | 10413.30 | 3509.19 | 6356.62 | 117.03 | 0.32 | 0.26 | 0.28 | 0.73 | 0.25 | 0.45 | 82.26 |
| 雁山区 | 4409.03 | 4953.43 | 4371.97 | 12813.35 | 4187.55 | 7974.72 | 187.40 | 1.34 | 1.50 | 1.33 | 3.89 | 1.27 | 2.42 | 568.21 |
| 阳朔县 | 3848.20 | 4850.63 | 4096.42 | 9910.54 | 3750.50 | 6887.32 | 135.94 | 5.52 | 6.96 | 5.88 | 14.23 | 5.38 | 9.89 | 1951.46 |
| 灵川县 | 5385.70 | 5137.63 | 5911.74 | 11512.53 | 4391.57 | 8060.61 | 131.50 | 12.39 | 11.82 | 13.60 | 26.48 | 10.10 | 18.54 | 3024.77 |
| 兴安县 | 5845.92 | 5302.83 | 6814.56 | 9644.23 | 4290.93 | 8082.24 | 82.71 | 12.74 | 11.56 | 14.85 | 21.02 | 9.35 | 17.62 | 1802.91 |
| 平乐县 | 2883.30 | 4247.10 | 3774.27 | 7861.39 | 3483.54 | 4970.46 | 100.61 | 3.73 | 5.50 | 4.88 | 10.17 | 4.51 | 6.43 | 1301.92 |
| 恭城瑶族自治县 | 3243.02 | 4655.85 | 4569.23 | 8931.40 | 3392.19 | 5819.23 | 110.32 | 6.55 | 9.40 | 9.22 | 18.03 | 6.85 | 11.75 | 2226.68 |
| 荔浦市 | 3034.72 | 4484.92 | 3424.08 | 7381.45 | 3903.47 | 5671.63 | 114.99 | 4.86 | 7.18 | 5.48 | 11.82 | 6.25 | 9.08 | 1841.19 |
| 富川瑶族自治县 | 3707.54 | 4490.31 | 5211.82 | 10396.50 | 3655.89 | 5453.88 | 106.66 | 0.80 | 0.97 | 1.13 | 2.25 | 0.79 | 1.18 | 230.54 |
| 钟山县 | 2761.25 | 4598.29 | 4497.00 | 9058.13 | 3812.74 | 5059.75 | 118.91 | 0.07 | 0.12 | 0.11 | 0.23 | 0.10 | 0.13 | 29.90 |
| 资源县 | 6336.18 | 5070.28 | 6027.30 | 7823.05 | 4329.95 | 7480.43 | 34.36 | 0.28 | 0.22 | 0.27 | 0.35 | 0.19 | 0.33 | 15.24 |
| 金秀瑶族自治县 | 3580.36 | 5167.75 | 5272.86 | 8069.22 | 4812.58 | 5353.58 | 91.42 | 1.14 | 1.65 | 1.68 | 2.57 | 1.54 | 1.71 | 291.65 |
| 临桂区 | 5329.79 | 5006.95 | 4821.20 | 11519.33 | 4198.19 | 8088.60 | 137.75 | 2.13 | 2.00 | 1.93 | 4.61 | 1.68 | 3.24 | 551.58 |

2000—2020 年，不同区县水源涵养价值量变化范围为 $0.07\times10^8$～$26.48\times10^8$ 元/年，其中 2000 年贺州市钟山县的水源涵养价值量最低，而 2015 年桂林市灵川县最高。水源涵养价值量较高的区县和水源涵养物质量较高的区县一致，2000—2020 年均以阳朔、灵川、兴安、恭城和荔浦等区县相对较高，这 5 个区县的水源涵养价值量占当年漓江流域水源涵养总价值量的比例均在 73%以上（表 4-4）。这主要是因为这 5 个区县的面积显著大于其他区县，单位面积水源涵养价值量也较高，所以其水源涵养价值总量相对较高。2000—2020 年，不同区县水源涵养价值量均呈现增加趋势，其中阳朔、灵川、兴安、恭城和荔浦等区县增加最为明显，年水源涵养价值增加量在 $1802.90\times10^4$ 元以上，而秀峰、钟山、资源等区县的水源涵养价值增加较为微弱，年水源涵养价值增加量在 $36.70\times10^4$ 元以下。

## 4.4 子流域尺度

2000—2020 年，漓江流域单位面积水源涵养量变化范围为 405.01～1962.04mm/年，其中 2000 年势江河子流域单位面积水源涵养量最低，而 2015 年潮田河子流域最高（表 4-5）。不同子流域单位面积水源涵养量在不同年份之间存在较大差别。2000 年单位面积水源涵养量较高的子流域包括漓江上游、甘棠江、灵渠、潮田河和桃花江，2005 年和 2020 年以漓江上游、甘棠江、灵渠、潮田河和良丰河等子流域较高，2010 年以漓江上游、甘棠江、灵渠、潮田河和恭城河上游等子流域较高，2015 年以灵渠、潮田河、兴坪河、桃花江和良丰河等子流域较高，2018 年以漓江上游、甘棠江、灵渠、潮田河和荔浦河上游等子流域较高。总体来看，2000—2020 年，灵渠子流域和潮田河子流域单位面积水源涵养量较高。2000—2020 年，漓江流域各条子流域的单位面积水源涵养量总体上呈现增长趋势，其中潮田河、兴坪河、西岭河、良丰河和遇龙河等子流域较为明显，单位面积水源涵养量年增加量超过 19.00mm。

2000—2020 年，漓江流域不同子流域水源涵养量变化范围为 $0.38\times10^8$～$26.90\times10^8m^3$/年，2018 年恭城河下游子流域水源涵养量最低，而 2015 年恭城河上游子流域水源涵养量最高（表 4-5）。2000—2020 年，水源涵养总量较高的子流域在不同年份之间存在一定的差异，但水源涵养总量最高的 5 条子流域占各年漓江流域水源涵养总量的比例均在 55%以上。其中，2005 年和 2015 年以恭城河上游子流域水源涵养量占比最高，2000 年、2010 年、2018 年和 2020 年均以漓江上游子流域水源涵养量占比最高。2000—2020 年，漓江上游、灵渠、潮田河、恭城河上游和荔浦河上游等子流域水源涵养总量增加趋势较为明显，年增加

表 4-5　　2000—2020 年漓江流域不同子流域水源涵养量

| 子流域 | 单位面积水源涵养量/(mm/年) | | | | | | 单位面积水源涵养量年变化量/mm | 水源涵养总量/($10^8 m^3$/年) | | | | | | 水源涵养量年变化量/($10^4 m^3$) |
|---|---|---|---|---|---|---|---|---|---|---|---|---|---|---|
| | 2000 年 | 2005 年 | 2010 年 | 2015 年 | 2018 年 | 2020 年 | | 2000 年 | 2005 年 | 2010 年 | 2015 年 | 2018 年 | 2020 年 | |
| 漓江上游 | 903.05 | 802.28 | 1029.97 | 1409.95 | 659.00 | 1207.50 | 11.01 | 14.00 | 12.44 | 15.97 | 21.86 | 10.22 | 18.72 | 1706.37 |
| 甘棠江 | 852.17 | 768.34 | 893.06 | 1379.55 | 626.25 | 1175.58 | 12.22 | 6.57 | 5.92 | 6.88 | 10.63 | 4.83 | 9.06 | 942.00 |
| 灵渠 | 839.77 | 781.80 | 1014.00 | 1575.39 | 634.63 | 1228.01 | 15.92 | 8.19 | 7.63 | 9.89 | 15.37 | 6.19 | 11.98 | 1553.56 |
| 潮田河 | 711.91 | 764.50 | 806.03 | 1962.04 | 660.18 | 1205.65 | 26.57 | 8.84 | 9.49 | 10.01 | 24.36 | 8.20 | 14.97 | 3298.62 |
| 兴坪河 | 567.91 | 748.69 | 636.82 | 1530.05 | 565.45 | 1053.69 | 21.38 | 2.40 | 3.16 | 2.69 | 6.47 | 2.39 | 4.45 | 903.34 |
| 恭城河上游 | 526.61 | 685.07 | 724.49 | 1396.14 | 510.32 | 855.20 | 15.36 | 10.15 | 13.20 | 13.96 | 26.90 | 9.83 | 16.48 | 2959.03 |
| 西岭河 | 515.49 | 734.09 | 665.94 | 1406.25 | 536.67 | 977.06 | 19.20 | 3.23 | 4.60 | 4.17 | 8.81 | 3.36 | 6.12 | 1202.78 |
| 桃花江 | 856.33 | 627.37 | 684.87 | 1481.97 | 581.40 | 1081.19 | 13.48 | 4.11 | 3.01 | 3.28 | 7.10 | 2.79 | 5.18 | 646.23 |
| 良丰河 | 680.41 | 751.40 | 668.63 | 1891.90 | 620.80 | 1199.64 | 26.74 | 3.39 | 3.75 | 3.34 | 9.44 | 3.10 | 5.99 | 1334.14 |
| 遇龙河 | 593.50 | 717.14 | 613.30 | 1478.20 | 566.98 | 1031.53 | 19.96 | 3.95 | 4.78 | 4.08 | 9.84 | 3.78 | 6.87 | 1329.12 |
| 漓江入桂江段 | 515.63 | 634.64 | 516.49 | 1131.94 | 471.55 | 841.16 | 13.29 | 1.36 | 1.67 | 1.36 | 2.98 | 1.24 | 2.22 | 350.10 |
| 势江河 | 405.01 | 654.12 | 622.45 | 1250.54 | 477.67 | 751.82 | 15.57 | 2.02 | 3.26 | 3.10 | 6.24 | 2.38 | 3.75 | 776.50 |
| 恭城河下游 | 484.05 | 673.66 | 556.79 | 1107.94 | 474.17 | 816.54 | 12.55 | 0.39 | 0.54 | 0.45 | 0.89 | 0.38 | 0.65 | 100.32 |
| 恭城河入桂江段 | 465.94 | 635.55 | 495.17 | 1110.03 | 472.13 | 778.39 | 13.18 | 0.42 | 0.58 | 0.45 | 1.01 | 0.43 | 0.71 | 119.41 |
| 榕津河 | 412.29 | 631.73 | 590.74 | 1212.48 | 543.15 | 717.59 | 15.91 | 3.66 | 5.61 | 5.25 | 10.77 | 4.82 | 6.37 | 1412.89 |
| 荔浦河入桂江段 | 460.34 | 622.05 | 456.88 | 1096.15 | 511.42 | 797.40 | 15.08 | 0.66 | 0.90 | 0.66 | 1.58 | 0.74 | 1.15 | 217.55 |
| 马岭河 | 513.19 | 690.87 | 516.26 | 1235.65 | 576.64 | 934.53 | 18.44 | 3.13 | 4.22 | 3.15 | 7.55 | 3.52 | 5.71 | 1126.34 |
| 荔浦河上游 | 444.86 | 686.73 | 581.55 | 1067.46 | 622.48 | 795.23 | 15.79 | 5.63 | 8.70 | 7.36 | 13.52 | 7.88 | 10.07 | 1999.60 |

表 4-6 2000—2020 年漓江流域不同子流域水源涵养价值量

| 子流域 | 单位面积水源涵养价值量/[元/($hm^2$·年)] | | | | | | 单位面积水源涵养价值量年变化量/(元/$hm^2$) | 水源涵养价值量/($10^8$ 元/年) | | | | | | 水源涵养价值量年变化量/($10^4$ 元) |
|---|---|---|---|---|---|---|---|---|---|---|---|---|---|---|
| | 2000 年 | 2005 年 | 2010 年 | 2015 年 | 2018 年 | 2020 年 | | 2000 年 | 2005 年 | 2010 年 | 2015 年 | 2018 年 | 2020 年 | |
| 漓江上游 | 6050.43 | 5375.31 | 6900.77 | 9446.66 | 4415.30 | 8090.25 | 73.76 | 9.38 | 8.33 | 10.70 | 14.64 | 6.84 | 12.54 | 1143.27 |
| 甘棠江 | 5709.54 | 5147.85 | 5983.52 | 9242.96 | 4195.90 | 7876.41 | 81.88 | 4.40 | 3.97 | 4.61 | 7.12 | 3.23 | 6.07 | 631.14 |
| 灵渠 | 5626.44 | 5238.07 | 6793.83 | 10555.11 | 4252.02 | 8227.70 | 106.67 | 5.49 | 5.11 | 6.63 | 10.30 | 4.15 | 8.03 | 1040.89 |
| 潮田河 | 4769.78 | 5122.14 | 5400.42 | 13145.69 | 4423.17 | 8077.85 | 178.02 | 5.92 | 6.36 | 6.71 | 16.32 | 5.49 | 10.03 | 2210.08 |
| 兴坪河 | 3805.00 | 5016.25 | 4266.69 | 10251.33 | 3788.54 | 7059.70 | 143.23 | 1.61 | 2.12 | 1.80 | 4.33 | 1.60 | 2.98 | 605.24 |
| 恭城河上游 | 3528.28 | 4589.99 | 4854.09 | 9354.17 | 3419.17 | 5729.86 | 102.93 | 6.80 | 8.84 | 9.35 | 18.02 | 6.59 | 11.04 | 1982.55 |
| 西岭河 | 3453.80 | 4918.40 | 4461.77 | 9421.89 | 3595.66 | 6546.30 | 128.61 | 2.16 | 3.08 | 2.80 | 5.90 | 2.25 | 4.10 | 805.86 |
| 桃花江 | 5737.42 | 4203.37 | 4588.65 | 9929.18 | 3895.37 | 7243.99 | 90.31 | 2.75 | 2.02 | 2.20 | 4.76 | 1.87 | 3.47 | 432.97 |
| 良丰河 | 4558.77 | 5034.40 | 4479.80 | 12675.71 | 4159.34 | 8037.60 | 179.15 | 2.27 | 2.51 | 2.24 | 6.32 | 2.08 | 4.01 | 893.87 |
| 遇龙河 | 3976.48 | 4804.82 | 4109.11 | 9903.91 | 3798.75 | 6911.24 | 133.72 | 2.65 | 3.20 | 2.74 | 6.60 | 2.53 | 4.60 | 890.51 |
| 漓江入桂江段 | 3454.71 | 4252.06 | 3460.50 | 7583.98 | 3159.36 | 5635.74 | 89.06 | 0.91 | 1.12 | 0.91 | 2.00 | 0.83 | 1.48 | 234.57 |
| 势江河 | 2713.57 | 4382.61 | 4170.44 | 8378.63 | 3200.40 | 5037.22 | 104.32 | 1.35 | 2.19 | 2.08 | 4.18 | 1.60 | 2.51 | 520.26 |
| 恭城河下游 | 3243.14 | 4513.54 | 3730.46 | 7423.21 | 3176.95 | 5470.85 | 84.06 | 0.26 | 0.36 | 0.30 | 0.59 | 0.25 | 0.44 | 67.21 |
| 恭城河入桂江段 | 3121.77 | 4258.16 | 3317.66 | 7437.23 | 3163.29 | 5215.25 | 88.30 | 0.28 | 0.39 | 0.30 | 0.67 | 0.29 | 0.47 | 80.01 |
| 榕津河 | 2762.31 | 4232.59 | 3957.99 | 8123.59 | 3639.10 | 4807.88 | 106.57 | 2.45 | 3.76 | 3.52 | 7.22 | 3.23 | 4.27 | 946.64 |
| 荔浦河入桂江段 | 3084.30 | 4167.74 | 3061.12 | 7344.18 | 3426.50 | 5342.61 | 101.02 | 0.45 | 0.60 | 0.44 | 1.06 | 0.49 | 0.77 | 145.76 |
| 马岭河 | 3438.40 | 4628.81 | 3458.95 | 8278.87 | 3863.48 | 6261.38 | 123.57 | 2.10 | 2.83 | 2.11 | 5.06 | 2.36 | 3.82 | 754.65 |
| 荔浦河上游 | 2980.57 | 4601.08 | 3896.37 | 7152.00 | 4170.63 | 5328.01 | 105.79 | 3.77 | 5.83 | 4.93 | 9.06 | 5.28 | 6.75 | 1339.73 |

量在 1553.50×$10^4$m$^3$ 以上；而恭城河下游和恭城河入桂江段流域的水源涵养量增加较为微弱，年增加量小于 119.50×$10^4$m$^3$。

2000—2020 年，漓江流域不同子流域的单位面积水源涵养价值量变化范围为 2713.57～13145.69 元/(hm$^2$·年)，其中 2000 年势江河子流域单位面积水源涵养价值量最低，而 2015 年潮田河子流域则为最高（表 4-6）。不同子流域的单位面积水源涵养价值量的相对大小与物质量保持一致。2000 年以漓江上游、甘棠江、灵渠、潮田河和桃花江等子流域的单位面积水源涵养价值量相对较高，2005 年和 2020 年以漓江上游、甘棠江、灵渠、潮田河和良丰河等子流域较高，2010 年以漓江上游、甘棠江、灵渠、潮田河和恭城河上游等子流域较高，2015 年灵渠、潮田河、兴坪河、桃花江和良丰河等子流域提供的单位面积水源涵养价值较高，2018 年以漓江上游、甘棠江、灵渠、潮田河和荔浦河上游等子流域较高。总体来看，2000—2020 年，灵渠流域和潮田河流域单位面积水源涵养价值量较高。2000—2020 年，漓江流域各条子流域的单位面积水源涵养价值量总体上呈现增长趋势，其中潮田河、兴坪河、西岭河、良丰河和遇龙河等子流域增加较为明显，单位面积水源涵养价值量年增加量超过 128.60 元/hm$^2$。

2000—2020 年漓江流域不同子流域水源涵养价值量变化范围为 0.25×$10^8$～18.02×$10^8$ 元/年，最低值出现在 2018 年恭城河下游子流域，最高值出现在 2015 年恭城河上游子流域（表 4-6）。2000—2020 年，水源涵养价值量较高的子流域在不同年份之间存在一定的差异，但水源涵养价值量最高的 5 条子流域占各年漓江流域水源涵养价值量的比例均在 55%以上，且漓江上游、灵渠、潮田河和恭城河上游 4 条子流域在各个年份的占比都较高。其中，2005 年和 2015 年以恭城河上游子流域水源涵养价值量占比最高，2000 年、2010 年、2018 年和 2020 年均以漓江上游子流域水源涵养价值量占比最高。2000—2020 年，漓江上游、灵渠、潮田河、恭城河上游和荔浦河上游等子流域水源涵养价值量增加趋势较为明显，年增加量在 1040.80×$10^4$ 元以上；而恭城河下游和恭城河入桂江段流域的水源涵养价值量增加较为微弱，年增加量小于 81.00×$10^4$ 元。

## 4.5 生态系统尺度

2000—2020 年，漓江流域不同生态系统类型单位面积水源涵养变化范围为 243.63～2297.08mm/年，其中 2018 年聚落生态系统中的其他建设用地单位面积水源涵养量最低，而 2015 年其他生态系统中的沼泽地单位面积水源涵养量最高（表 4-7）。需要说明的是，2000 年和 2005 年没有区分裸地和沼泽地，全部划为裸地，沼泽地的单位面积水源涵养量没有值。2000—2020 年，除 2010 年水域与湿地和其他生态系统单位面积水源涵养量较高外，其他年份一级生态系统中草地和水域单位面积水源涵养量均显著高于其他生态系统类型；二级生态系统中则是河渠、水库坑塘、滩地和沼泽地的单位面积水源涵养量总体高于其他二级类型。2000—2020 年，一级生态系统单位面积水源涵养量均呈现增长趋势，其中草地和水域与湿地生态系统增加最为明显，年增长量超过 18.40mm。2000—2020 年，二级生态系统中灌木林、高覆盖度草地、河渠、湖泊和沼泽地的单位面积水源涵养量增长趋势最为明显，年增加量超过 19.30mm。

2000—2020 年，漓江流域一级生态系统水源涵养量变化范围为 $0.11\times10^6$～$12630.82\times10^6m^3$，其中 2015 年森林生态系统的水源涵养量最高，而 2000 年的其他生态系统的水源涵养量最低（表 4-7）。2000—2020 年，漓江流域生态系统一级类中的农田和森林生态系统的水源涵养量最高，二者水源涵养量占流域水源涵养总量的比例在 85%左右。2000—2020 年，一级生态系统水源涵养量均呈现增长趋势，其中森林生态系统增加最为明显，年增长量为 $14823.83\times10^4m^3$。二级生态系统水源涵养量变化范围为 $0.11\times10^6$～$8783.45\times10^6m^3$，其中 2000 年裸土地的水源涵养量最低，而 2015 年有林地的水源涵养量最高。2000 年、2005 年、2010 年和 2020 年，水田、旱地、有林地、灌木林地和高覆盖度草地的水源涵养量显著高于其他二级类型，而 2015 年和 2018 年则是水田、有林地、灌木林地、疏林地和高覆盖度草地的水源涵养量占优势。2000—2020 年，此 5 类水源涵养量较高的生态系统占各年流域水源涵养总量的比例在 87%以上。2000—2020 年，滩地生态系统水源涵养量呈下降趋势，年减少量为 $17.34\times10^4m^3$；除滩地外，其他生态系统水源涵养量均呈增长趋势，其中水田、有林地、灌木林地、疏林地和高覆盖度草地的增长趋势较为明显，年增加量超过 $1433.30\times10^4m^3$。

2000—2020 年，漓江流域不同生态系统类型单位面积水源涵养价值变化范围为 1632.34～ 15390.46 元/($hm^2$・年)，其中单位面积水源涵养价值最低的是 2018 年聚落生态系统中的其他建设用地，而最高的是 2015 年其他生态系统中的沼泽地（表 4-8）。2000—2020 年，在一级生态系统中，除 2010 年水域与湿地和其他生态系统单位面积水源涵养价值较高外，一级生态系统中的草地和水域与湿地单位面积水源涵养价值显著高于其他生态系统类型；河渠、水库坑塘、滩地和沼泽地等二级生态系统单位面积水源涵养价值量总体高于其他二级类型。2000—2020 年，一级生态系统单位面积水源涵养价值量均呈现增长趋势，其中草地和水域与湿地生态系统增加最为明显，年增长量超过 123.80 元/$hm^2$。2000—2020

表 4-7　　2000—2020 年漓江流域不同生态系统水源涵养量

| 生态系统类型 | | 单位面积水源涵养量/(mm/年) | | | | | | 单位面积水源涵养量年变化量/mm | 水源涵养总量/($10^6$ m³/年) | | | | | | 水源涵养量年变化量/($10^4$ m³) |
|---|---|---|---|---|---|---|---|---|---|---|---|---|---|---|---|
| | | 2000 年 | 2005 年 | 2010 年 | 2015 年 | 2018 年 | 2020 年 | | 2000 年 | 2005 年 | 2010 年 | 2015 年 | 2018 年 | 2020 年 | |
| 农田 | 水田 | 457.16 | 534.60 | 525.55 | 1120.35 | 430.73 | 762.52 | 14.24 | 917.09 | 1068.98 | 1050.33 | 2227.59 | 847.99 | 1496.90 | 2713.16 |
| | 旱地 | 574.26 | 651.47 | 662.40 | 1306.81 | 525.19 | 916.46 | 15.55 | 511.89 | 580.34 | 586.18 | 1149.13 | 455.96 | 792.48 | 1273.49 |
| | **小计** | 493.19 | 570.62 | 567.55 | 1177.52 | 459.64 | 809.60 | 14.63 | 1428.98 | 1649.32 | 1636.51 | 3376.72 | 1303.95 | 2289.38 | 3986.65 |
| 森林 | 有林地 | 668.87 | 742.49 | 802.59 | 1451.16 | 603.16 | 1036.29 | 16.39 | 4066.50 | 4493.83 | 4862.42 | 8783.45 | 3642.44 | 6256.95 | 9786.14 |
| | 灌木林 | 657.96 | 798.89 | 749.34 | 1660.64 | 659.30 | 1125.09 | 22.15 | 922.27 | 1118.65 | 1049.26 | 2323.81 | 921.27 | 1571.93 | 3082.29 |
| | 疏林地 | 608.56 | 726.83 | 717.49 | 1495.05 | 592.67 | 1010.94 | 18.92 | 473.35 | 563.04 | 555.49 | 1152.93 | 456.49 | 778.67 | 1433.37 |
| | 其他林地 | 641.90 | 754.21 | 734.63 | 1554.18 | 603.11 | 1054.06 | 19.20 | 131.08 | 177.69 | 176.35 | 370.64 | 141.51 | 245.44 | 522.03 |
| | **小计** | 660.87 | 750.71 | 784.09 | 1492.71 | 611.49 | 1049.17 | 17.65 | 5593.21 | 6353.21 | 6643.51 | 12630.82 | 5161.71 | 8852.99 | 14823.83 |
| 草地 | 高覆盖度草地 | 751.47 | 883.55 | 855.69 | 1622.54 | 727.91 | 1191.40 | 19.37 | 808.28 | 947.96 | 907.02 | 1713.37 | 766.22 | 1253.00 | 1937.23 |
| | 中覆盖度草地 | 856.25 | 895.36 | 963.63 | 1635.66 | 780.79 | 1250.72 | 17.74 | 101.64 | 106.42 | 114.76 | 192.91 | 91.72 | 145.53 | 198.16 |
| | 低覆盖度草地 | 544.30 | 756.76 | 644.45 | 1242.27 | 649.83 | 920.66 | 16.63 | 1.10 | 1.52 | 1.29 | 2.52 | 1.04 | 1.48 | 1.71 |
| | **小计** | 761.51 | 884.51 | 866.22 | 1623.20 | 733.11 | 1196.93 | 19.20 | 911.02 | 1055.89 | 1023.08 | 1908.80 | 858.99 | 1400.01 | 2137.10 |
| 水域与湿地 | 河渠 | 1005.29 | 1048.14 | 1077.99 | 1876.24 | 900.98 | 1461.25 | 20.05 | 72.56 | 75.46 | 79.59 | 139.86 | 65.72 | 113.83 | 175.08 |
| | 湖泊 | 658.79 | 989.43 | 789.04 | 1398.24 | 880.49 | 1179.08 | 21.20 | 0.38 | 0.37 | 0.32 | 0.55 | 0.36 | 0.48 | 0.48 |
| | 水库坑塘 | 1050.87 | 1056.20 | 1100.45 | 1808.42 | 922.08 | 1461.05 | 17.72 | 53.13 | 49.38 | 71.21 | 102.57 | 63.61 | 113.22 | 254.35 |
| | 滩地 | 1114.17 | 1063.96 | 1183.43 | 1696.59 | 936.87 | 1442.89 | 13.28 | 18.84 | 23.22 | 9.04 | 30.19 | 15.86 | 11.95 | −17.34 |
| | **小计** | 1033.44 | 1053.10 | 1092.60 | 1827.85 | 913.89 | 1459.54 | 18.48 | 144.91 | 148.44 | 160.17 | 273.16 | 145.55 | 239.48 | 412.57 |
| 聚落 | 城镇用地 | 377.61 | 286.05 | 317.14 | 885.66 | 266.33 | 565.61 | 11.24 | 32.88 | 27.87 | 31.93 | 92.77 | 30.14 | 65.75 | 171.20 |
| | 农村居民点 | 481.47 | 537.08 | 539.17 | 1084.99 | 444.34 | 762.16 | 13.08 | 103.80 | 115.18 | 113.24 | 228.53 | 96.26 | 168.11 | 290.02 |
| | 其他建设用地 | 326.97 | 286.41 | 344.97 | 859.62 | 243.63 | 528.19 | 11.12 | 4.00 | 3.55 | 5.93 | 34.28 | 17.49 | 39.41 | 167.51 |
| | **小计** | 446.74 | 452.08 | 460.81 | 1000.92 | 358.29 | 664.19 | 10.79 | 140.68 | 146.60 | 151.11 | 355.59 | 143.89 | 273.27 | 628.72 |
| 其他 | 沼泽地 | | | 1405.92 | 2297.08 | 1063.61 | 1695.51 | 93.41 | | | 0.57 | 0.39 | 0.17 | 0.28 | 1.40 |
| | 裸土地 | 572.83 | 687.96 | 738.01 | 1129.10 | 579.13 | 791.62 | 9.98 | 0.11 | 0.23 | 0.22 | 2.69 | 0.73 | 1.00 | 6.72 |
| | **小计** | 572.83 | 687.96 | 1124.34 | 1207.32 | 634.66 | 895.22 | 13.41 | 0.11 | 0.23 | 0.79 | 3.08 | 0.91 | 1.28 | 8.12 |

表 4-8　2000—2020年漓江流域不同生态系统水源涵养价值量

| 生态系统类型 | | 单位面积水源涵养价值量/[元/(hm² · 年)] | | | | | | 单位面积水源涵养价值量年变化量/(元/hm²) | 水源涵养价值量/(10⁶ 元/年) | | | | | | 水源涵养价值量年变化量/(10⁴ 元) |
|---|---|---|---|---|---|---|---|---|---|---|---|---|---|---|---|
| | | 2000年 | 2005年 | 2010年 | 2015年 | 2018年 | 2020年 | | 2000年 | 2005年 | 2010年 | 2015年 | 2018年 | 2020年 | |
| 农田 | 水田 | 3062.99 | 3581.85 | 3521.15 | 7506.32 | 2885.89 | 5108.90 | 95.43 | 614.45 | 716.21 | 703.72 | 1492.48 | 568.16 | 1002.92 | 1817.82 |
| | 旱地 | 3847.54 | 4364.84 | 4438.11 | 8755.61 | 3518.77 | 6140.32 | 104.21 | 342.96 | 388.83 | 392.74 | 769.92 | 305.49 | 530.96 | 853.24 |
| | **小计** | 3304.35 | 3823.17 | 3802.56 | 7889.40 | 3079.57 | 5424.30 | 98.03 | 957.41 | 1105.04 | 1096.46 | 2262.40 | 873.65 | 1533.88 | 2671.06 |
| 森林 | 有林地 | 4481.42 | 4974.66 | 5377.35 | 9722.77 | 4041.15 | 6943.16 | 109.78 | 2724.56 | 3010.87 | 3257.82 | 5884.91 | 2440.43 | 4192.16 | 6556.72 |
| | 灌木林 | 4408.34 | 5352.57 | 5020.60 | 11126.29 | 4417.28 | 7538.11 | 148.42 | 617.92 | 749.50 | 703.01 | 1556.95 | 617.25 | 1053.19 | 2065.13 |
| | 疏林地 | 4077.34 | 4869.74 | 4807.15 | 10016.85 | 3970.92 | 6773.30 | 126.73 | 317.15 | 377.24 | 372.18 | 772.46 | 305.85 | 521.71 | 960.36 |
| | 其他林地 | 4300.74 | 5053.23 | 4922.00 | 10413.03 | 4040.87 | 7062.19 | 128.63 | 87.82 | 119.05 | 118.15 | 248.33 | 94.81 | 164.44 | 349.76 |
| | **小计** | 4427.82 | 5029.77 | 5253.39 | 10001.13 | 4097.00 | 7029.45 | 118.23 | 3747.45 | 4256.65 | 4451.15 | 8462.65 | 3458.35 | 5931.50 | 9931.97 |
| 草地 | 高覆盖度草地 | 5034.82 | 5919.79 | 5733.13 | 10871.04 | 4877.02 | 7982.37 | 129.75 | 541.55 | 635.13 | 607.70 | 1147.96 | 513.37 | 839.51 | 1297.94 |
| | 中覆盖度草地 | 5736.90 | 5998.88 | 6456.31 | 10958.94 | 5231.27 | 8379.81 | 118.89 | 68.10 | 71.30 | 76.89 | 129.25 | 61.45 | 97.50 | 132.77 |
| | 低覆盖度草地 | 3646.83 | 5070.30 | 4317.83 | 8323.19 | 4353.84 | 6168.41 | 111.44 | 0.74 | 1.02 | 0.87 | 1.69 | 0.70 | 0.99 | 1.15 |
| | **小计** | 5102.14 | 5926.24 | 5803.64 | 10875.45 | 4911.83 | 8019.42 | 128.67 | 610.38 | 707.45 | 685.46 | 1278.89 | 575.52 | 938.00 | 1431.86 |
| 水域与湿地 | 河渠 | 6735.46 | 7022.53 | 7222.53 | 12570.78 | 6036.60 | 9790.40 | 134.33 | 48.61 | 50.56 | 53.33 | 93.71 | 44.03 | 76.27 | 117.31 |
| | 湖泊 | 4413.89 | 6629.18 | 5286.54 | 9368.20 | 5899.28 | 7899.84 | 142.04 | 0.25 | 0.25 | 0.21 | 0.37 | 0.24 | 0.32 | 0.32 |
| | 水库坑塘 | 7040.82 | 7076.52 | 7372.98 | 12116.38 | 6177.96 | 9789.06 | 118.70 | 35.60 | 33.09 | 47.71 | 68.72 | 42.62 | 75.86 | 170.41 |
| | 滩地 | 7464.91 | 7128.50 | 7928.97 | 11367.14 | 6277.05 | 9667.36 | 88.97 | 12.62 | 15.56 | 6.06 | 20.23 | 10.63 | 8.01 | −11.61 |
| | **小计** | 6924.03 | 7055.79 | 7320.41 | 12246.61 | 6123.04 | 9778.90 | 123.81 | 97.09 | 99.45 | 107.32 | 183.02 | 97.52 | 160.45 | 276.42 |
| 聚落 | 城镇用地 | 2529.98 | 1916.51 | 2124.85 | 5933.89 | 1784.40 | 3789.58 | 75.34 | 22.03 | 18.67 | 21.40 | 62.16 | 20.20 | 44.05 | 114.70 |
| | 农村居民点 | 3225.83 | 3598.42 | 3612.42 | 7269.45 | 2977.07 | 5106.48 | 87.67 | 69.54 | 77.17 | 75.87 | 153.12 | 64.49 | 112.63 | 194.31 |
| | 其他建设用地 | 2190.68 | 1918.98 | 2311.31 | 5759.48 | 1632.34 | 3538.86 | 74.53 | 2.68 | 2.38 | 3.97 | 22.97 | 11.72 | 26.40 | 112.23 |
| | **小计** | 2993.17 | 3028.92 | 3087.44 | 6706.15 | 2400.54 | 4450.10 | 72.32 | 94.26 | 98.22 | 101.24 | 238.24 | 96.41 | 183.09 | 421.24 |
| 其他 | 沼泽地 | | | 9419.70 | 15390.46 | 7126.18 | 11359.92 | 625.82 | | | 0.38 | 0.26 | 0.12 | 0.19 | 0.94 |
| | 裸土地 | 3837.96 | 4609.31 | 4944.67 | 7564.96 | 3880.17 | 5303.86 | 66.89 | 0.08 | 0.15 | 0.15 | 1.80 | 0.49 | 0.67 | 4.50 |
| | **小计** | 3837.96 | 4609.31 | 7533.05 | 8089.05 | 4252.20 | 5997.94 | 89.86 | 0.08 | 0.15 | 0.53 | 2.07 | 0.61 | 0.86 | 5.44 |

年，二级生态系统中灌木林、高覆盖度草地、河渠、湖泊和沼泽地的单位面积水源涵养价值量增长趋势最为明显，年增加量超过 129.70 元/$hm^2$。

2000—2020 年，漓江流域一级生态系统水源涵养价值变化范围为 $0.08\times10^6\sim8462.65\times10^6$ 元/年，其中水源涵养价值最高的是 2015 年森林生态系统，而最低的为 2000 年其他生态系统（表 4－8）。2000—2020 年，漓江流域一级生态系统中农田和森林生态系统的水源涵养价值最高，二者水源涵养价值占流域水源涵养总价值的 84%以上。2000—2020 年，一级生态系统水源涵养价值量均呈现增长趋势，其中森林生态系统增加最为明显，年增加量为 $9931.97\times10^4$ 元。二级生态系统水源涵养价值变化范围为 $0.08\times10^6\sim5884.91\times10^6$ 元/年，其中水源涵养价值最低的是 2000 年裸土地，而水源涵养价值最高的是 2015 年有林地。2000—2020 年，水源涵养价值较高的包括水田、旱地、有林地、灌木林地和高覆盖度草地等二级生态系统类型。2000—2020 年，水源涵养价值呈增长趋势的包括水田、有林地、灌木林地、疏林地和高覆盖度草地等生态系统类型，其中增长趋势较为明显的是有林地和灌木林地，年增加量超过 $2065.00\times10^4$ 元；而水源涵养价值量呈下降趋势仅有滩地生态系统，年减少量为 $11.61\times10^4$ 元。

由此可见，漓江流域除滩地之外的所有生态系统水源涵养量均有所增加，尤其是森林生态系统的水源涵养量增加最显著。虽然草地和水域与湿地生态系统的单位面积水源涵养量较大，年增长量也较高，但是漓江流域发挥水源涵养功能的生态系统仍以森林、农田为主。

## 4.6 小　　结

生态系统通过水源涵养服务可以缓和地表径流、补充地下水、减缓河流流量的季节波动、滞洪补枯、保证水质，为社会经济系统提供效益。本章利用水量平衡方程，基于土地覆被、降水、土壤等数据，模拟计算了漓江流域 2000—2020 年水源涵养物质量与价值量，分析了水源涵养服务的时空格局，对比分析了不同区县、子流域以及生态系统水源涵养物质量与价值量。结果显示：

（1）2000—2020 年，漓江流域生态系统水源涵养量为 $7.61\times10^9\sim18.53\times10^9m^3$/年，价值量为 $5.10\times10^9\sim12.42\times10^9$ 元/年，单位面积水源涵养量为 585.16～1425.39mm/年，单位面积价值量为 3920.59～9550.15 元/($hm^2$·年)，水源涵养总量及其价值和单位面积水源涵养量及其价值量总体上均呈现增加趋势。

（2）不同区县中，阳朔、灵川、兴安、恭城和荔浦水源涵养总量及其价值量较高，灵川、兴安和临桂等区县的单位面积水源涵养量及其价值量都较高。

（3）不同子流域中，漓江上游、灵渠、潮田河和恭城河上游等子流域水源涵养总量及其价值量相对较高，漓江上游、甘棠江、灵渠和潮田河等子流域单位面积水源涵养量及其价值量较高。

（4）不同生态系统类型中，单位面积水源涵养量及其单位面积价值量以草地和水域与湿地相对较高，而水源涵养总量及其价值量却以森林和农田生态系统占主导。

# 第5章　土壤保持服务格局与演变

本章利用修正通用土壤流失方程（Revised Universal Soil Loss Equation，RUSLE），基于土地覆被、降水、DEM、土壤、NDVI等数据，模拟计算了漓江流域2000—2020年土壤保持物质量以及避免由土壤水力侵蚀导致的土地废弃、减少河流河道、水库与坑塘泥沙淤积的价值量。研究发现，2000—2020年漓江流域生态系统土壤保持物质量与价值量总量均呈现下降趋势，单位面积土壤保持物质量与价值量也逐年下降。位于漓江上游与中游的区县和子流域的土壤保持物质量与价值量较高，其单位面积土壤保持物质量与价值量也较高；森林和草地生态系统的土壤保持物质与价值总量以及单位面积土壤保持物质与价值量相对较高。本章结果可以为制订、改善和提高漓江流域生态系统土壤保持服务的生态保护、恢复与管理政策提供科学依据。

## 5.1　研究方法与数据来源

### 5.1.1　研究方法

#### 5.1.1.1　物质量计算方法

运用RUSLE模型来估算土壤保持量（Renard et al.，1997），即土壤保持量等于潜在土壤侵蚀量与现实土壤侵蚀量之差：

$$Q_{sc}=\sum_{i=1}^{n}\left(Q_{sci}\times\frac{A_i}{10^4}\right)=\sum_{i=1}^{n}\left[(Q_{spi}-Q_{sri})\times\frac{A_i}{10^4}\right] \tag{5-1}$$

$$Q_{spi}=R_i\times K_i\times LS_i \tag{5-2}$$

$$Q_{sri}=R_i\times K_i\times LS_i\times C_i\times P_i \tag{5-3}$$

式中：$Q_{sc}$为土壤保持量，t/年；$Q_{sci}$为第$i$个评估单元单位面积土壤保持量，t/(hm$^2$·年)；$A_i$为第$i$个评估单元面积，m$^2$；$Q_{spi}$为第$i$个评估单元单位面积潜在土壤侵蚀量，t/(hm$^2$·年)，是没有植被覆盖和任何水土保持措施（$C_i$和$P_i$均为1）时的土壤侵蚀量，即$Q_{sri}$为第$i$个评估单元单位面积实际土壤侵蚀

---

本章执笔人：中国科学院地理科学与资源研究所肖玉、刘佳、黄孟冬。

量，t/(hm$^2$·年)；$R_i$ 为第 $i$ 个评估单元降雨侵蚀力，MJ·mm/(hm$^2$·h·年)；$K_i$ 为第 $i$ 个评估单元土壤可蚀性，t·h/(MJ·mm)；$LS_i$ 为第 $i$ 个评估单元坡度-坡长因子，无量纲；$C_i$ 为第 $i$ 个评估单元植被覆盖因子，无量纲；$P_i$ 为第 $i$ 个评估单元管理因子（水土保持措施因子），无量纲。

（1）降雨侵蚀力。

首先计算每个气象站点 $R$ 值，然后通过插值得到每个评估单元 $R_i$。选用基于月平均降水量和年平均降水量的 Wischmeier 公式计算（Angulo - Martínez and Beguería，2009）：

$$R_i = 17.02 \times \sum_{j=1}^{12}\left(1.735 \times 10^{\left(1.5\lg\frac{P_{ij}^2}{P_i} - 0.8188\right)}\right) \tag{5-4}$$

式中：$P_{ij}$ 为第 $i$ 个评估单元第 $j$ 月的降水量，mm；$P_i$ 为第 $i$ 个评估单元年降水量，mm；17.02 是将计算出的 $R_i$ 单位为 100ft·t·in/(acre·h·年）换算为国际单位 MJ·mm/(hm$^2$·h·年）的系数。

（2）土壤可蚀性因子。本书采用 Williams 等（1984）的侵蚀生产力影响计算模型（Erosion Productivity Impact Calculator，EPIC），其土壤可蚀性因子仅与土壤砂粒、粉粒、黏粒含量和土壤有机质有关，计算公式为

$$\begin{aligned} K_{\mathrm{EPIC}i} = & \left\{0.2 + 0.3\exp\left[-0.0256\, SAN_i\left(1 - \frac{SIL_i}{100}\right)\right]\right\}\left(\frac{SIL_i}{CLA_i + SIL_i}\right)^{0.3} \\ & \times\left[1.0 - \frac{0.25\, Carbon_i}{Carbon_i + \exp(3.72 - 2.95\, Carbon_i)}\right] \\ & \times\left[1.0 - \frac{0.7\, SNI_i}{SNI_i + \exp(-5.51 + 22.9\, SNI_i)}\right] \times 0.1317 \end{aligned} \tag{5-5}$$

式中：$SAN_i$、$SIL_i$ 和 $CLA_i$ 分别为第 $i$ 个评价单元砂粒、粉粒、黏粒含量，%；$Carbon_i$ 为土壤有机碳含量，%；$SNI_i = 1 - SAN_i/100$；0.1317 为美制向公制的转化系数。

$$SNI_i = 1 - \frac{SAN_i}{100} \tag{5-6}$$

$$K_i = -0.01383 + 0.51575 K_{\mathrm{EPIC}i} \tag{5-7}$$

（3）坡长坡度因子。根据 McCool 等（1989）和刘宝元等（1999）的研究，相关计算公式如下。

1）坡长因子（$L_i$）：

$$L_i = \left(\frac{\lambda_i}{22.13}\right)^m \tag{5-8}$$

其中 $m=\begin{cases}0.2 & \theta\leqslant 1^{\circ}\\ 0.3 & 1^{\circ}<\theta\leqslant 3^{\circ}\\ 0.4 & 3^{\circ}<\theta\leqslant 5^{\circ}\\ 0.5 & \theta>5^{\circ}\end{cases}$

式中：$\lambda_i$ 为坡长，m，常数项 $\theta$ 为坡度，(°)。

2）坡度因子（$S_i$）：

$$S_i=\begin{cases}10.8\sin\theta_i+0.03 & \theta_i<5^{\circ}\\ 16.8\sin\theta_i-0.50 & 5^{\circ}\leqslant\theta_i<10^{\circ}\\ 21.91\sin\theta_i-0.96 & \theta_i\geqslant 10^{\circ}\end{cases} \tag{5-9}$$

式中：$\theta_i$ 为坡度，(°)。

（4）植被覆盖因子，采用蔡崇法等（2000）的计算公式：

$$C_i=\begin{cases}1 & F_{ci}=0\\ 0.6508-0.3436\lg F_{ci} & 0<F_{ci}\leqslant 78.3\\ 0 & F_{ci}>78.3\end{cases} \tag{5-10}$$

$$F_{ci}=\frac{(NDVI_i-NDVI_{\min})}{(NDVI_{\max}-NDVI_{\min})}\times 100$$

式中：$F_{ci}$ 为植被覆盖度，%；$NDVI_i$、$NDVI_{\max}$、$NDVI_{\min}$ 分别为 NDVI 的实际值、最大值和最小值。

（5）水土保持措施因子。水土保持措施因子取值见表 5-1。

**表 5-1 水土保持措施因子取值**

| 生态系统类型 | 森林 | 疏林地 | 其他林地 | 高覆盖度草地 | 中覆盖度草地 | 低覆盖度草地 | 旱地 | 水浇地 | 水田 | 建设用地 | 裸岩 | 水体 |
|---|---|---|---|---|---|---|---|---|---|---|---|---|
| 水土保持措施因子取值 | 1 | 1 | 0.6 | 1 | 0.9 | 0.8 | 0.352 | 0.25 | 0.15 | 0.35 | 0 | 0 |

#### 5.1.1.2 价值量计算方法

生态系统土壤保持主要通过减少表土损失量、减轻泥沙淤积等生态过程来实现其经济价值，有些研究也计算了土壤保持带来的保护土壤肥力价值。但是，由于侵蚀土壤是下游冲积平原形成的土壤及其养分来源，土壤保持在保持土壤肥力方面对不同人群产生的效益或损害不尽相同。因此，本章暂不计算土壤保持带来的保持土壤肥力的价值。本章根据土壤保持量来评价生态系统在减少表土损失和减轻泥沙淤积两方面的价值：

$$V_{sc}=\sum_{i=1}^{n}\left(V_{sci}\times\frac{A_i}{10^4}\right)=\sum_{i=1}^{n}(V_{lai}+V_{asi})A_i] \tag{5-11}$$

式中：$V_{sc}$为土壤保持价值，元/年；$V_{sci}$为第 $i$ 个评估单元单位面积土壤保持价值，元/(hm$^2$·年)；$A_i$ 为第 $i$ 个评估单元面积，m$^2$；$V_{lai}$为第 $i$ 个评估单元单位面积减少土地废弃的经济价值，元/(hm$^2$·年)；$V_{asi}$为第 $i$ 个评估单元单位面积减少泥沙淤积的经济价值，元/(hm$^2$·年)。

减少土地废弃的经济价值：土壤侵蚀导致表土的损失，最终使其成为废弃土地。根据种植业、林业和牧业的机会成本，对农田、林地和草地生态系统保护土壤的经济价值进行估算。

$$V_{lai}=\frac{Q_{sci}/(dh)}{10000}c_{lp} \tag{5-12}$$

式中：$Q_{sci}$为第 $i$ 个评估单元单位面积的土壤保持总量，t/(hm$^2$·年)；$d$ 为土壤容重，t/m$^3$，全国平均土壤容重为 1.185t/m$^3$（余新晓等，2008）；$h$ 为土壤厚度，m，全国平均土壤耕作层按 0.5m 计算；$c_{lp}$为单位面积的机会成本或年均效益，元/(hm$^2$·年)，此处取 3406.5 元/hm$^2$（谢高地等，2015）。

减少泥沙淤积的经济价值：采用蓄水成本法计算，依据中国主要流域泥沙运动规律，土壤流失的泥沙有 24%淤积在江河、湖泊。减少泥沙淤积的经济价值计算公式如下：

$$V_{asi}=0.24\times\frac{Q_{sci}}{d}\times c_{dr} \tag{5-13}$$

式中：$d$ 为土壤容重，t/m$^3$；$c_{dr}$为河道清淤成本，元/m$^3$，取值 12.6 元/m$^3$。

### 5.1.2 数据来源

所需数据主要包括气象、土壤、土地覆被、DEM、NDVI 数据。土壤数据来源于联合国粮农组织、国际应用系统分析研究所构建的世界土壤数据库，其中中国境内的数据为中国科学院南京土壤研究所提供的 1∶1000000 第二次全国土壤普查（包括不同土壤类型比例、容重、导电率等）。气象数据来源于中国气象科学数据共享服务网国家台站的日均温度、降水、湿度、日照时数等数据，利用反距离权重法进行空间插值得到。2000 年、2005 年、2010 年、2015 年、2018 年和 2020 年土地覆被数据（空间分辨率 30m）来源于中国科学院资源环境科学数据中心。DEM（空间分辨率 30m）来源于中国科学院资源环境数据中心。NDVI 数据来源于中国科学院计算机网络信息中心国际科学数据镜像网站。

## 5.2 全 域 尺 度

2000—2020 年，漓江流域生态系统单位面积土壤保持量变化范围为 1140.51～4663.99 t/($hm^2$ · 年)，其中 2018 年最低，2005 年最高。单位面积土壤保持量在 2000—2005 年明显增加，在 2005—2018 年持续减少，在 2018—2020 年显著增加。2000—2020 年，漓江流域生态系统单位面积土壤保持量变化总体呈现下降趋势，年减少量为 18.63t/$hm^2$。2000—2020 年，漓江流域生态系统土壤保持量变化范围为 $1.48\times10^9$ ～ $6.06\times10^9$t/年，其中 2018 年最低，2005 年最高（图 5－1）。从 2000 年到 2005 年，土壤保持总量明显增加，从 2005 年到 2018 年土壤保持总量持续下降，但从 2018 年到 2020 年显著增加，2020 年比 2000 年土壤保持总量有较为显著的增加。但是，从 2000 年到 2020 年漓江流域土壤保持量总体变化趋势为下降，年减少量为 $2.42\times10^7$ t。2018 年漓江流域生态系统单位面积土壤保持量和土壤保持总量都显著低于其他年份的主要原因是当年降水量显著减少，进而导致潜在土壤侵蚀量减少。由于漓江流域生态系统实际土壤侵蚀量远低于潜在土壤侵蚀量，由潜在土壤侵蚀量减去实际土壤侵蚀量计算得到的土壤保持量主要由潜在土壤侵蚀量决定。所以，当 2018 年漓江流域潜在土壤侵蚀量显著下降后，土壤保持量也会有非常明显的减少。

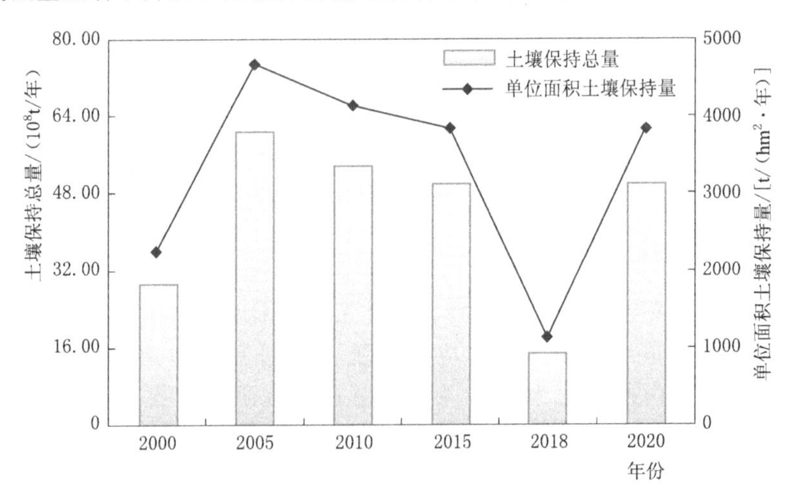


图 5－1　2000—2020 年漓江流域土壤保持量

2000—2020 年，漓江流域生态系统单位面积土壤保持价值量变化范围为 3566.19～14583.53 元/($hm^2$ · 年)，其中 2018 年最低，2005 年最高。单位面积土壤保持价值量变化趋势与土壤保持总价值量变化趋势一致，2000—2005 年明显增加，2005—2018 年持续减少，2018—2020 年显著增加。2000—2020 年，漓江流域生态系统单位面积土壤保持价值量变化趋势为下降，年减少量为 58.25 元/$hm^2$。2000—2020 年，漓江流域生态系统土壤保持价值量变化范围为 $4.64\times10^9\sim1.90\times10^{10}$ 元/年，其中 2018 年最低，2005 年最高（图 5-2）。与土壤保持物质量变化趋势一样，从 2000 年到 2005 年，土壤保持总价值量明显增加，从 2005 年到 2018 年土壤保持总价值量持续下降，但从 2018 年到 2020 年显著增加，2020 年比 2000 年土壤保持总价值量有较为显著的增加。但是，从 2000 年到 2020 年漓江流域土壤保持总价值量总体变化趋势为下降，年减少量为 $7.50\times10^7$ 元。

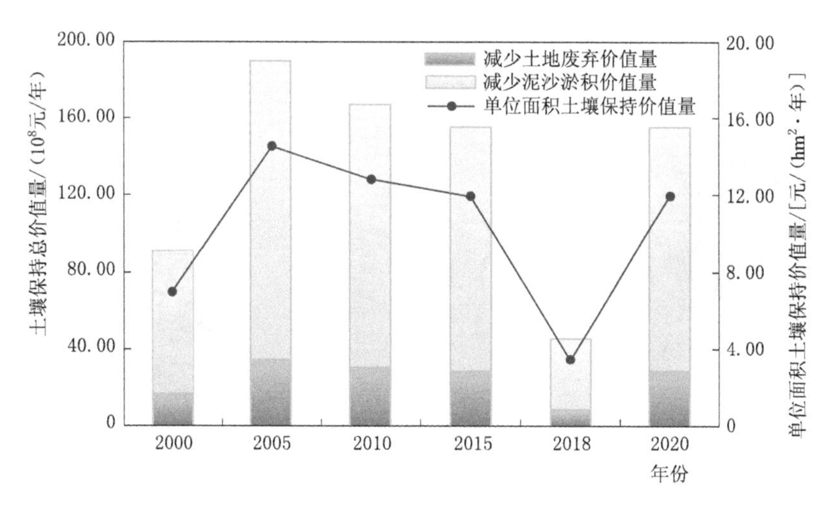


图 5-2　2000—2020 年漓江流域土壤保持价值量

2000—2020 年漓江流域生态系统单位面积土壤侵蚀量空间分布格局非常接近（图 5-3）。从空间上看，漓江流域东南部、中部、西南部和北部生态系统单位面积土壤保持量相对较高，而南部、西北部和东部单位面积土壤保持量相对较低。这主要是由于漓江流域东南部、中部、西南部和北部分布较多中低山，相对于平原地区而言，其地形地貌更容易产生土壤侵蚀，其单位面积潜在土壤侵蚀量要显著高于平原地区。同时，这些区域植被覆盖度较高，其实际土壤侵蚀量较低。因此，漓江流域东南部、中部、西南部和北部单位面积土壤侵蚀量较高。从不同年份来看，2018 年全域单位面积土壤侵蚀量都低于其他年份，而 2005 年、2010 年、2015 年和 2020 年单位面积土壤侵蚀量相对较高。这与 2018 年降水量显著低于其他年份有较大关系，较低的降水量导致较小的单位面积潜在土壤侵蚀量。单位面积潜在土壤侵蚀量显著高于单位面积实际土壤侵蚀量，单位面积土壤保持量主要由单位面积潜在土壤侵蚀量决定。因此，2018 年显著降低的单位面积潜在土壤侵蚀量会导致单位面积土壤保持量明显减少。

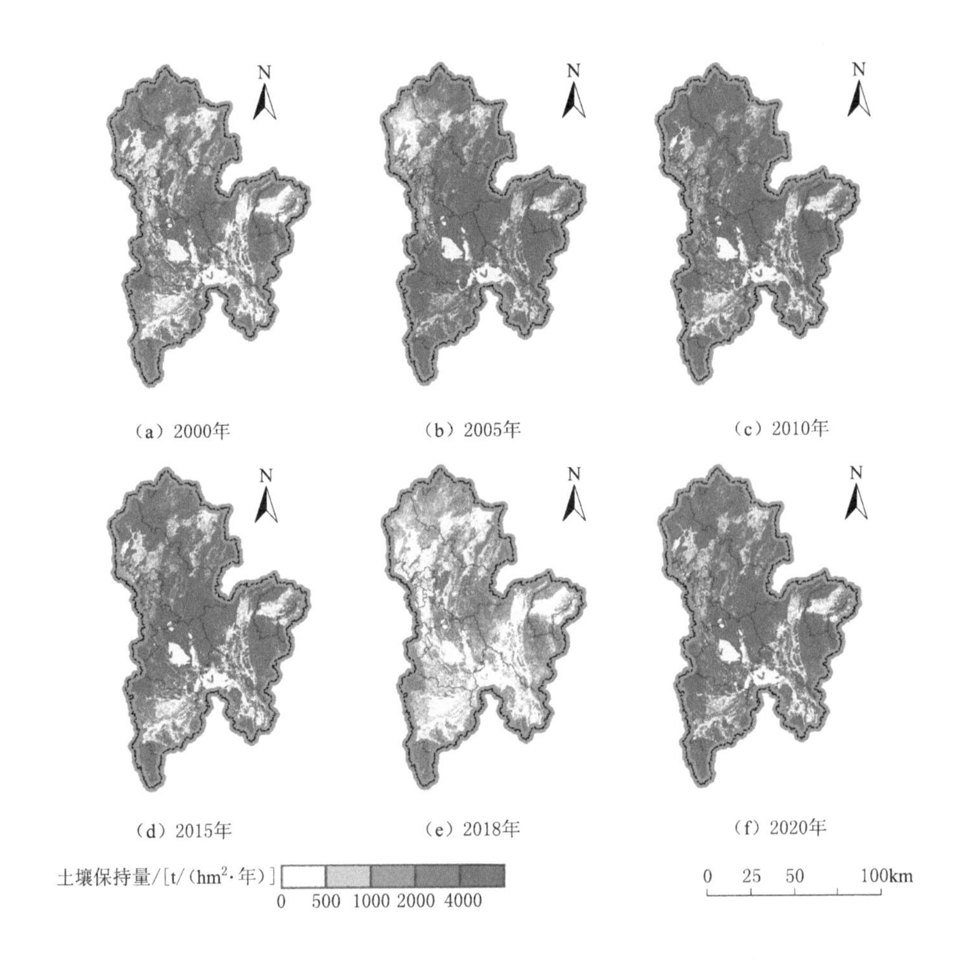


图 5-3　2000—2020 年漓江流域土壤保持量的空间分布

## 5.3 区 县 尺 度

2000—2020 年，漓江流域不同区县的单位面积土壤保持量变化范围为 683.41～7098.01 t/($hm^2$·年)，最低值出现在 2018 年的桂林市叠彩区，最高值出现在 2010 年的桂林市资源县。单位面积土壤保持量较高的区县在不同年份之间存在较大差异：2000 年以阳朔、灵川、兴安、资源和金秀等区县较高，2005 年以阳朔、恭城、荔浦、钟山和金秀等区县较高，2010 年灵川、兴安、资源、恭城和金秀等区县较高，2015 年以雁山、临桂、阳朔、灵川和恭城等区县较高，2018 年以秀峰、灵川、兴安、资源和金秀等区县较高，2020 年则以临桂、阳朔、灵川、资源和金秀等区县较高（表 5-2）。综合来看，2000—2020 年，灵川、金

表 5-2 2000—2020 年漓江流域不同区县土壤保持量

| 区县 | 单位面积土壤保持量/[t/(hm² · 年)] | | | | | | 单位面积土壤保持年变化量/(t/hm²) | 土壤保持总量/($10^8$t/年) | | | | | | 土壤保持年变化量/($10^4$t) |
|---|---|---|---|---|---|---|---|---|---|---|---|---|---|---|
| | 2000 年 | 2005 年 | 2010 年 | 2015 年 | 2018 年 | 2020 年 | | 2000 年 | 2005 年 | 2010 年 | 2015 年 | 2018 年 | 2020 年 | |
| 江永县 | 1801.19 | 4623.76 | 3618.59 | 3184.18 | 994.64 | 3162.68 | −29.03 | 1.12 | 2.87 | 2.24 | 1.98 | 0.62 | 1.96 | −180.15 |
| 秀峰区 | 2251.88 | 4177.45 | 4269.18 | 3908.01 | 1277.87 | 3965.36 | −1.50 | 0.10 | 0.18 | 0.18 | 0.17 | 0.05 | 0.17 | −0.64 |
| 叠彩区 | 1030.38 | 2654.57 | 2127.54 | 1892.11 | 683.41 | 1806.15 | −13.78 | 0.05 | 0.13 | 0.11 | 0.10 | 0.03 | 0.09 | −6.96 |
| 象山区 | 1365.13 | 2391.69 | 2564.89 | 3034.89 | 762.19 | 2465.55 | 11.67 | 0.12 | 0.21 | 0.23 | 0.27 | 0.07 | 0.22 | 10.46 |
| 七星区 | 1403.56 | 3809.74 | 2859.58 | 2992.94 | 965.11 | 2503.31 | −15.64 | 0.10 | 0.27 | 0.20 | 0.21 | 0.07 | 0.18 | −11.00 |
| 雁山区 | 2180.38 | 3719.72 | 3940.03 | 6682.71 | 1103.36 | 4054.75 | 44.43 | 0.66 | 1.13 | 1.19 | 2.03 | 0.33 | 1.23 | 134.72 |
| 临桂区 | 2223.36 | 3514.06 | 3607.69 | 5038.36 | 860.10 | 4091.00 | 24.39 | 0.89 | 1.41 | 1.44 | 2.02 | 0.34 | 1.64 | 97.66 |
| 阳朔县 | 2446.92 | 6066.02 | 3593.60 | 5382.82 | 990.15 | 4391.74 | −21.57 | 3.51 | 8.71 | 5.16 | 7.73 | 1.42 | 6.30 | −309.73 |
| 灵川县 | 2464.74 | 4476.04 | 4900.88 | 4725.09 | 1311.66 | 4313.73 | 2.11 | 5.67 | 10.29 | 11.27 | 10.87 | 3.02 | 9.92 | 48.45 |
| 兴安县 | 2532.64 | 3468.43 | 5581.57 | 3403.17 | 1310.90 | 4030.65 | −6.47 | 5.52 | 7.56 | 12.16 | 7.41 | 2.86 | 8.78 | −140.91 |
| 资源县 | 3911.80 | 4924.94 | 7098.01 | 4149.06 | 2036.56 | 5658.37 | −23.60 | 0.17 | 0.22 | 0.31 | 0.18 | 0.09 | 0.25 | −10.44 |
| 平乐县 | 1596.00 | 3066.69 | 2420.98 | 2046.18 | 713.57 | 2265.46 | −29.16 | 2.06 | 3.97 | 3.13 | 2.65 | 0.92 | 2.93 | −377.05 |
| 恭城瑶族自治县 | 2408.20 | 5777.06 | 4393.36 | 4227.11 | 1191.81 | 4018.94 | −37.79 | 4.86 | 11.66 | 8.87 | 8.53 | 2.40 | 8.11 | −762.66 |
| 荔浦市 | 2011.95 | 5703.42 | 2990.41 | 2464.69 | 984.63 | 3654.43 | −51.55 | 3.22 | 9.13 | 4.79 | 3.95 | 1.58 | 5.85 | −825.18 |
| 钟山县 | 2078.14 | 5471.58 | 3656.75 | 3276.30 | 1151.57 | 3225.69 | −50.88 | 0.05 | 0.14 | 0.09 | 0.08 | 0.03 | 0.08 | −12.70 |
| 富川瑶族自治县 | 1543.66 | 3541.89 | 3208.06 | 2874.31 | 985.94 | 2811.82 | −8.98 | 0.33 | 0.76 | 0.69 | 0.62 | 0.21 | 0.61 | −19.36 |
| 金秀瑶族自治县 | 2731.18 | 6318.85 | 4780.37 | 3869.15 | 2446.16 | 4786.98 | −17.69 | 0.87 | 2.01 | 1.52 | 1.23 | 0.78 | 1.53 | −56.37 |

秀、阳朔和资源等区县的单位面积土壤保持量都略高于其他区县。2000—2020 年，雁山、临桂、象山和灵川等区县的单位面积土壤保持量总体呈增长趋势，其中雁山区和临桂区单位面积土壤保持量年增加量超过 20t/hm$^2$；其他区县总体呈下降趋势，其中钟山县和荔浦市的下降趋势最明显，单位面积土壤保持量减少量超过 50t/hm$^2$。

2000—2020 年，漓江流域不同区县土壤保持总量变化范围为 0.03×10$^8$～12.16×10$^8$t/年，其中最低值出现在 2018 年的贺州市钟山县，最高值出现在 2010 年的桂林市兴安县。2000—2020 年漓江流域以灵川、兴安、恭城、阳朔和荔浦等区县的较高。这 5 个县区土壤保持量占当年漓江流域土壤保持总量比例均在 76%以上（表 5-2）。这一方面是因为部分区县单位面积土壤保持量相对较高，更主要的是因为这 5 个区县面积较大，其土壤保持总量显著高于其他区县。2000—2020 年，雁山、临桂、灵川和象山的土壤保持总量呈增加趋势，其中雁山区和临桂区增加趋势最明显，年土壤保持总量增加量在 9.0×10$^5$ t 以上；其他区县土壤保持总量呈明显下降趋势，其中荔浦、恭城、平乐和阳朔的土壤保持总量年减少量在 3.0×10$^6$t 以上。

2000—2020 年，漓江流域单位面积土壤保持价值变化范围为 2136.90～22194.32 元/(hm$^2$・年)，其中 2010 年的桂林市资源县值最高，2018 年桂林市叠彩区值最低。不同区县的单位面积土壤保持价值相对大小与物质量保持一致。2000 年，阳朔、灵川、兴安、资源和金秀等区县单位面积土壤保持价值较高，2005 年单位面积土壤保持价值量较高的是阳朔、恭城、荔浦、钟山和金秀等区县，2010 年灵川、兴安、资源、恭城和金秀等区县单位面积土壤保持价值量较高，2015 年以雁山、临桂、阳朔、灵川和恭城等区县较高，2018 年单位面积土壤保持价值较高的是秀峰、灵川、兴安、资源和金秀等区县，2020 年临桂、阳朔、灵川、资源和金秀等区县提供的单位面积土壤保持价值较高（表 5-3）。综合来看，2000—2020 年，单位面积土壤保持价值较高的区县包括灵川、金秀、阳朔和资源。2000—2020 年，雁山、临桂、象山和灵川等区县的单位面积土壤保持价值总体呈增长趋势，以雁山年增加量最高，超过 138.93 元/hm$^2$；其他区县单位面积土壤保持价值呈下降趋势，其中钟山、荔浦、恭城、平乐和江永等区县下降趋势较为明显，年减少量超过 90 元/hm$^2$。

2000—2020 年，不同区县土壤保持价值量变化范围为 0.09×10$^8$～38.02×10$^8$ 元/年，2018 年贺州市钟山县土壤保持价值量最低，而 2010 年桂林市兴安县最高。2000—2020 年，灵川、兴安、恭城、阳朔和荔浦等区县的土壤保持价值量相对较高，占漓江流域土壤保持总量比例在 76%以上（表 5-3）。这主要是因为这几个区县面积大，单位面积土壤保持价值量也较高，所以其土壤保持价值总量相对较高。2000—2020 年，土壤保持价值量呈增加趋势的包括雁山、临桂、灵川和象山等区县，其中雁山区和临桂区增加趋势最明显，年价值增加量在

表 5-3　　**2000—2020 年漓江流域不同区县土壤保持价值量**

| 区县 | 单位面积土壤保持价值量/[元/($hm^2$·年)] | | | | | | 单位面积土壤保持价值年变化量/(元/$hm^2$) | 土壤保持总价值量/($10^8$ 元/年) | | | | | | 土壤保持价值年变化量/($10^4$ 元) |
|---|---|---|---|---|---|---|---|---|---|---|---|---|---|---|
| | 2000 年 | 2005 年 | 2010 年 | 2015 年 | 2018 年 | 2020 年 | | 2000 年 | 2005 年 | 2010 年 | 2015 年 | 2018 年 | 2020 年 | |
| 江永县 | 5632.03 | 14457.73 | 11314.74 | 9956.40 | 3110.07 | 9889.18 | −90.77 | 3.49 | 8.97 | 7.02 | 6.18 | 1.93 | 6.13 | −563.31 |
| 秀峰区 | 7041.27 | 13062.19 | 13349.04 | 12219.70 | 3995.69 | 12399.01 | −4.70 | 0.30 | 0.55 | 0.56 | 0.52 | 0.17 | 0.52 | −1.99 |
| 叠彩区 | 3221.82 | 8300.39 | 6652.46 | 5916.31 | 2136.90 | 5647.54 | −43.08 | 0.16 | 0.42 | 0.34 | 0.30 | 0.11 | 0.29 | −21.77 |
| 象山区 | 4268.55 | 7478.44 | 8020.00 | 9489.61 | 2383.25 | 7709.37 | 36.48 | 0.38 | 0.67 | 0.72 | 0.85 | 0.21 | 0.69 | 32.71 |
| 七星区 | 4388.70 | 11912.44 | 8941.45 | 9358.43 | 3017.73 | 7827.43 | −48.91 | 0.31 | 0.84 | 0.63 | 0.66 | 0.21 | 0.55 | −34.39 |
| 雁山区 | 6817.69 | 11630.95 | 12319.81 | 20895.75 | 3450.02 | 12678.54 | 138.93 | 2.07 | 3.53 | 3.74 | 6.34 | 1.05 | 3.84 | 421.26 |
| 临桂区 | 6952.09 | 10987.88 | 11280.66 | 15754.13 | 2689.41 | 12791.88 | 76.27 | 2.78 | 4.40 | 4.52 | 6.31 | 1.08 | 5.12 | 305.36 |
| 阳朔县 | 7651.12 | 18967.45 | 11236.59 | 16831.19 | 3096.05 | 13732.24 | −67.43 | 10.98 | 27.23 | 16.13 | 24.16 | 4.44 | 19.71 | −968.48 |
| 灵川县 | 7706.84 | 13995.85 | 15324.25 | 14774.57 | 4101.34 | 13488.33 | 6.59 | 17.73 | 32.19 | 35.25 | 33.98 | 9.43 | 31.02 | 151.50 |
| 兴安县 | 7919.15 | 10845.20 | 17452.64 | 10641.17 | 4098.97 | 12603.18 | −20.23 | 17.25 | 23.63 | 38.02 | 23.18 | 8.93 | 27.46 | −440.61 |
| 资源县 | 12231.55 | 15399.49 | 22194.32 | 12973.44 | 6368.00 | 17692.79 | −73.80 | 0.54 | 0.68 | 0.98 | 0.57 | 0.28 | 0.78 | −32.65 |
| 平乐县 | 4990.44 | 9589.03 | 7570.02 | 6398.07 | 2231.21 | 7083.72 | −91.17 | 6.45 | 12.40 | 9.79 | 8.27 | 2.89 | 9.16 | −1178.98 |
| 恭城瑶族自治县 | 7530.04 | 18063.92 | 13737.31 | 13217.49 | 3726.60 | 12566.57 | −118.16 | 15.19 | 36.45 | 27.72 | 26.67 | 7.52 | 25.36 | −2384.73 |
| 荔浦市 | 6291.04 | 17833.64 | 9350.53 | 7706.69 | 3078.78 | 11426.81 | −161.20 | 10.07 | 28.55 | 14.97 | 12.34 | 4.93 | 18.29 | −2580.20 |
| 钟山县 | 6498.02 | 17108.74 | 11434.05 | 10244.44 | 3600.78 | 10086.21 | −159.11 | 0.16 | 0.43 | 0.29 | 0.26 | 0.09 | 0.25 | −39.72 |
| 富川瑶族自治县 | 4826.76 | 11074.91 | 10031.06 | 8987.50 | 3082.87 | 8792.11 | −28.07 | 1.04 | 2.39 | 2.16 | 1.94 | 0.66 | 1.90 | −60.54 |
| 金秀瑶族自治县 | 8539.94 | 19757.99 | 14947.43 | 12098.21 | 7648.74 | 14968.10 | −55.30 | 2.72 | 6.30 | 4.76 | 3.86 | 2.44 | 4.77 | −176.25 |

$3.00 \times 10^6$ 元以上；其余区县土壤保持价值量均呈下降趋势，其中荔浦、恭城和平乐等区县的土壤保持价值年减少量在 $1.00 \times 10^7$ 元以上。

## 5.4 子流域尺度

2000—2020 年，漓江流域各子流域单位面积土壤保持量变化范围为 118.01～7360.35 t/($hm^2$·年)，其中 2018 年恭城河入桂江段子流域单位面积土壤保持量最低，而 2005 年马岭河子流域最高（表 5-4）。不同子流域单位面积土壤保持量在不同年份之间存在较大差别。2000 年单位面积土壤保持量较高的子流域包括漓江上游、甘棠江、潮田河、兴坪河和西岭河，2005 年以潮田河、兴坪河、遇龙河、马岭河和西岭河等子流域较高，2010 年以漓江上游、灵渠、潮田河、兴坪河和西岭河等子流域较高，2015 年以潮田河、良丰河、兴坪河、遇龙河和西岭河等子流域较高，2018 年以漓江上游、灵渠、潮田河、荔浦河上游和西岭河等子流域较高，2020 年则以潮田河、良丰河、兴坪河、马岭河和西岭河等子流域较高。总体来看，2000—2020 年，潮田河、西岭河和兴坪河等 3 条子流域单位面积土壤保持量较高。2000—2020 年，漓江流域的良丰河、甘棠江、桃花江和漓江上游等 4 条子流域的单位面积土壤保持量呈增加趋势，其中良丰河和甘棠江单位面积土壤保持量年增加量超过 36t/$hm^2$；其他区县单位面积土壤保持量呈下降趋势，其中马岭河、西岭河、恭城河下游、荔浦河上游和漓江入桂江段等子流域下降趋势较为明显，单位面积土壤保持年减少量超过 38t/$hm^2$。

2000—2020 年，漓江流域不同子流域土壤保持量变化范围为 $0.01 \times 10^8$ ～ $9.74 \times 10^8$ t/年，2018 年恭城河入桂江段子流域土壤保持量最低，而 2005 年恭城河上游子流域土壤保持量最高（表 5-4）。2000—2020 年，漓江上游、灵渠、潮田河、荔浦河上游和恭城河上游等 5 条子流域土壤保持总量较高，其土壤保持量占漓江流域土壤保持总量的 54%以上。其中，2000 年和 2010 年以漓江上游子流域土壤保持总量占比最高，2005 年和 2020 年以恭城河上游子流域土壤保持量占比最高，2015 年和 2018 年则以潮田河子流域土壤保持量占比最高。2000—2020 年，甘棠江、良丰河、漓江上游和桃花江等子流域土壤保持总量呈增加趋势，其中甘棠江子流域和良丰河子流域的土壤保持年增加量在 $2.00 \times 10^6$ t 以上；其他子流域土壤保持量呈下降趋势，其中恭城河上游、荔浦河上游、马岭河、西岭河和榕津河等下降趋势较为明显，土壤保持年减少量超过 $2.70 \times 10^6$ t。

2000—2020 年，漓江流域不同子流域的单位面积土壤保持价值量变化范围为 368.99～ 23014.60 元/($hm^2$·年)，其中 2018 年恭城河入桂江段子流域单位面积土壤保持价值量为全漓江流域最低，而 2005 年马岭河子流域则为最高（表 5-5）。2000—2020 年，潮田河、兴坪河和西岭河子流域单位面积土壤保持价值

表 5-4 2000—2020 年漓江流域不同子流域土壤保持量

| 子流域 | 单位面积土壤保持量/[t/(hm² · 年)] | | | | | | 单位面积土壤保持年变化量/(t/hm²) | 土壤保持总量/(10⁸t/年) | | | | | | 土壤保持年变化量/(10⁴t) |
|---|---|---|---|---|---|---|---|---|---|---|---|---|---|---|
| | 2000 年 | 2005 年 | 2010 年 | 2015 年 | 2018 年 | 2020 年 | | 2000 年 | 2005 年 | 2010 年 | 2015 年 | 2018 年 | 2020 年 | |
| 漓江上游 | 2686.42 | 3036.06 | 5509.62 | 3503.35 | 1270.21 | 4138.67 | 0.53 | 4.16 | 4.71 | 8.54 | 5.43 | 1.97 | 6.41 | 8.25 |
| 甘棠江 | 2400.76 | 994.94 | 4053.83 | 3168.25 | 772.32 | 3842.69 | 36.77 | 1.85 | 0.77 | 3.12 | 2.44 | 0.60 | 2.96 | 283.43 |
| 灵渠 | 2250.23 | 4058.26 | 5568.11 | 3345.10 | 1332.53 | 3854.10 | −13.44 | 2.19 | 3.96 | 5.43 | 3.26 | 1.30 | 3.76 | −131.13 |
| 桃花江 | 1456.06 | 2374.99 | 2704.37 | 2332.46 | 767.86 | 2512.92 | 0.99 | 0.70 | 1.14 | 1.30 | 1.12 | 0.37 | 1.20 | 4.75 |
| 潮田河 | 2768.07 | 7251.99 | 5620.96 | 6934.82 | 1742.06 | 5114.66 | −11.30 | 3.44 | 9.00 | 6.98 | 8.61 | 2.16 | 6.35 | −140.42 |
| 良丰河 | 2224.02 | 3569.00 | 3820.11 | 6376.63 | 969.69 | 4185.53 | 43.57 | 1.11 | 1.78 | 1.91 | 3.18 | 0.48 | 2.09 | 217.36 |
| 兴坪河 | 2723.83 | 6797.65 | 4247.18 | 6461.36 | 1156.85 | 4819.05 | −21.15 | 1.15 | 2.87 | 1.79 | 2.73 | 0.49 | 2.04 | −89.38 |
| 遇龙河 | 2125.22 | 5825.70 | 2945.43 | 4253.34 | 845.85 | 3930.44 | −31.68 | 1.42 | 3.88 | 1.96 | 2.83 | 0.56 | 2.62 | −211.00 |
| 漓江入桂江段 | 1739.07 | 4218.31 | 2297.15 | 2428.08 | 634.13 | 2838.37 | −38.76 | 0.46 | 1.11 | 0.60 | 0.64 | 0.17 | 0.75 | −102.09 |
| 恭城河下游 | 1774.18 | 4136.54 | 2523.55 | 2390.85 | 635.88 | 2753.02 | −42.21 | 0.14 | 0.33 | 0.20 | 0.19 | 0.05 | 0.22 | −33.76 |
| 恭城河入桂江段 | 342.46 | 584.50 | 454.69 | 395.85 | 118.01 | 511.61 | −5.00 | 0.03 | 0.05 | 0.04 | 0.04 | 0.01 | 0.05 | −4.53 |
| 荔浦河入桂江段 | 1613.28 | 2834.71 | 2136.36 | 1639.83 | 589.30 | 2376.60 | −28.18 | 0.23 | 0.41 | 0.31 | 0.24 | 0.08 | 0.34 | −40.61 |
| 马岭河 | 2263.08 | 7360.35 | 3188.05 | 3376.53 | 1024.69 | 4538.17 | −59.25 | 1.38 | 4.49 | 1.95 | 2.06 | 0.63 | 2.77 | −361.82 |
| 荔浦河上游 | 2105.98 | 5222.47 | 3407.06 | 2454.64 | 1356.55 | 3600.22 | −40.35 | 2.67 | 6.61 | 4.31 | 3.11 | 1.72 | 4.56 | −510.80 |
| 西岭河 | 2744.16 | 7292.90 | 4807.68 | 5532.85 | 1337.81 | 4730.33 | −44.50 | 1.72 | 4.57 | 3.01 | 3.47 | 0.84 | 2.96 | −278.79 |
| 恭城河上游 | 2111.61 | 5059.19 | 4107.31 | 3661.14 | 1119.31 | 3618.50 | −30.34 | 4.07 | 9.74 | 7.91 | 7.05 | 2.16 | 6.97 | −584.46 |
| 势江河 | 2065.12 | 4571.09 | 3563.17 | 3191.71 | 994.18 | 3259.64 | −34.70 | 1.03 | 2.28 | 1.78 | 1.59 | 0.50 | 1.63 | −172.99 |
| 榕津河 | 1747.50 | 3283.45 | 2740.02 | 2260.62 | 842.12 | 2423.52 | −30.81 | 1.55 | 2.92 | 2.43 | 2.01 | 0.75 | 2.15 | −273.59 |

表 5-5 2000—2020 年漓江流域不同子流域土壤保持价值量

| 子流域 | 单位面积土壤保持价值量/[元/(hm² · 年)] | | | | | | 单位面积土壤保持价值量年变化量/(元/hm²) | 土壤保持总价值量/($10^8$ 元/年) | | | | | | 土壤保持价值年变化量/($10^4$ 元) |
|---|---|---|---|---|---|---|---|---|---|---|---|---|---|---|
| | 2000 年 | 2005 年 | 2010 年 | 2015 年 | 2018 年 | 2020 年 | | 2000 年 | 2005 年 | 2010 年 | 2015 年 | 2018 年 | 2020 年 | |
| 漓江上游 | 8400.00 | 9493.27 | 17227.67 | 10954.41 | 3971.75 | 12940.93 | 1.66 | 13.02 | 14.71 | 26.70 | 16.98 | 6.16 | 20.06 | 25.80 |
| 甘棠江 | 7506.78 | 3111.01 | 12675.64 | 9906.58 | 2414.91 | 12015.46 | 114.98 | 5.79 | 2.40 | 9.77 | 7.64 | 1.86 | 9.26 | 886.23 |
| 灵渠 | 7036.09 | 12689.50 | 17410.55 | 10459.57 | 4166.59 | 12051.13 | −42.04 | 6.86 | 12.38 | 16.98 | 10.20 | 4.06 | 11.75 | −410.01 |
| 桃花江 | 4552.87 | 7426.21 | 8456.12 | 7293.22 | 2400.98 | 7857.48 | 3.10 | 2.18 | 3.56 | 4.05 | 3.50 | 1.15 | 3.77 | 14.86 |
| 潮田河 | 8655.31 | 22675.77 | 17575.81 | 21684.06 | 5447.13 | 15992.70 | −35.33 | 10.75 | 28.15 | 21.82 | 26.92 | 6.76 | 19.85 | −439.06 |
| 良丰河 | 6954.14 | 11159.68 | 11944.86 | 19938.66 | 3032.06 | 13087.48 | 136.25 | 3.47 | 5.57 | 5.96 | 9.95 | 1.51 | 6.53 | 679.66 |
| 兴坪河 | 8516.97 | 21255.13 | 13280.25 | 20203.60 | 3617.27 | 15068.37 | −66.13 | 3.60 | 8.98 | 5.61 | 8.54 | 1.53 | 6.37 | −279.48 |
| 遇龙河 | 6645.21 | 18216.01 | 9209.88 | 13299.50 | 2644.84 | 12289.83 | −99.07 | 4.43 | 12.13 | 6.13 | 8.86 | 1.76 | 8.18 | −659.75 |
| 漓江入桂江段 | 5437.79 | 13189.95 | 7182.82 | 7592.19 | 1982.83 | 8875.13 | −121.21 | 1.43 | 3.47 | 1.89 | 2.00 | 0.52 | 2.34 | −319.23 |
| 恭城河下游 | 5547.55 | 12934.27 | 7890.71 | 7475.79 | 1988.28 | 8608.26 | −132.00 | 0.44 | 1.03 | 0.63 | 0.60 | 0.16 | 0.69 | −105.55 |
| 恭城河入桂江段 | 1070.81 | 1827.64 | 1421.73 | 1237.76 | 368.99 | 1599.74 | −15.64 | 0.10 | 0.17 | 0.13 | 0.11 | 0.03 | 0.14 | −14.18 |
| 荔浦河入桂江段 | 5044.46 | 8863.68 | 6680.05 | 5127.47 | 1842.63 | 7431.24 | −88.10 | 0.73 | 1.28 | 0.96 | 0.74 | 0.27 | 1.07 | −126.97 |
| 马岭河 | 7076.27 | 23014.60 | 9968.49 | 10557.84 | 3204.03 | 14190.11 | −185.26 | 4.32 | 14.05 | 6.09 | 6.45 | 1.96 | 8.67 | −1131.34 |
| 荔浦河上游 | 6585.05 | 16329.82 | 10653.32 | 7675.24 | 4241.72 | 11257.29 | −126.18 | 8.34 | 20.67 | 13.49 | 9.72 | 5.37 | 14.25 | −1597.19 |
| 西岭河 | 8580.52 | 22803.70 | 15032.83 | 17300.31 | 4183.12 | 14790.97 | −139.13 | 5.38 | 14.29 | 9.42 | 10.84 | 2.62 | 9.27 | −871.73 |
| 恭城河上游 | 6602.65 | 15819.26 | 12842.88 | 11447.79 | 3499.90 | 11314.47 | −94.87 | 12.72 | 30.47 | 24.73 | 22.05 | 6.74 | 21.79 | −1827.52 |
| 势江河 | 6457.28 | 14293.06 | 11141.45 | 9979.95 | 3108.63 | 10192.36 | −108.49 | 3.22 | 7.13 | 5.55 | 4.98 | 1.55 | 5.08 | −540.90 |
| 榕津河 | 5464.16 | 10266.80 | 8567.61 | 7068.58 | 2633.16 | 7577.94 | −96.35 | 4.85 | 9.12 | 7.61 | 6.28 | 2.34 | 6.73 | −855.47 |

量均较高；漓江上游在2000年、2010年和2018年单位面积土壤保持价值量也相对较高；灵渠子流域在2010和2018年单位面积土壤保持价值量较高；良丰河子流域在2015年和2020年相对较高；遇龙河子流域在2005年和2015年较高；马岭河子流域在2005年和2020年较高。总体来看，2000—2020年，潮田河流域、西岭河流域和兴坪河流域等3条子流域单位面积土壤保持价值量较高。2000—2020年，单位面积土壤保持价值量呈增加趋势的子流域包括良丰河、甘棠江、桃花江和漓江上游等4条子流域的，其中良丰河子流域和甘棠江子流域单位面积土壤保持价值年增加量超过100元/$hm^2$；其他子流域单位面积土壤保持价值呈明显下降趋势，其中马岭河、西岭河、恭城河下游、荔浦河上游和漓江入桂江段等子流域下降最明显，单位面积土壤保持价值年减少量超过120元/$hm^2$。

2000—2020年漓江流域不同子流域土壤保持价值量变化范围为$0.03\times10^8$～$30.47\times10^8$元/年，最低值出现在2018年恭城河入桂段子流域，最高值出现在2005年恭城河上游子流域（表5-5）。2000—2020年，土壤保持价值量较高的子流域包括漓江上游、灵渠、潮田河、荔浦河上游和恭城河上游等子流域。这5条子流域土壤保持量占漓江流域土壤保持总价值量的55%以上。2000年和2010年，漓江上游子流域土壤保持价值量占比最高，2005年和2020年以恭城河上游子流域土壤保持价值量占比最高，2015年和2018年则以潮田河子流域土壤保持价值量占比最高。2000—2020年，土壤保持价值量呈增长趋势的子流域包括甘棠江、良丰河、漓江上游和桃花江等4条子流域，其中甘棠江子流域和良丰河子流域增长趋势最为明显，年增长量超过$6.0\times10^6$元；其他子流域土壤保持价值量均呈下降趋势，其中下降趋势较为明显的子流域包括恭城河上游、荔浦河上游、马岭河、西岭河和榕津河等，年减少量超过$8.0\times10^6$元。

## 5.5 生态系统尺度

2000—2020年，漓江流域不同生态系统类型单位面积土壤保持变化范围为257.02～7230.46t/($hm^2$·年)，其中2018年水域与湿地生态系统中的滩地单位面积土壤保持量最低，而2005年森林生态系统中的灌木林地土壤保持量最高（表5-6）。需要说明的是，2000年和2005年没有区分裸地和沼泽地，全部划为裸地，沼泽地的单位面积土壤保持量没有值。2000—2020年，一级生态系统中的森林和草地单位面积土壤保持量显著高于其他生态系统类型；二级生态系统中则是有林地、灌木林地、疏林地、高覆盖度草地和中覆盖度草地的单位面积土壤保持量总体显著高于其他二级类型。2000—2020年，一级生态系统中仅其他生态系统类型和水域与湿地生态系统单位面积土壤保持量呈增加趋势，年增长量超过3.00t/$hm^2$；草地生态系统和森林生态系统单位面积土壤保持量呈较为明显的下降趋

表 5-6 2000—2020 年漓江流域不同生态系统土壤保持量

| 生态系统类型 | | 单位面积土壤保持量/[t/(hm² · 年)] | | | | | | 单位面积土壤保持量年变化量/(t/hm²) | 土壤保持量/(10⁶t/年) | | | | | | 土壤保持年变化量/(10⁴t) |
|---|---|---|---|---|---|---|---|---|---|---|---|---|---|---|---|
| | | 2000 年 | 2005 年 | 2010 年 | 2015 年 | 2018 年 | 2020 年 | | 2000 年 | 2005 年 | 2010 年 | 2015 年 | 2018 年 | 2020 年 | |
| 农田 | 水田 | 854.72 | 1890.42 | 1489.67 | 1554.37 | 429.52 | 1519.99 | −6.30 | 171.45 | 377.98 | 297.70 | 309.04 | 84.56 | 298.37 | −148.73 |
| | 旱地 | 1016.59 | 2142.69 | 1839.30 | 1841.70 | 500.00 | 1792.57 | −6.34 | 90.60 | 190.83 | 162.73 | 161.91 | 43.40 | 154.97 | −74.58 |
| | **小计** | 904.51 | 1968.16 | 1596.96 | 1642.47 | 451.09 | 1603.33 | −6.33 | 262.05 | 568.81 | 460.43 | 470.95 | 127.96 | 453.35 | −223.31 |
| 森林 | 有林地 | 2895.99 | 5584.14 | 5418.60 | 4608.39 | 1483.73 | 4867.60 | −21.22 | 1759.66 | 3377.81 | 3280.94 | 2787.74 | 895.51 | 2937.29 | −1339.11 |
| | 灌木林 | 3109.20 | 7230.46 | 5406.12 | 6492.34 | 1529.97 | 5383.60 | −24.98 | 435.62 | 1011.98 | 756.64 | 908.08 | 213.69 | 751.83 | −357.69 |
| | 疏林地 | 1808.83 | 4370.31 | 3288.45 | 3026.11 | 938.80 | 3162.64 | −25.71 | 140.64 | 338.42 | 254.50 | 233.27 | 72.28 | 243.51 | −207.35 |
| | 其他林地 | 43.95 | 2328.70 | 2009.39 | 2048.00 | 549.24 | 1931.13 | −0.72 | 19.27 | 54.86 | 48.23 | 48.83 | 12.88 | 44.96 | 8.05 |
| | **小计** | 2784.26 | 5654.76 | 5125.25 | 4703.56 | 1415.67 | 4716.33 | −21.90 | 2355.20 | 4783.07 | 4340.30 | 3977.92 | 1194.36 | 3977.59 | −1896.10 |
| 草地 | 高覆盖度草地 | 2282.49 | 5351.55 | 3986.79 | 4009.41 | 1114.24 | 3910.65 | −29.85 | 245.22 | 573.49 | 422.10 | 422.88 | 117.15 | 410.80 | −356.79 |
| | 中覆盖度草地 | 2312.83 | 4273.51 | 4770.96 | 3524.00 | 1325.67 | 3965.51 | −11.58 | 27.36 | 50.61 | 56.62 | 41.41 | 15.52 | 45.97 | −17.27 |
| | 低覆盖度草地 | 670.45 | 1859.99 | 1076.62 | 847.15 | 423.24 | 1181.95 | −15.30 | 0.14 | 0.37 | 0.22 | 0.17 | 0.07 | 0.19 | −0.48 |
| | **小计** | 2282.77 | 5238.58 | 4060.74 | 3955.36 | 1134.45 | 3912.35 | −27.99 | 272.71 | 624.48 | 478.93 | 464.47 | 132.73 | 456.96 | −374.54 |
| 水域与湿地 | 河渠 | 1309.03 | 2711.38 | 2441.55 | 2560.79 | 652.57 | 2344.23 | −3.98 | 9.45 | 19.52 | 18.03 | 19.09 | 4.76 | 18.26 | 1.73 |
| | 湖泊 | 684.26 | 2041.64 | 960.81 | 786.94 | 366.52 | 1292.21 | −17.93 | 0.04 | 0.08 | 0.04 | 0.03 | 0.01 | 0.05 | −0.11 |
| | 水库坑塘 | 813.22 | 1363.11 | 1425.11 | 1759.88 | 498.71 | 1682.59 | 15.20 | 4.11 | 6.37 | 9.22 | 9.98 | 3.44 | 13.04 | 24.15 |
| | 滩地 | 645.40 | 1276.65 | 1744.64 | 708.17 | 257.02 | 1610.35 | 1.78 | 1.09 | 2.79 | 1.33 | 1.26 | 0.44 | 1.33 | −4.19 |
| | **小计** | 1047.70 | 2040.30 | 1952.48 | 2031.62 | 543.16 | 1992.13 | 3.09 | 14.69 | 28.76 | 28.62 | 30.36 | 8.65 | 32.68 | 21.59 |
| 聚落 | 城镇用地 | 974.09 | 2134.65 | 1853.10 | 1774.19 | 551.75 | 1630.09 | −8.96 | 8.48 | 20.80 | 18.65 | 18.58 | 6.24 | 18.94 | 6.99 |
| | 农村居民点 | 767.53 | 1665.13 | 1389.53 | 1389.10 | 389.44 | 1331.93 | −6.15 | 16.54 | 35.71 | 29.18 | 29.25 | 8.43 | 29.37 | −11.37 |
| | 其他建设用地 | 897.57 | 1820.72 | 1986.10 | 2147.38 | 608.56 | 2009.37 | 16.46 | 1.10 | 2.25 | 3.41 | 8.56 | 4.37 | 14.98 | 52.47 |
| | **小计** | 829.70 | 1812.15 | 1563.13 | 1587.77 | 474.35 | 1538.99 | −2.12 | 26.12 | 58.75 | 51.25 | 56.40 | 19.05 | 63.30 | 48.09 |
| 其他 | 沼泽地 | | | 1428.03 | 866.27 | 283.35 | 787.53 | 32.92 | | | 0.06 | 0.01 | 0.00 | 0.01 | 0.04 |
| | 裸土地 | 1341.35 | 4756.31 | 3964.64 | 3884.61 | 1190.24 | 3878.15 | 17.07 | 0.03 | 0.16 | 0.12 | 0.93 | 0.15 | 0.49 | 2.37 |
| | **小计** | 1341.35 | 4756.31 | 2497.45 | 3682.47 | 1086.31 | 3523.93 | 8.67 | 0.03 | 0.16 | 0.17 | 0.94 | 0.16 | 0.50 | 2.41 |

势，年减少量超过 20.00t/hm$^2$。2000—2020 年，二级生态系统中沼泽地、裸土地、其他建设用地、水库坑塘和滩地单位面积土壤保持量呈增长趋势，年增加量超过 1.78t/hm$^2$；高覆盖度草地、疏林地、灌木林地、有林地和湖泊单位面积土壤保持量呈比较明显下降趋势，年减少量超过 17.93t/hm$^2$。

2000—2020 年，漓江流域不同一级生态系统土壤保持量变化范围为 0.03×10$^6$～4783.07×10$^6$t/年，其中 2005 年森林生态系统的土壤保持量最高，而 2000 年的其他生态系统的土壤保持量最低（表 5 - 6）。2000 年、2005 年、2010 年、2018 年和 2020 年均以森林和草地生态系统的土壤保持量最高，二者土壤保持量占流域土壤保持总量比例在 89%左右；2015 年则以森林和农田生态系统土壤保持量较高，占全流域土壤保持总量比例也接近 89%。2000—2020 年，聚落、水域与湿地和其他等生态系统类型土壤保持量呈增长趋势，土壤保持年增加量超过 2.40×10$^4$t；而森林和草地生态系统土壤保持量呈下降趋势，年土壤保持减少量超过 370.00×10$^4$t。二级生态系统土壤保持量变化范围为 0.00～3377.81×10$^6$t/年，其中 2018 年沼泽地土壤保持量最低，而 2005 年有林地的土壤保持量最高。2000—2020 年，有林地、灌木林地、高覆盖度草地、水田和疏林地等二级生态系统土壤保持量明显高于其他二级类型。2000—2020 年，其他林地、河渠、水库坑塘、城镇用地、其他建设用地、沼泽地和裸土地等二级生态系统土壤保持量呈增长趋势，其中其他建设用地和水库坑塘增长趋势较为明显，土壤保持年增加量超过 2.0×10$^5$t；而有林地、灌木林地、高覆盖度草地、疏林地和水田土壤保持量呈下降趋势，其中有林地土壤保持量下降趋势最为明显，土壤保持年减少量超过 1.0×10$^7$t。

2000—2020 年，漓江流域不同生态系统类型单位面积土壤保持价值变化范围为 803.66～22608.46 元/(hm$^2$·年)，其中单位面积土壤保持价值最低的是 2018 年水域与湿地生态系统中的滩地，而最高的是 2005 年森林生态系统中的灌木林地（表 5 - 7）。2000—2020 年，在一级生态系统中，森林和草地单位面积土壤保持价值明显较高；有林地、灌木林地、疏林地、高覆盖度草地和中覆盖度草地等二级生态系统单位面积土壤保持价值总体明显高于其他二级类型。2000—2020 年，其他和水域与湿地 2 种生态系统单位面积土壤保持价值呈增加趋势，年增长量超过 9.60 元/hm$^2$；草地和森林生态系统单位面积土壤保持价值呈较为明显的下降趋势，年减少量超过 68.00 元/hm$^2$。2000—2020 年，单位面积土壤保持价值呈增长趋势的二级生态系统包括沼泽地、裸土地、其他建设用地、水库坑塘和滩地等，年增加量超过 5.50 元/hm$^2$；单位面积土壤保持价值呈比较明显下降趋势的包括高覆盖度草地、疏林地、灌木林地、有林地和湖泊，年减少量超过 56.00 元/hm$^2$。

2000—2020 年，漓江流域不同一级生态系统土壤保持价值变化范围为 0.08×

表 5-7　2000—2020 年漓江流域不同生态系统土壤保持价值量

| 生态系统类型 | | 单位面积土壤保持价值量/[元/(hm² · 年] | | | | | | 单位面积土壤保持价值量年变化量/(元/hm²) | 土壤保持总价值量/(10⁶ 元/年) | | | | | | 土壤保持价值年变化量/(10⁴ 元) |
|---|---|---|---|---|---|---|---|---|---|---|---|---|---|---|---|
| | | 2000 年 | 2005 年 | 2010 年 | 2015 年 | 2018 年 | 2020 年 | | 2000 年 | 2005 年 | 2010 年 | 2015 年 | 2018 年 | 2020 年 | |
| 农田 | 水田 | 2672.55 | 5911.02 | 4657.95 | 4860.27 | 1343.04 | 4752.75 | −19.68 | 536.10 | 1181.88 | 930.87 | 966.32 | 264.40 | 932.96 | −465.06 |
| | 旱地 | 3178.72 | 6699.84 | 5751.20 | 5758.69 | 1563.43 | 5605.08 | −19.82 | 283.28 | 596.70 | 508.82 | 506.26 | 135.70 | 484.57 | −233.19 |
| | **小计** | 2828.25 | 6154.11 | 4993.42 | 5135.73 | 1410.48 | 5013.35 | −19.79 | 819.38 | 1778.58 | 1439.68 | 1472.58 | 400.10 | 1417.54 | −698.26 |
| 森林 | 有林地 | 9055.29 | 17460.69 | 16943.07 | 14409.67 | 4639.39 | 15220.20 | −66.36 | 5502.17 | 10561.87 | 10258.95 | 8716.79 | 2800.10 | 9184.43 | −4187.18 |
| | 灌木林 | 9721.95 | 22608.46 | 16904.05 | 20300.48 | 4783.95 | 16833.62 | −78.09 | 1362.11 | 3164.30 | 2365.88 | 2839.42 | 668.18 | 2350.84 | −1118.45 |
| | 疏林地 | 5655.90 | 13665.23 | 10282.46 | 9462.16 | 2935.47 | 9889.05 | −80.40 | 439.76 | 1058.17 | 795.78 | 729.40 | 226.01 | 761.41 | −648.35 |
| | 其他林地 | 2951.59 | 7281.45 | 6283.03 | 6403.76 | 1717.38 | 6038.34 | −2.25 | 60.27 | 171.53 | 150.80 | 152.69 | 40.29 | 140.58 | 25.17 |
| | **小计** | 8705.91 | 17681.52 | 16025.80 | 14707.25 | 4426.57 | 14747.18 | −68.48 | 7364.31 | 14955.87 | 13571.41 | 12438.31 | 3734.58 | 12437.25 | −5928.80 |
| 草地 | 高覆盖度草地 | 7136.97 | 16733.42 | 12466.05 | 12536.75 | 3484.06 | 12227.96 | −93.34 | 766.76 | 1793.22 | 1319.82 | 1322.28 | 366.31 | 1284.50 | −1115.61 |
| | 中覆盖度草地 | 7231.84 | 13362.56 | 14918.00 | 11018.98 | 4145.17 | 12399.48 | −36.20 | 85.54 | 158.26 | 177.03 | 129.49 | 48.52 | 143.75 | −54.00 |
| | 低覆盖度草地 | 2096.38 | 5815.89 | 3366.41 | 2648.90 | 1323.40 | 3695.76 | −47.86 | 0.42 | 1.17 | 0.68 | 0.54 | 0.21 | 0.59 | −1.50 |
| | **小计** | 7137.84 | 16380.16 | 12697.26 | 12367.77 | 3547.24 | 12233.27 | −87.52 | 852.73 | 1952.65 | 1497.53 | 1452.31 | 415.04 | 1428.84 | −1171.12 |
| 水域与湿地 | 河渠 | 4093.13 | 8478.04 | 7634.32 | 8007.16 | 2040.48 | 7330.01 | −12.44 | 29.54 | 61.04 | 56.37 | 59.69 | 14.88 | 57.10 | 5.40 |
| | 湖泊 | 2139.56 | 6383.87 | 3004.29 | 2460.63 | 1146.06 | 4040.53 | −56.06 | 0.12 | 0.24 | 0.12 | 0.10 | 0.05 | 0.16 | −0.33 |
| | 水库坑塘 | 2542.80 | 4262.22 | 4456.10 | 5502.84 | 1559.40 | 5261.17 | 47.53 | 12.85 | 19.92 | 28.83 | 31.20 | 10.76 | 40.76 | 75.53 |
| | 滩地 | 2018.05 | 3991.86 | 5455.21 | 2214.32 | 803.66 | 5035.29 | 5.57 | 3.41 | 8.71 | 4.17 | 3.94 | 1.36 | 4.17 | −13.10 |
| | **小计** | 3275.98 | 6379.70 | 6105.09 | 6352.55 | 1698.36 | 6229.07 | 9.65 | 45.93 | 89.91 | 89.49 | 94.93 | 27.05 | 102.20 | 67.50 |
| 聚落 | 城镇用地 | 3045.83 | 6674.71 | 5794.34 | 5547.59 | 1725.25 | 5097.04 | −28.03 | 26.52 | 65.03 | 58.33 | 58.09 | 19.52 | 59.23 | 21.86 |
| | 农村居民点 | 2399.95 | 5206.58 | 4344.82 | 4343.48 | 1217.70 | 4164.72 | −19.22 | 51.73 | 111.65 | 91.24 | 91.47 | 26.37 | 91.84 | −35.55 |
| | 其他建设用地 | 2806.54 | 5693.08 | 6210.20 | 6714.49 | 1902.85 | 6282.96 | 51.47 | 3.43 | 7.04 | 10.67 | 26.78 | 13.66 | 46.85 | 164.06 |
| | **小计** | 2594.34 | 5666.29 | 4887.64 | 4964.68 | 1483.20 | 4812.17 | −6.62 | 81.68 | 183.71 | 160.24 | 176.34 | 59.55 | 197.93 | 150.38 |
| 其他 | 沼泽地 | | | 4465.22 | 2708.68 | 885.99 | 2462.47 | 102.94 | | | 0.18 | 0.05 | 0.01 | 0.04 | 0.12 |
| | 裸土地 | 4194.20 | 14872.20 | 12396.77 | 12146.55 | 3721.70 | 12126.32 | 53.37 | 0.08 | 0.49 | 0.37 | 2.89 | 0.47 | 1.53 | 7.41 |
| | **小计** | 4194.20 | 14872.20 | 7809.12 | 11514.47 | 3396.70 | 11018.75 | 27.11 | 0.08 | 0.49 | 0.55 | 2.94 | 0.49 | 1.57 | 7.54 |

$10^6$～14955.87×$10^6$元/年，其中土壤保持价值最高的是2005年森林生态系统，而最低为2000年的其他生态系统（表5-7）。森林和草地生态系统的土壤保持价值在2000年、2005年、2010年、2018年和2020年最高，二者土壤保持价值占流域土壤保持总价值的比例在89%左右；2015年则以森林和农田生态系统土壤保持价值较高，占全流域土壤保持总价值的比例也接近89%。2000—2020年，土壤保持价值呈增长趋势的为聚落、水域与湿地和其他等生态系统类型，年增加量超过7.50×$10^4$元；而土壤保持价值下降趋势较为明显的包括森林和草地生态系统，年土壤保持价值减少量超过1.10×$10^7$元。二级生态系统土壤保持价值变化范围为0.01×$10^6$～10561.87×$10^6$元/年，其中土壤保持价值最低的是2018年沼泽地，而土壤保持价值最高的是2005年有林地。2000—2020年，土壤保持价值较高的有林地、灌木林地、高覆盖度草地、水田和疏林地等二级生态系统类型。2000—2020年，土壤保持价值呈增长趋势的包括其他林地、河渠、水库坑塘、城镇用地、其他建设用地、沼泽地和裸土地等二级生态系统，其中增长趋势较为明显的是其他建设用地和水库坑塘，年增加量超过7.50×$10^5$元；而土壤保持价值呈下降趋势的为有林地、灌木林地、高覆盖度草地、疏林地和水田等二级生态系统，其中下降趋势最为明显的是有林地土壤保持价值，土壤保持价值年减少量超过4.10×$10^7$元。

由此可见，虽然裸土地、其他建设用地、滩地等土壤保持能力相对较弱的生态系统土壤保持能力增加，而土壤保持能力相对较强的森林、草地等生态系统单位面积土壤保持量在下降，但漓江流域发挥土壤保持功能的生态系统仍以森林和草地为主。

## 5.6 小结

生态系统通过土壤保持服务可以避免由土壤水力侵蚀导致的土地废弃，减少河流河道、水库与坑塘泥沙淤积，为社会经济系统提供效益。本章利用RUSLE模型，基于土地覆被、降水、DEM、土壤、NDVI等数据，模拟计算了漓江流域2000—2020年土壤保持物质量与价值量，分析了土壤保持服务的时空格局，对比分析了不同区县、子流域以及生态系统土壤保持物质量与价值量。结果显示：

（1）2000—2020年，漓江流域生态系统土壤保持量为1.48×$10^9$～6.06×$10^9$t/年，价值量为4.64×$10^9$～1.90×$10^{10}$元/年，单位面积土壤保持量为1140.51～4663.99t/($hm^2$·年)，单位面积价值量为3566.19～14583.53元/($hm^2$·年)，土壤保持物质量与价值量以及单位面积土壤保持物质量与价值量总体均呈现下降趋势。

（2）不同区县中，灵川、兴安、恭城、阳朔和荔浦等区县土壤保持总量及其价值量较高，灵川、金秀、阳朔和资源等区县的单位面积土壤保持量及其价值量都较高。

（3）不同子流域中，恭城河入桂江段、灵渠、恭城河下游、荔浦河入桂江段和西岭河等子流域土壤保持总量及其价值量相对较高，潮田河、西岭河和兴坪河等子流域单位面积土壤保持量及其价值量较高。

（4）不同生态系统类型中，森林和草地生态系统的土壤保持物质量与价值量以及单位面积土壤保持物质量与价值量均相对较高。

# 第6章　固碳释氧服务格局与演变

固碳释氧服务作为一项重要的调节服务，对改善区域大气环境质量具有重要作用。本章基于CASA模型并根据绿色植被光合作用化学方程式得到2000—2020年漓江流域每年的固碳、释氧服务的时空格局与变化。通过恢复成本法获取2000—2020年固碳释氧服务价值量动态数据，并从全域、区县、子流域和生态系统等4种尺度研究了漓江流域固碳释氧服务格局与演变趋势。结果表明，2000—2020年漓江流域固碳、释氧服务的整体变化较为一致，固碳释氧服务单位面积物质量、价值量、总物质量和总价值量均在波动中略有上升，2020年比2000年固碳、释氧能力和价值量都略有提高。流域内大部分区县和子流域的固碳释氧服务的单位面积物质量、价值量，总物质量和总价值量均呈增加趋势。尽管漓江流域森林和草地生态系统的固碳释氧能力均较高，但由于草地资源较少，流域固碳释氧服务的主体为森林和农田生态系统。

## 6.1　研究方法与数据来源

### 6.1.1　研究方法

固碳释氧是指生态系统通过光合作用和呼吸作用对大气$CO_2$和$O_2$的调节。生态系统固碳分为植物固碳和土壤固碳两部分，本章暂时仅考虑植被的固碳作用。植物固碳可以通过生态系统净生产力（NPP）计算。

森林生态系统植被固定的$CO_2$或释放的$O_2$（$G_v$）可通过光合作用方程根据植被净初级生产力估算。

$$\underset{264}{6nCO_2} + 6nH_2O \longrightarrow \underset{180}{nC_6H_{12}O_6} + \underset{192}{6nO_2} \longrightarrow \underset{162}{nC_6H_{10}O_5}$$

植物体生长每产生162g多糖有机物质，释放192g $O_2$，固定264g $CO_2$，即植物体每积累1g干物质，释放1.19g $O_2$，固定1.63g $CO_2$。由此可反推出生态系统在光合作用过程中释放$O_2$和固定$CO_2$的量。根据造林成本法，分别计算生态系统固碳和释氧价值。

本章执笔人：中国科学院地理科学与资源研究所黄孟冬、肖玉。

$$Q_{cf} = NPP/0.44 \times 1.63 \tag{6-1}$$

$$V_{cf} = Q_{cf} c_t \tag{6-2}$$

$$Q_o = NPP/0.44 \times 1.19 \tag{6-3}$$

$$V_o = Q_o c_o \tag{6-4}$$

式中：$Q_{cf}$为植被固碳量，t/年；$V_{cf}$为植被固碳价值，元/年；$NPP$ 为植被净生产力，t C/年；$c_t$ 为固碳造林成本法，元/t，取值为 260.90 元/t（刘宪锋等，2013）；$Q_o$为植被释氧量，t/年；$V_o$为植被释氧价值，元/年；$c_o$为释放 $O_2$ 造林成本，元/t，取值为 352.93 元/t（刘宪锋等，2013）。

### 6.1.2 数据来源

NPP 数据根据 CASA 模型计算得到。CASA 模拟所需数据及其来源详见 3.1.2 小节。

## 6.2 固碳服务

### 6.2.1 全域尺度

2000—2020 年，漓江流域生态系统单位面积固碳量变化范围为 825.74～1011.89g/(m$^2$ · 年)，其中 2010 年最低，2018 年最高。单位面积固碳量在 2000—2010 年有所减少，2010—2018 年持续上升，而 2018—2020 年又略有减少。2000—2020 年，漓江流域生态系统单位面积固碳量总体为波动且略有上升的趋势，年增加量为 4.53g/m$^2$。2000—2020 年，漓江流域生态系统固碳总量变化范围为 $10.75 \times 10^{12}$ ～ $13.17 \times 10^{12}$ g C/年，其中 2010 年最低，2018 年最高（图 6-1）。从 2000 年到 2010 年，固碳总量持续减少，从 2010 年到 2018 年固碳总量持续增加，但 2018 年到 2020 年又有所减少，2020 年固碳总量与 2000 年相比略有增加。从 2000 年到 2020 年漓江流域固碳总量呈在波动中略有增加的变化趋势，年增加量为 $5.89 \times 10^{10}$ g。从 2000 年到 2018 年漓江流域生态系统单位面积固碳量和固碳总量呈波动且稍有上升趋势的主要原因是漓江流域的气候条件导致植被净初级生产力变化较小，因此植被的固碳能力和固碳量也较为稳定。

2000—2020 年，漓江流域生态系统单位面积固碳价值量的变化范围为 0.22～0.26 元/(m$^2$ · 年)，其中 2010 年最低，2018 年最高。单位面积固碳价值量变化趋势与固碳总价值量变化趋势一致，2000—2010 年持续减少，2010—2018 年持续上升，而 2018—2020 年又略有减少。2000—2020 年，漓江流域生态系统单位面积固碳价值量变化趋势为略有增加，年增加量为 13.20 元/hm$^2$。2000—2020 年，漓江流域生态系统固碳总价值量变化范围为 $28.04 \times 10^8$ ～

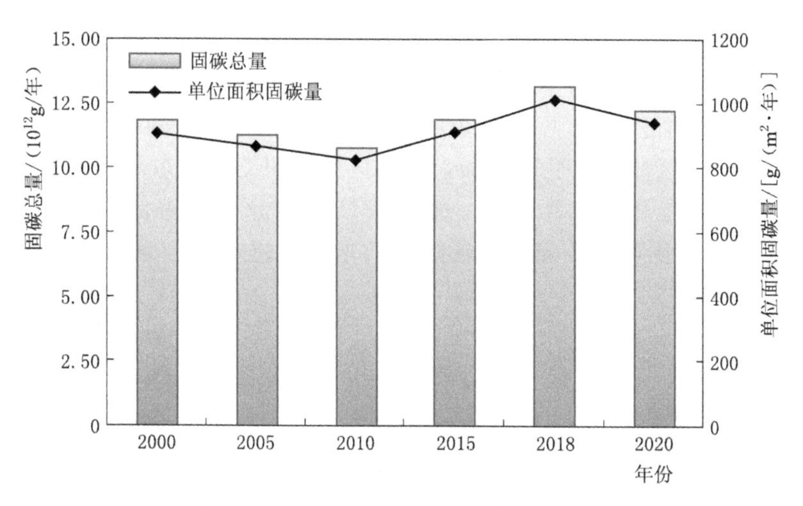


图 6-1 2000—2020 年漓江流域固碳量

34.35×$10^8$ 元/年，其中 2010 年最低，2018 年最高（图 6-2）。与固碳物质量变化趋势相同，从 2000 年到 2010 年，固碳总价值量持续减少，从 2010 年到 2018 年持续增加，但 2018 年到 2020 年又有所减少，2020 年固碳总价值量与 2000 年略有增加。2000 年到 2020 年漓江流域固碳总价值量呈在波动中略有增加的变化趋势，年增加量为 17.18×$10^6$ 元。

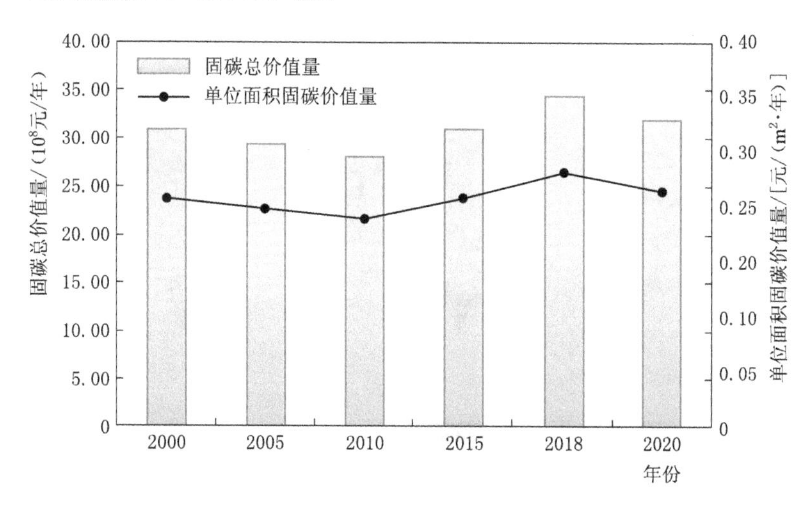


图 6-2 2000—2020 年漓江流域固碳价值量

2000—2020 年漓江流域生态系统单位面积固碳量空间分布格局非常接近（图 6-3）。从空间上看，漓江流域单位面积固碳量较低的地区呈南北走向分布于西部、中部偏东地区，单位面积固碳量较高的地区则分布于单位面积固碳量较低地区的东部和南部。这主要是由于漓江流域东南部、中部、西南部和北部分布较多中低山，生态系统以固碳能力较高的森林和草地为主，故单位面积年固碳量较高。从不同年份来看，2015年起，单位面积固碳量低值区面积有所减小，高值面积有所增加。2018年单位面积固碳量显著高于其他年份，中部和东部高值区域面积显著增加，低值区域面积缩小，东部、南部地区单位面积固碳量较其他年份显著增加。这与2018年降水量显著低于其他年份有较大关系。2018年阴雨天数随降水量降低而增多，进而导致通过光合作用固定更多二氧化碳。

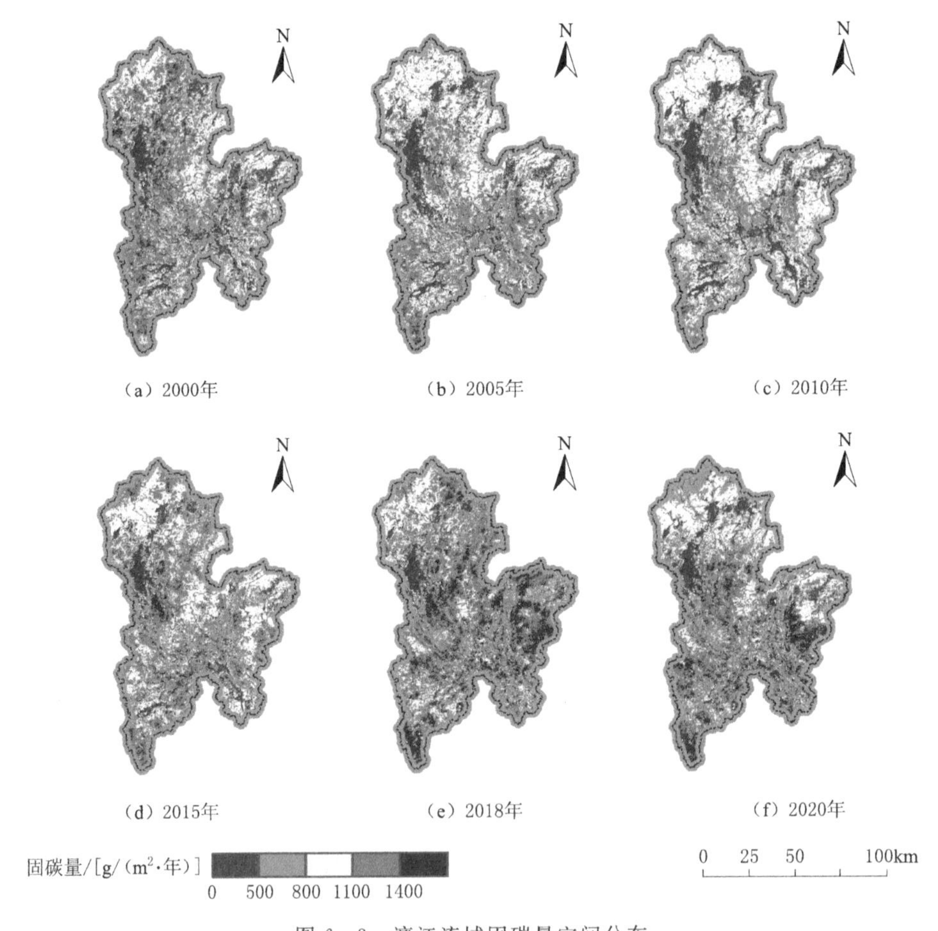


图6-3 漓江流域固碳量空间分布

## 6.2.2 区县尺度

2000—2020年，漓江流域不同区县的单位面积固碳量变化范围为427.95～1493.84g/($m^2$·年)，最低值出现在2010年的桂林市象山区，最高值出现在

2018年来宾市金秀瑶族自治县。单位面积固碳量较高的区县与对应年份单位面积净初级生产力较高的区县大致相同，但在不同年份之间存在较大差异：2000年以金秀、钟山、灵川、资源和荔浦等区县较高，2005年以金秀、钟山、荔浦、恭城和灵川等区县较高，2010年以金秀、钟山、资源、灵川和恭城等区县较高，2015年以金秀、资源、恭城、钟山和灵川等区县较高，2018年以金秀、钟山、恭城、江永和资源等区县较高，2020年则以金秀、钟山、荔浦、恭城和平乐等区县较高（表6-1）。综合来看，2000—2020年，金秀、钟山、恭城和资源等区县单位面积固碳量都略高于其他区县。2000—2020年，资源、叠彩、兴安和秀峰等区县单位面积固碳量总体呈相对微弱的下降趋势，其中资源县和叠彩区的下降趋势相对显著，年单位面积固碳量减少量分别为1.76g/m$^2$ 和1.41g/m$^2$；其他区县的单位面积固碳量总体则呈增长趋势，其中金秀、恭城、平乐、钟山和富川等区县单位面积固碳量年增加量较大，均超过7.4g/m$^2$。

2000—2020年，漓江流域不同区县年固碳总量变化范围为0.19×10$^{11}$～23.18×10$^{11}$g/年，其中最低值出现在2010年的桂林市秀峰区，最高值出现在2018年的桂林市灵川县。2000—2020年漓江流域以灵川、兴安、恭城、荔浦和阳朔等区县的年固碳总量较高，固碳总量占当年漓江流域固碳总量比例均在73%以上（表6-1）。这一方面是因为部分区县单位面积固碳量相对较高，更主要的是因为这5个区县面积相对较大，其固碳总量显著高于其他区县。2000—2020年，兴安、资源、叠彩和秀峰的年固碳总量总体呈下降趋势，其中兴安县的下降趋势最显著，年固碳总量减少量为10.89×10$^8$g；其他区县固碳总量则呈增长趋势，其中恭城、平乐的固碳总量增加趋势最显著，年固碳总量增加量超过18.58×10$^9$g。

2000—2020年，漓江流域单位面积固碳价值变化范围为0.11～0.39元/(m$^2$·年)，其中2005年和2010年的桂林市象山区最低，2018年来宾市金秀瑶族自治县最高。不同区县单位面积固碳价值的相对大小与单位面积固碳物质量相同。2000年以金秀、钟山、灵川、资源和荔浦等区县单位面积固碳价值较高，2005年以金秀、钟山、恭城、荔浦和灵川等区县较高，2010年以金秀、钟山、资源、灵川和恭城等区县较高，2015年以金秀、资源、恭城、钟山和灵川等区县较高，2018年以金秀、钟山、恭城、江永和资源等区县较高，2020年则以金秀、钟山、恭城、荔浦和平乐等区县较高（表6-2）。综合来看，2000—2020年，漓江流域各区县单位面积固碳价值相差不大，大部分区县单位面积固碳价值在0.1～0.3元/(m$^2$·年)，其中，金秀瑶族自治县单位面积固碳价值量最大，2000—2020年均超过0.3元/(m$^2$·年)。2000—2020年，资源、叠彩、兴安和秀峰等区县单位面积固碳价值量总体呈相对微弱的下降趋势，其中资源县和叠彩区的下降趋势相对显著，年单位面积固碳价值减少量分别为4.6元/hm$^2$ 和3.68元/hm$^2$；

表 6-1　2000—2020 年漓江流域不同区县固碳量

| 区县 | 单位面积固碳量/[g/(m² · 年)] | | | | | | 单位面积固碳量年变化量/(g/m²) | 固碳总量/(10¹¹ g/年) | | | | | | 固碳量年变化量/(10⁸ g) |
|---|---|---|---|---|---|---|---|---|---|---|---|---|---|---|
| | 2000 年 | 2005 年 | 2010 年 | 2015 年 | 2018 年 | 2020 年 | | 2000 年 | 2005 年 | 2010 年 | 2015 年 | 2018 年 | 2020 年 | |
| 江永县 | 842.55 | 829.73 | 773.59 | 829.43 | 1065.95 | 865.24 | 5.97 | 5.23 | 5.15 | 4.80 | 5.15 | 6.61 | 5.37 | 37.01 |
| 秀峰区 | 586.47 | 471.12 | 455.77 | 573.67 | 539.22 | 522.84 | −0.03 | 0.25 | 0.20 | 0.19 | 0.24 | 0.23 | 0.22 | −0.01 |
| 叠彩区 | 561.54 | 499.69 | 464.20 | 545.15 | 525.56 | 486.59 | −1.41 | 0.28 | 0.25 | 0.23 | 0.28 | 0.27 | 0.25 | −0.71 |
| 象山区 | 546.41 | 430.42 | 427.95 | 538.81 | 507.10 | 519.28 | 1.21 | 0.49 | 0.39 | 0.38 | 0.48 | 0.45 | 0.47 | 1.09 |
| 七星区 | 526.64 | 464.35 | 445.40 | 503.46 | 509.00 | 501.08 | 0.26 | 0.37 | 0.33 | 0.31 | 0.35 | 0.36 | 0.35 | 0.18 |
| 雁山区 | 782.22 | 702.46 | 690.20 | 840.32 | 849.53 | 813.10 | 5.13 | 2.37 | 2.13 | 2.09 | 2.55 | 2.58 | 2.47 | 15.57 |
| 临桂区 | 901.67 | 776.88 | 776.26 | 868.89 | 864.41 | 855.09 | 0.61 | 3.61 | 3.11 | 3.11 | 3.48 | 3.47 | 3.43 | 2.45 |
| 阳朔县 | 887.39 | 835.63 | 833.01 | 880.12 | 971.41 | 958.42 | 5.11 | 12.74 | 12.00 | 11.96 | 12.64 | 13.95 | 13.76 | 73.33 |
| 灵川县 | 968.86 | 896.23 | 874.98 | 940.66 | 1007.51 | 912.46 | 0.83 | 22.29 | 20.62 | 20.13 | 21.64 | 23.18 | 20.99 | 19.01 |
| 兴安县 | 925.00 | 830.15 | 804.27 | 920.38 | 1008.53 | 757.32 | −0.50 | 20.16 | 18.10 | 17.53 | 20.06 | 21.99 | 16.51 | −10.89 |
| 资源县 | 940.44 | 861.28 | 924.22 | 1037.87 | 1048.04 | 694.34 | −1.76 | 0.42 | 0.38 | 0.41 | 0.46 | 0.46 | 0.31 | −0.78 |
| 平乐县 | 795.29 | 826.55 | 733.14 | 851.73 | 939.92 | 986.66 | 8.95 | 10.29 | 10.70 | 9.49 | 11.02 | 12.17 | 12.77 | 115.84 |
| 恭城瑶族自治县 | 923.02 | 934.63 | 874.90 | 955.21 | 1128.99 | 1074.29 | 9.21 | 18.63 | 18.87 | 17.66 | 19.28 | 22.79 | 21.69 | 185.80 |
| 荔浦市 | 931.85 | 904.29 | 851.82 | 934.49 | 990.66 | 1049.33 | 5.61 | 14.92 | 14.48 | 13.64 | 14.97 | 15.87 | 16.81 | 89.82 |
| 钟山县 | 1067.55 | 1145.06 | 1054.90 | 951.72 | 1176.06 | 1364.36 | 7.90 | 0.27 | 0.29 | 0.27 | 0.24 | 0.30 | 0.34 | 1.99 |
| 富川瑶族自治县 | 838.35 | 793.68 | 732.05 | 873.79 | 1042.70 | 876.53 | 7.41 | 1.81 | 1.72 | 1.58 | 1.89 | 2.26 | 1.90 | 16.03 |
| 金秀瑶族自治县 | 1163.88 | 1228.88 | 1144.29 | 1237.15 | 1493.84 | 1402.64 | 13.69 | 3.72 | 3.92 | 3.65 | 3.95 | 4.77 | 4.48 | 43.70 |

其他区县的单位面积固碳价值量则呈增长趋势，其中金秀、恭城、平乐、钟山和富川等区县单位面积固碳价值量年增加量最大，年增加量均超过 19.33 元/$hm^2$。

2000—2020 年，不同区县固碳价值总量变化范围为 $5.03\times10^6\sim604.68\times10^6$ 元/年，最低值出现在 2010 年桂林市秀峰区，最高值则出现在 2018 年桂林市灵川县。2000—2020 年，灵川、兴安、恭城、荔浦和阳朔等区县固碳价值量相对较高，占漓江流域固碳价值总量比例在 73%以上（表 6-2）。这主要是因为这几个区县面积大，单位面积固碳价值量也较高，所以其固碳价值量相对较高。2000—2020 年，资源、叠彩和秀峰等区县的固碳价值量总体呈微弱的下降趋势，兴安的下降速率最大，年固碳价值总量减少量为 $28.41\times10^4$ 元；其他区县年固碳总量则呈增长趋势，其中恭城瑶族自治县、平乐县固碳价值总量的增加速率最大，年固碳总价值量增加量超过 $3.02\times10^6$ 元。

### 6.2.3 子流域尺度

2000—2020 年，漓江流域单位面积固碳物质量变化范围为 575.86～1129.38g/($m^2$·年)，其中 2010 年恭城河下游子流域单位面积固碳量最低，而 2020 年荔浦河上游子流域最高（表 6-3）。不同子流域单位面积固碳量在不同年份之间存在较大差别：2000 年单位面积固碳量较高的子流域包括漓江上游、荔浦河上游、潮田河、马岭河和甘棠江，2005 年以荔浦河上游、势江河、潮田河、马岭河和荔浦河入桂江段等子流域较高，2010 年以潮田河、荔浦河上游、兴坪河、西岭河和马岭河等子流域较高，2015 年以荔浦河入桂江段、潮田河、荔浦河上游、恭城河入桂江段和势江河等子流域较高，2018 年以荔浦河上游、势江河、恭城河上游、潮田河和西岭河等子流域较高，2020 年则以荔浦河上游、势江河、荔浦河入桂江段、马岭河和恭城河入桂江段等子流域较高。总体来看，2000—2020 年，荔浦河上游、潮田河和势江河等 3 条子流域单位面积固碳量较高。2000—2020 年，漓江流域子流域单位面积固碳量变化波动较小，漓江上游、甘棠江和桃花江 3 条子流域单位面积固碳量呈较微弱的减小趋势，年减少量均超过 1g/$m^2$；其他子流域单位面积固碳量均呈增加趋势，其中恭城河入桂江段、恭城河下游、势江河等子流域单位面积固碳年变化量增加趋势较为明显，单位面积固碳量年增加量超过 10g/$m^2$。

2000—2020 年，漓江流域不同子流域固碳总量变化范围为 $0.46\times10^{11}\sim21.40\times10^{11}$g/年，2010 年恭城河下游子流域固碳总量最低，而 2018 年恭城河上游子流域固碳总量最高（表 6-3）。2000—2018 年，恭城河上游、漓江上游、荔浦河上游、潮田河和灵渠等 5 条子流域固碳总量较高，2020 年，恭城河上游、荔浦河上游、潮田河、漓江上游和榕津河等 5 条子流域固碳总量较高。2000—

表 6-2　2000—2020 年漓江流域不同区县固碳价值量

| 区县 | 单位面积固碳价值量/[元/($m^2$·年)] | | | | | | 单位面积固碳价值量年变化量/(元/$hm^2$) | 固碳总价值量/($10^6$元/年) | | | | | | 固碳价值量年变化量/($10^4$元) |
|---|---|---|---|---|---|---|---|---|---|---|---|---|---|---|
| | 2000年 | 2005年 | 2010年 | 2015年 | 2018年 | 2020年 | | 2000年 | 2005年 | 2010年 | 2015年 | 2018年 | 2020年 | |
| 江永县 | 0.22 | 0.22 | 0.20 | 0.22 | 0.28 | 0.23 | 15.58 | 136.44 | 134.36 | 125.27 | 134.31 | 172.55 | 140.11 | 96.55 |
| 秀峰区 | 0.15 | 0.12 | 0.12 | 0.15 | 0.14 | 0.14 | −0.07 | 6.47 | 5.20 | 5.03 | 6.33 | 5.95 | 5.77 | −0.03 |
| 叠彩区 | 0.15 | 0.13 | 0.12 | 0.14 | 0.14 | 0.13 | −3.68 | 7.40 | 6.59 | 6.12 | 7.19 | 6.93 | 6.41 | −1.86 |
| 象山区 | 0.14 | 0.11 | 0.11 | 0.14 | 0.13 | 0.14 | 3.16 | 12.79 | 10.07 | 10.01 | 12.61 | 11.87 | 12.15 | 2.84 |
| 七星区 | 0.14 | 0.12 | 0.12 | 0.13 | 0.13 | 0.13 | 0.68 | 9.66 | 8.52 | 8.17 | 9.23 | 9.34 | 9.19 | 0.48 |
| 雁山区 | 0.20 | 0.18 | 0.18 | 0.22 | 0.22 | 0.21 | 13.39 | 61.89 | 55.58 | 54.61 | 66.48 | 67.21 | 64.33 | 40.62 |
| 临桂区 | 0.24 | 0.20 | 0.20 | 0.23 | 0.23 | 0.22 | 1.59 | 94.31 | 81.26 | 81.19 | 90.88 | 90.42 | 89.44 | 6.39 |
| 阳朔县 | 0.23 | 0.22 | 0.22 | 0.23 | 0.25 | 0.25 | 13.33 | 332.37 | 312.99 | 312.01 | 329.65 | 363.85 | 358.98 | 191.32 |
| 灵川县 | 0.25 | 0.23 | 0.23 | 0.25 | 0.26 | 0.24 | 2.16 | 581.48 | 537.89 | 525.14 | 564.56 | 604.68 | 547.63 | 49.60 |
| 兴安县 | 0.24 | 0.22 | 0.21 | 0.24 | 0.26 | 0.20 | −1.30 | 526.09 | 472.14 | 457.43 | 523.47 | 573.60 | 430.73 | −28.41 |
| 资源县 | 0.25 | 0.22 | 0.24 | 0.27 | 0.27 | 0.18 | −4.60 | 10.88 | 9.97 | 10.70 | 12.01 | 12.13 | 8.04 | −2.04 |
| 平乐县 | 0.21 | 0.22 | 0.19 | 0.22 | 0.25 | 0.26 | 23.35 | 268.57 | 279.13 | 247.58 | 287.63 | 317.42 | 333.20 | 302.22 |
| 恭城瑶族自治县 | 0.24 | 0.24 | 0.23 | 0.25 | 0.29 | 0.28 | 24.02 | 486.18 | 492.30 | 460.83 | 503.14 | 594.57 | 565.86 | 484.74 |
| 荔浦市 | 0.24 | 0.24 | 0.22 | 0.24 | 0.26 | 0.27 | 14.63 | 389.37 | 377.85 | 355.93 | 390.47 | 413.94 | 438.46 | 234.34 |
| 钟山县 | 0.28 | 0.30 | 0.28 | 0.25 | 0.31 | 0.36 | 20.62 | 7.01 | 7.51 | 6.92 | 6.25 | 7.72 | 8.95 | 5.19 |
| 富川瑶族自治县 | 0.22 | 0.21 | 0.19 | 0.23 | 0.27 | 0.23 | 19.33 | 47.31 | 44.79 | 41.31 | 49.31 | 58.83 | 49.46 | 41.81 |
| 金秀瑶族自治县 | 0.30 | 0.32 | 0.30 | 0.32 | 0.39 | 0.37 | 35.71 | 96.94 | 102.36 | 95.31 | 103.05 | 124.43 | 116.83 | 114.01 |

表 6-3 2000—2020 年漓江流域不同子流域固碳量

| 子流域 | 单位面积固碳量/[g/(m² · 年)] | | | | | | 单位面积固碳量年变化量/(g/m²) | 固碳总量/($10^{11}$ g/年) | | | | | | 固碳量年变化量/($10^8$ g) |
|---|---|---|---|---|---|---|---|---|---|---|---|---|---|---|
| | 2000 年 | 2005 年 | 2010 年 | 2015 年 | 2018 年 | 2020 年 | | 2000 年 | 2005 年 | 2010 年 | 2015 年 | 2018 年 | 2020 年 | |
| 漓江上游 | 1007.26 | 865.87 | 850.11 | 940.49 | 1017.14 | 749.68 | −4.31 | 15.62 | 13.42 | 13.18 | 14.58 | 15.77 | 11.62 | −66.77 |
| 甘棠江 | 946.06 | 865.28 | 823.01 | 914.28 | 933.50 | 780.76 | −3.16 | 7.29 | 6.67 | 6.34 | 7.05 | 7.20 | 6.02 | −24.32 |
| 灵渠 | 824.48 | 788.53 | 755.09 | 872.40 | 987.23 | 791.73 | 4.28 | 8.05 | 7.69 | 7.37 | 8.51 | 9.63 | 7.73 | 41.73 |
| 桃花江 | 718.63 | 602.33 | 579.16 | 680.57 | 655.33 | 641.53 | −1.01 | 3.45 | 2.89 | 2.78 | 3.26 | 3.14 | 3.08 | −4.86 |
| 潮田河 | 977.05 | 927.39 | 927.94 | 1002.75 | 1084.89 | 1039.30 | 5.71 | 12.13 | 11.51 | 11.52 | 12.45 | 13.47 | 12.90 | 70.92 |
| 良丰河 | 794.22 | 687.61 | 695.62 | 811.47 | 831.67 | 803.65 | 3.96 | 3.96 | 3.43 | 3.47 | 4.05 | 4.15 | 4.01 | 19.76 |
| 兴坪河 | 908.41 | 889.66 | 882.01 | 859.99 | 985.41 | 998.79 | 4.20 | 3.84 | 3.76 | 3.73 | 3.63 | 4.16 | 4.22 | 17.73 |
| 遇龙河 | 903.72 | 827.27 | 823.73 | 885.51 | 956.43 | 942.57 | 4.00 | 6.02 | 5.51 | 5.49 | 5.90 | 6.37 | 6.28 | 26.62 |
| 漓江入桂江段 | 729.50 | 736.71 | 676.81 | 802.68 | 849.47 | 836.40 | 6.66 | 1.92 | 1.94 | 1.78 | 2.11 | 2.24 | 2.20 | 17.53 |
| 恭城河下游 | 619.11 | 630.12 | 575.86 | 742.60 | 793.48 | 799.57 | 10.44 | 0.50 | 0.50 | 0.46 | 0.59 | 0.63 | 0.64 | 8.35 |
| 恭城河入桂江段 | 831.82 | 812.82 | 786.95 | 980.05 | 1032.37 | 1058.83 | 13.28 | 0.75 | 0.74 | 0.71 | 0.89 | 0.94 | 0.96 | 12.03 |
| 荔浦河入桂江段 | 934.76 | 919.28 | 844.10 | 1014.79 | 1060.72 | 1117.43 | 9.68 | 1.35 | 1.33 | 1.22 | 1.46 | 1.53 | 1.61 | 13.96 |
| 马岭河 | 956.59 | 921.64 | 858.34 | 946.04 | 970.60 | 1068.85 | 4.55 | 5.84 | 5.63 | 5.24 | 5.78 | 5.93 | 6.53 | 27.79 |
| 荔浦河上游 | 981.04 | 978.45 | 924.09 | 999.61 | 1126.20 | 1129.38 | 7.96 | 12.42 | 12.39 | 11.70 | 12.66 | 14.26 | 14.30 | 100.78 |
| 西岭河 | 902.63 | 889.97 | 869.08 | 935.84 | 1071.99 | 999.64 | 7.31 | 5.66 | 5.58 | 5.45 | 5.86 | 6.72 | 6.26 | 45.79 |
| 恭城河上游 | 890.46 | 882.29 | 831.17 | 905.98 | 1111.10 | 987.56 | 8.24 | 17.16 | 17.00 | 16.01 | 17.45 | 21.40 | 19.03 | 158.65 |
| 势江河 | 911.70 | 975.88 | 846.39 | 964.18 | 1114.56 | 1121.04 | 10.02 | 4.55 | 4.87 | 4.22 | 4.81 | 5.56 | 5.59 | 49.98 |
| 榕津河 | 816.84 | 862.11 | 751.54 | 845.08 | 950.56 | 1012.55 | 8.21 | 7.26 | 7.66 | 6.68 | 7.51 | 8.44 | 8.99 | 72.96 |

2020年，上述子流域的年固碳总量均占对应年份漓江流域固碳总量的53%以上。其中，2000—2020年恭城河上游子流域年固碳总量占比最高，均超过14%。2000—2020年，漓江上游、甘棠江和桃花江子流域年固碳总量呈减少趋势，其中，漓江上游子流域固碳总量减少量最大，为$66.77\times10^8$g；其他子流域年固碳总量均呈增加趋势，恭城河上游、荔浦河上游、榕津河和潮田河等子流域固碳总量增加趋势较为明显，固碳总量年增加量超过$70.92\times10^8$g。

2000—2020年，漓江流域单位面积年固碳价值量变化范围为0.15～0.29元/($m^2$·年)，其中2010年恭城河下游子流域和桃花江子流域单位面积固碳价值最低，而2018年荔浦河上游子流域单位面积固碳价值最高（表6-4）。与单位面积固碳物质量相同，不同子流域单位面积固碳价值在不同年份之间存在较大差别。2000年单位面积固碳价值较高的子流域包括漓江上游、荔浦河上游、潮田河、马岭河和甘棠江，2005年以荔浦河上游、势江河、潮田河、马岭河和荔浦河入桂江段等子流域较高，2010年以潮田河、荔浦河上游、兴坪河、西岭河和马岭河等子流域较高，2015年以荔浦河入桂江段、潮田河、荔浦河上游、恭城河入桂江段和势江河等子流域较高，2018年以荔浦河上游、势江河、恭城河上游、潮田河和西岭河等子流域较高，2020年则以荔浦河上游、势江河、荔浦河入桂江段、马岭河和恭城河入桂江段等子流域较高。总体来看，2000—2020年，荔浦河上游、潮田河和势江河等3条子流域单位年面积固碳价值较高。2000—2020年，漓江上游、甘棠江和桃花江3条子流域的单位面积年固碳价值呈减小趋势，其中漓江上游子流域的年减少量为11.24元/$hm^2$；其他子流域单位面积年固碳价值均呈增加趋势，其中恭城河入桂江段、恭城河下游、势江河、荔浦河入桂江段等子流域单位面积年固碳价值年变化量增加趋势较为明显，单位面积年固碳价值年增加量超过25元/$hm^2$。

2000—2020年，漓江流域不同子流域年固碳价值总量变化范围为$12.01\times10^6$～$5.58\times10^8$元/年，2010年恭城河下游子流域固碳价值总量最低，而2018年恭城河上游子流域固碳价值总量最高（表6-4）。2000—2018年，恭城河上游、漓江上游、荔浦河上游、潮田河和灵渠等5条子流域固碳价值量较高，2020年，恭城河上游、荔浦河上游、潮田河、漓江上游和榕津河等5条子流域固碳价值量较高。2000—2020年，上述子流域的年固碳价值均占对应年份漓江流域年固碳价值总量的53%以上。其中，2000—2020年恭城河上游子流域年固碳价值总量占比最高，均超过14%。2000—2020年，漓江上游、甘棠江和桃花江子流域年固碳价值总量呈减少趋势，其中，漓江上游子流域年固碳价值总量年减少量最大，为$1.74\times10^6$元；其他子流域年固碳价值总量均呈增加趋势，恭城河上游、荔浦河上游、榕津河和潮田河等子流域年固碳价值总量增加趋势较为明显，年固碳价值总量年增加量超过$1.85\times10^6$元，其中恭城河上游年增加量最大，为$413.92\times10^4$元。

表 6-4　**2000—2020 年漓江流域不同子流域固碳价值量**

| 子流域 | 单位面积固碳价值量/[元/($m^2$·年)] | | | | | | 单位面积固碳价值量年变化量/(元/$hm^2$) | 固碳价值总量/($10^6$元/年) | | | | | | 固碳价值量年变化量/($10^4$ 元) |
|---|---|---|---|---|---|---|---|---|---|---|---|---|---|---|
| | 2000 年 | 2005 年 | 2010 年 | 2015 年 | 2018 年 | 2020 年 | | 2000 年 | 2005 年 | 2010 年 | 2015 年 | 2018 年 | 2020 年 | |
| 漓江上游 | 0.26 | 0.23 | 0.22 | 0.25 | 0.27 | 0.20 | −11.24 | 407.41 | 350.23 | 343.85 | 380.41 | 411.41 | 303.23 | −174.20 |
| 甘棠江 | 0.25 | 0.23 | 0.21 | 0.24 | 0.24 | 0.20 | −8.23 | 190.28 | 174.03 | 165.53 | 183.89 | 187.76 | 157.04 | −63.46 |
| 灵渠 | 0.22 | 0.21 | 0.20 | 0.23 | 0.26 | 0.21 | 11.16 | 209.91 | 200.75 | 192.24 | 222.11 | 251.34 | 201.57 | 108.86 |
| 桃花江 | 0.19 | 0.16 | 0.15 | 0.18 | 0.17 | 0.17 | −2.64 | 89.89 | 75.34 | 72.45 | 85.13 | 81.97 | 80.25 | −12.67 |
| 潮田河 | 0.25 | 0.24 | 0.24 | 0.26 | 0.28 | 0.27 | 14.90 | 316.48 | 300.40 | 300.58 | 324.81 | 351.42 | 336.65 | 185.02 |
| 良丰河 | 0.21 | 0.18 | 0.18 | 0.21 | 0.22 | 0.21 | 10.33 | 103.39 | 89.52 | 90.56 | 105.64 | 108.27 | 104.62 | 51.56 |
| 兴坪河 | 0.24 | 0.23 | 0.23 | 0.22 | 0.26 | 0.26 | 10.95 | 100.15 | 98.08 | 97.24 | 94.81 | 108.64 | 110.11 | 46.27 |
| 遇龙河 | 0.24 | 0.22 | 0.21 | 0.23 | 0.25 | 0.25 | 10.43 | 157.03 | 143.75 | 143.13 | 153.87 | 166.19 | 163.78 | 69.44 |
| 漓江入桂江段 | 0.19 | 0.19 | 0.18 | 0.21 | 0.22 | 0.22 | 17.37 | 50.13 | 50.62 | 46.51 | 55.16 | 58.37 | 57.47 | 45.74 |
| 恭城河下游 | 0.16 | 0.16 | 0.15 | 0.19 | 0.21 | 0.21 | 27.24 | 12.92 | 13.15 | 12.01 | 15.49 | 16.55 | 16.68 | 21.78 |
| 恭城河入桂江段 | 0.22 | 0.21 | 0.21 | 0.26 | 0.27 | 0.28 | 34.65 | 19.67 | 19.22 | 18.60 | 23.17 | 24.41 | 25.03 | 31.39 |
| 荔浦河入桂江段 | 0.24 | 0.24 | 0.22 | 0.26 | 0.28 | 0.29 | 25.25 | 35.19 | 34.60 | 31.77 | 38.20 | 39.93 | 42.06 | 36.43 |
| 马岭河 | 0.25 | 0.24 | 0.22 | 0.25 | 0.25 | 0.28 | 11.87 | 152.43 | 146.86 | 136.78 | 150.75 | 154.66 | 170.32 | 72.49 |
| 荔浦河上游 | 0.26 | 0.26 | 0.24 | 0.26 | 0.29 | 0.29 | 20.76 | 324.15 | 323.29 | 305.33 | 330.28 | 372.11 | 373.16 | 262.93 |
| 西岭河 | 0.24 | 0.23 | 0.23 | 0.24 | 0.28 | 0.26 | 19.06 | 147.57 | 145.50 | 142.08 | 153.00 | 175.26 | 163.43 | 119.46 |
| 恭城河上游 | 0.23 | 0.23 | 0.22 | 0.24 | 0.29 | 0.26 | 21.50 | 447.58 | 443.47 | 417.78 | 455.38 | 558.32 | 496.39 | 413.92 |
| 势江河 | 0.24 | 0.25 | 0.22 | 0.25 | 0.29 | 0.29 | 26.14 | 118.64 | 126.99 | 110.14 | 125.47 | 145.04 | 145.88 | 130.40 |
| 榕津河 | 0.21 | 0.22 | 0.20 | 0.22 | 0.25 | 0.26 | 21.43 | 189.31 | 199.80 | 174.17 | 195.85 | 220.30 | 234.66 | 190.36 |

### 6.2.4 生态系统尺度

2000—2020 年，漓江流域不同生态系统类型单位面积年固碳物质量变化范围为 189.79～1311.80g/($m^2$·年)，其中 2010 年聚落生态系统中的城镇用地单位面积固碳量最低，而 2018 年森林生态系统中的灌木林单位面积固碳量最高（表 6-5）。需要说明的是，2000 年和 2005 年没有区分裸地和沼泽地，全部划为裸地，沼泽地的单位面积固碳量没有值。2000—2020 年，一级生态系统中森林生态系统单位面积年固碳量显著高于其他生态系统类型；二级生态系统中则是有林地、灌木林地、疏林地和其他林地的单位面积年固碳量总体显著高于其他二级生态系统类型。2000—2020 年，一级生态系统中所有生态系统类型单位面积年固碳量均呈增加趋势，其中其他生态系统单位面积年固碳量的年增长量较大，为 6.52g/$m^2$。2000—2020 年，二级生态系统中只有湖泊的单位面积年固碳量呈相对微弱的减少趋势，年减少量为 0.32g/$m^2$；其他二级生态系统单位面积固碳量均呈增加趋势，其中沼泽地、灌木林、其他林地和裸土地的增加趋势较为明显，年增加量超过 7.48g/$m^2$。

2000—2020 年，漓江流域一级生态系统年固碳总量变化范围为 $0.08\times10^9$～$10419.15\times10^9$g/年，其中 2018 年森林生态系统的年固碳总量最高，而 2000 年的其他生态系统的固碳总量最低（表 6-5）。2000—2020 年均以森林生态系统的年固碳总量最高，固碳总量占漓江流域固碳总量比例在 79%左右。2000—2020 年，漓江流域所有一级生态系统年固碳总量均呈增加趋势，固碳总量年增加量超过 $4.13\times10^7$g，其中森林生态系统固碳总量的年增加量远超其他生态系统一级类的年增加量，为 $4027.47\times10^7$g。二级生态系统年固碳总量变化范围为 $0.05\times10^9$～$7354.07\times10^9$g/年，其中 2015 年和 2020 年沼泽地年固碳总量最低，而 2018 年有林地固碳总量最高。2000—2020 年，有林地、灌木林、水田、高覆盖度草地和疏林地等二级生态系统年固碳总量明显高于其他二级类型。2000—2020 年，滩地、湖泊和低覆盖度草地二级生态系统年固碳总量呈相对微弱的减少趋势，其中滩地的下降趋势最为明显，固碳总量年减少量为 $7.65\times10^7$g；其他二级生态系统固碳总量均呈增加趋势，有林地、灌木林地、水田、高覆盖度草地和疏林地等二级生态系统固碳总量增加趋势较为明显，其中，有林地、灌木林地和水田的增加趋势最明显，固碳总量年增加量超过 $7.92\times10^9$g。

2000—2020 年，漓江流域不同生态系统类型单位面积年固碳价值量变化范围为 0.05～0.34 元/($m^2$·年)，其中 2005 年和 2010 年聚落生态系统中的城镇用地单位面积固碳价值量最低，而 2018 年森林生态系统中的灌木林单位面积年固碳价值量最高（表 6-6）。2000—2020 年，一级生态系统中森林生态系统单位面积固碳价值量显著高于其他生态系统类型，单位面积年固碳价值量在 0.26～

表 6-5　　2000—2020 年漓江流域不同生态系统固碳量

| 生态系统类型 | | 单位面积固碳量/[g/(m²·年)] | | | | | | 单位面积固碳量年变化量/(g/m²) | 固碳总量/(10⁹g/年) | | | | | | 固碳量年变化量/(10⁷g) |
|---|---|---|---|---|---|---|---|---|---|---|---|---|---|---|---|
| | | 2000 年 | 2005 年 | 2010 年 | 2015 年 | 2018 年 | 2020 年 | | 2000 年 | 2005 年 | 2010 年 | 2015 年 | 2018 年 | 2020 年 | |
| 农田 | 水田 | 512.81 | 509.25 | 482.38 | 550.86 | 605.33 | 578.11 | 4.57 | 1028.73 | 1018.29 | 964.07 | 1095.28 | 1191.74 | 1134.89 | 792.23 |
| | 旱地 | 529.34 | 517.84 | 499.47 | 582.65 | 631.43 | 592.29 | 5.06 | 471.87 | 461.32 | 442.01 | 512.37 | 548.22 | 512.18 | 367.09 |
| | **小计** | 517.90 | 511.90 | 487.63 | 560.61 | 613.32 | 582.45 | 4.72 | 1500.60 | 1479.62 | 1406.08 | 1607.65 | 1739.96 | 1647.07 | 1159.31 |
| 森林 | 有林地 | 1106.19 | 1050.79 | 991.65 | 1080.07 | 1217.67 | 1100.78 | 3.64 | 6725.89 | 6360.32 | 6008.30 | 6537.90 | 7354.07 | 6646.91 | 2006.42 |
| | 灌木林 | 1141.36 | 1076.81 | 1066.77 | 1198.59 | 1311.80 | 1263.73 | 9.61 | 1599.94 | 1507.75 | 1493.68 | 1677.33 | 1832.97 | 1765.73 | 1318.57 |
| | 疏林地 | 1144.17 | 1096.73 | 1053.71 | 1157.31 | 1257.38 | 1209.60 | 5.90 | 890.01 | 849.62 | 815.83 | 892.51 | 968.51 | 931.72 | 411.68 |
| | 其他林地 | 961.43 | 956.61 | 906.02 | 1022.70 | 1123.41 | 1076.75 | 7.94 | 196.33 | 225.37 | 217.49 | 243.89 | 263.59 | 250.72 | 290.80 |
| | **小计** | 1112.02 | 1056.68 | 1007.31 | 1105.09 | 1234.25 | 1137.03 | 4.93 | 9412.17 | 8943.07 | 8535.30 | 9351.63 | 10419.15 | 9595.09 | 4027.47 |
| 草地 | 高覆盖度草地 | 608.70 | 588.31 | 569.10 | 632.22 | 696.11 | 674.73 | 4.69 | 654.84 | 631.30 | 603.34 | 667.72 | 732.87 | 709.75 | 415.73 |
| | 中覆盖度草地 | 612.58 | 544.62 | 536.76 | 609.35 | 670.89 | 601.32 | 2.67 | 72.75 | 64.76 | 63.96 | 71.90 | 78.85 | 70.00 | 25.06 |
| | 低覆盖度草地 | 526.40 | 516.81 | 477.45 | 567.96 | 654.42 | 606.74 | 6.03 | 1.06 | 1.04 | 0.96 | 1.15 | 1.05 | 0.97 | −0.08 |
| | **小计** | 608.95 | 583.84 | 565.68 | 629.81 | 693.52 | 667.33 | 4.49 | 728.65 | 697.10 | 668.26 | 740.78 | 812.77 | 780.72 | 440.71 |
| 水域与湿地 | 河渠 | 351.78 | 341.55 | 322.28 | 372.82 | 411.20 | 367.14 | 2.34 | 25.39 | 24.59 | 23.80 | 27.79 | 29.99 | 28.60 | 24.56 |
| | 湖泊 | 404.25 | 395.86 | 359.71 | 358.68 | 401.31 | 401.67 | −0.32 | 0.23 | 0.15 | 0.15 | 0.14 | 0.16 | 0.16 | −0.25 |
| | 水库坑塘 | 296.04 | 289.90 | 268.31 | 324.85 | 348.45 | 307.66 | 2.08 | 14.97 | 13.55 | 17.36 | 18.42 | 24.04 | 23.84 | 51.36 |
| | 滩地 | 302.41 | 284.61 | 320.13 | 266.67 | 314.55 | 340.35 | 1.21 | 5.11 | 6.21 | 2.45 | 4.75 | 5.33 | 2.82 | −7.65 |
| | **小计** | 325.94 | 315.75 | 298.45 | 341.94 | 373.72 | 337.78 | 1.92 | 45.70 | 44.51 | 43.75 | 51.10 | 59.52 | 55.42 | 68.02 |
| 聚落 | 城镇用地 | 232.82 | 209.58 | 189.79 | 240.95 | 229.41 | 219.31 | 0.31 | 20.27 | 20.42 | 19.11 | 25.24 | 25.96 | 25.50 | 33.65 |
| | 农村居民点 | 352.49 | 350.00 | 328.39 | 375.10 | 403.51 | 380.12 | 2.34 | 75.99 | 75.06 | 68.97 | 79.01 | 87.41 | 83.84 | 56.20 |
| | 其他建设用地 | 268.09 | 241.69 | 235.72 | 307.95 | 307.53 | 288.29 | 2.62 | 3.28 | 3.00 | 4.05 | 12.28 | 22.08 | 21.51 | 104.53 |
| | **小计** | 316.12 | 303.67 | 280.97 | 328.01 | 337.28 | 318.03 | 1.08 | 99.55 | 98.48 | 92.14 | 116.53 | 135.46 | 130.85 | 194.38 |
| 其他 | 沼泽地 | | | 253.59 | 284.21 | 336.26 | 314.15 | 18.69 | | | 0.10 | 0.05 | 0.06 | 0.05 | 0.28 |
| | 裸土地 | 387.18 | 331.56 | 312.97 | 431.65 | 520.62 | 475.43 | 7.48 | 0.08 | 0.11 | 0.09 | 1.03 | 0.66 | 0.60 | 3.85 |
| | **小计** | 387.18 | 331.56 | 278.63 | 421.78 | 499.49 | 456.94 | 6.52 | 0.08 | 0.11 | 0.20 | 1.08 | 0.71 | 0.65 | 4.13 |

**表 6-6　2000—2020 年漓江流域不同生态系统固碳价值量**

| 生态系统类型 | | 单位面积固碳价值量/[元/(m²·年)] | | | | | | 单位面积固碳价值量年变化量/(元/hm²) | 固碳价值总量/($10^6$ 元/年) | | | | | | 固碳价值量年变化量/($10^4$ 元) |
|---|---|---|---|---|---|---|---|---|---|---|---|---|---|---|---|
| | | 2000年 | 2005年 | 2010年 | 2015年 | 2018年 | 2020年 | | 2000年 | 2005年 | 2010年 | 2015年 | 2018年 | 2020年 | |
| 农田 | 水田 | 0.13 | 0.13 | 0.13 | 0.14 | 0.16 | 0.15 | 11.92 | 268.40 | 265.67 | 251.53 | 285.76 | 310.93 | 296.09 | 206.69 |
| | 旱地 | 0.14 | 0.14 | 0.13 | 0.15 | 0.16 | 0.15 | 13.20 | 123.11 | 120.36 | 115.32 | 133.68 | 143.03 | 133.63 | 95.77 |
| | **小计** | 0.14 | 0.13 | 0.13 | 0.15 | 0.16 | 0.15 | 12.30 | 391.51 | 386.03 | 366.85 | 419.44 | 453.96 | 429.72 | 302.46 |
| 森林 | 有林地 | 0.29 | 0.27 | 0.26 | 0.28 | 0.32 | 0.29 | 9.50 | 1754.79 | 1659.41 | 1567.57 | 1705.74 | 1918.68 | 1734.18 | 523.48 |
| | 灌木林 | 0.30 | 0.28 | 0.28 | 0.31 | 0.34 | 0.33 | 25.07 | 417.42 | 393.37 | 389.70 | 437.62 | 478.22 | 460.68 | 344.02 |
| | 疏林地 | 0.30 | 0.29 | 0.27 | 0.30 | 0.33 | 0.32 | 15.40 | 232.20 | 221.67 | 212.85 | 232.86 | 252.68 | 243.09 | 107.41 |
| | 其他林地 | 0.25 | 0.25 | 0.24 | 0.27 | 0.29 | 0.28 | 20.71 | 51.22 | 58.80 | 56.74 | 63.63 | 68.77 | 65.41 | 75.87 |
| | **小计** | 0.29 | 0.28 | 0.26 | 0.29 | 0.32 | 0.30 | 12.87 | 2455.63 | 2333.25 | 2226.86 | 2439.84 | 2718.36 | 2503.36 | 1050.77 |
| 草地 | 高覆盖度草地 | 0.16 | 0.15 | 0.15 | 0.16 | 0.18 | 0.18 | 12.24 | 170.85 | 164.71 | 157.41 | 174.21 | 191.21 | 185.17 | 108.46 |
| | 中覆盖度草地 | 0.16 | 0.14 | 0.14 | 0.16 | 0.18 | 0.16 | 6.97 | 18.98 | 16.90 | 16.69 | 18.76 | 20.57 | 18.26 | 6.54 |
| | 低覆盖度草地 | 0.14 | 0.13 | 0.12 | 0.15 | 0.17 | 0.16 | 15.72 | 0.28 | 0.27 | 0.25 | 0.30 | 0.27 | 0.25 | −0.02 |
| | **小计** | 0.16 | 0.15 | 0.15 | 0.16 | 0.18 | 0.17 | 11.72 | 190.11 | 181.87 | 174.35 | 193.27 | 212.05 | 203.69 | 114.98 |
| 水域与湿地 | 河渠 | 0.09 | 0.09 | 0.08 | 0.10 | 0.11 | 0.10 | 6.11 | 6.62 | 6.42 | 6.21 | 7.25 | 7.83 | 7.46 | 6.41 |
| | 湖泊 | 0.11 | 0.10 | 0.09 | 0.09 | 0.10 | 0.10 | −0.83 | 0.06 | 0.04 | 0.04 | 0.04 | 0.04 | 0.04 | −0.07 |
| | 水库坑塘 | 0.08 | 0.08 | 0.07 | 0.08 | 0.09 | 0.08 | 5.43 | 3.91 | 3.54 | 4.53 | 4.81 | 6.27 | 6.22 | 13.40 |
| | 滩地 | 0.08 | 0.07 | 0.08 | 0.07 | 0.08 | 0.09 | 3.16 | 1.33 | 1.62 | 0.64 | 1.24 | 1.39 | 0.74 | −2.00 |
| | **小计** | 0.09 | 0.08 | 0.08 | 0.09 | 0.10 | 0.09 | 5.00 | 11.92 | 11.61 | 11.41 | 13.33 | 15.53 | 14.46 | 17.75 |
| 聚落 | 城镇用地 | 0.06 | 0.05 | 0.05 | 0.06 | 0.06 | 0.06 | 0.81 | 5.29 | 5.33 | 4.99 | 6.59 | 6.77 | 6.65 | 8.78 |
| | 农村居民点 | 0.09 | 0.09 | 0.09 | 0.10 | 0.11 | 0.10 | 6.11 | 19.83 | 19.58 | 18.00 | 20.61 | 22.81 | 21.87 | 14.66 |
| | 其他建设用地 | 0.07 | 0.06 | 0.06 | 0.08 | 0.08 | 0.08 | 6.83 | 0.86 | 0.78 | 1.06 | 3.20 | 5.76 | 5.61 | 27.27 |
| | **小计** | 0.08 | 0.08 | 0.07 | 0.09 | 0.09 | 0.08 | 2.81 | 25.97 | 25.69 | 24.04 | 30.40 | 35.34 | 34.14 | 50.71 |
| 其他 | 沼泽地 | | | 0.07 | 0.07 | 0.09 | 0.08 | 48.75 | | | 0.03 | 0.01 | 0.01 | 0.01 | 0.07 |
| | 裸土地 | 0.01 | 0.09 | 0.08 | 0.11 | 0.14 | 0.12 | 19.51 | 0.02 | 0.03 | 0.02 | 0.27 | 0.17 | 0.16 | 1.00 |
| | **小计** | 0.10 | 0.09 | 0.07 | 0.11 | 0.13 | 0.12 | 17.01 | 0.02 | 0.03 | 0.05 | 0.28 | 0.19 | 0.17 | 1.08 |

0.32 元/($m^2$·年);二级生态系统中则是有林地、灌木林地、疏林地和其他林地的单位面积年固碳价值量总体显著高于其他二级类型。2000—2020 年,一级生态系统中所有生态系统类型单位面积年固碳价值量均呈增加趋势,其中其他生态系统单位面积年固碳价值量的年增长量较大,为 17.01 元/$hm^2$。2000—2020 年,二级生态系统中只有湖泊的单位面积年固碳价值量呈相对微弱的减少趋势,年减少量为 0.83 元/$hm^2$;其他二级生态系统单位面积年固碳价值量均呈增加趋势,其中沼泽地、灌木林、其他林地和裸土地的增加趋势较为明显,年增加量超过 19.50 元/$hm^2$。

2000—2020 年,漓江流域一级生态系统年固碳价值总量变化范围为 $0.02\times10^6$~$2718.36\times10^6$ 元/年,其中 2018 年森林生态系统的固碳价值总量最高,而 2000 年的其他生态系统的固碳价值总量最低(表 6-6)。2000—2020 年均以森林生态系统的固碳价值总量最高,固碳价值量占漓江流域固碳价值总量的比例在 79%左右。2000—2020 年,漓江流域所有一级生态系统年固碳价值总量均呈增加趋势,固碳总量年增加量超过 $1.00\times10^4$ 元,其中森林生态系统年固碳价值总量的年增加量远超其他一级生态系统年增加量,为 $1050.77\times10^4$ 元。二级生态系统年固碳价值总量变化范围为 $0.01\times10^4$~$1918.68\times10^6$ 元/年,其中 2015 年、2018 年和 2020 年沼泽地固碳价值总量最低,而 2018 年有林地固碳价值总量最高。2000—2020 年,有林地、灌木林、水田、高覆盖度草地和疏林地等二级生态系统年固碳价值总量明显高于其他二级类型。2000—2020 年,滩地、湖泊和低覆盖度草地二级生态系统年固碳价值总量呈相对微弱的减少趋势,其中滩地的下降趋势最为明显,固碳价值总量年减少量为 $2.00\times10^4$ 元;其他二级生态系统年固碳价值总量均呈增加趋势,有林地、灌木林地、水田、高覆盖度草地和疏林地等二级生态系统年固碳价值总量增加趋势较为明显,其中,有林地、灌木林地和水田的增加趋势最明显,年固碳价值总量年增加量超过 $2.00\times10^6$ 元。

由此可见,漓江流域除湖泊之外的所有生态系统的固碳能力均有所增加。虽然森林和草地生态系统的固碳能力较强,但是漓江流域发挥固碳功能的生态系统仍以森林生态系统和农田生态系统为主。

## 6.3 释 氧 服 务

### 6.3.1 全域尺度

2000—2020 年,漓江流域生态系统单位面积年释氧量变化范围为 602.84~738.74g/($m^2$·年),其中 2010 年最低,2018 年最高。单位面积年释氧量在 2000—2010 年持续减少,在 2010—2018 年持续上升,在 2018—2020 年又略有减少。2000—2020 年,漓江流域生态系统单位面积年释氧量总体为波动且略有上升的趋势，年增加量为 3.31g/m$^2$。2000—2020 年，漓江流域生态系统年释氧总量变化范围为 $7.85\times10^{12}\sim9.61\times10^{12}$ g/年，其中 2010 年最低，2018 年最高（图6-4）。漓江流域释氧量变化趋势与固碳量变化一致，2000—2010 年，年释氧总量持续减少，2010—2018 年年释氧总量持续增加，但 2018—2020 年又有所减少，2020 年释氧总量比 2000 年略有增加。2000—2020 年漓江流域年释氧总量呈在波动中略有增加的变化趋势，年增加量为 $4.30\times10^{10}$ g。

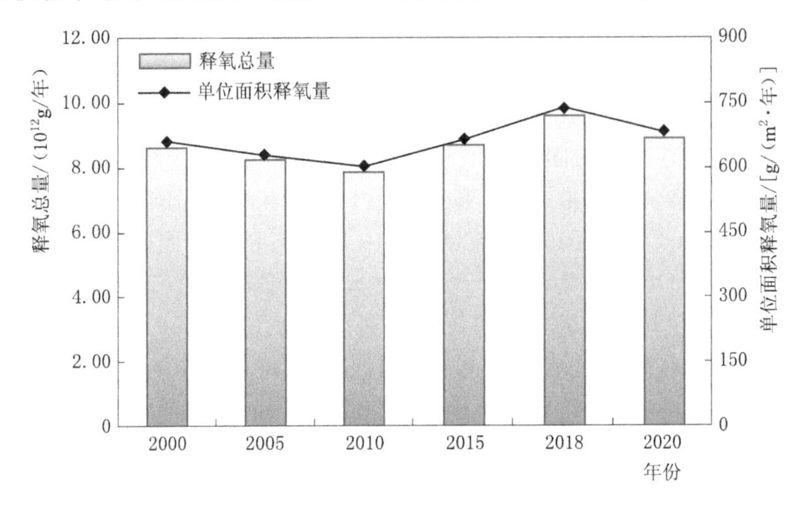


图 6-4 2000—2020 年漓江流域释氧量

2000—2020 年，漓江流域生态系统单位面积年释氧价值量变化范围为 0.21～0.26 元/(m$^2$·年)，其中 2010 年最低，2018 年最高。单位面积年释氧价值量变化趋势与单位面积年释氧量变化趋势一致，2000—2010 年有所减少，在 2010—2018 年持续上升，在 2018—2020 年又略有减少。2000—2020 年，漓江流域生态系统单位面积年释氧价值变化趋势为波动中略有增加，年增加量为 13.04 元/hm$^2$。2000—2020 年，漓江流域生态系统年释氧价值总量变化范围为 $27.69\times10^8\sim33.93\times10^8$ 元/年，其中 2010 年最低，2018 年最高（图 6-5）。与释氧物质总量变化趋势相同，从 2000—2010 年，漓江流域年释氧价值总量持续减少，从 2010 年到 2018 年持续增加，但 2018—2020 年又有所减少，2020 年释氧总价值量与 2000 年相比略有增加。2000—2020 年漓江流域年释氧总价值量呈在波动中略有增加的变化趋势，年增加量为 $16.96\times10^6$ 元。

2000—2020 年漓江流域生态系统单位面积年释氧量空间分布格局与单位面积年固碳量的空间分布格局相同（图 6-6）。从空间上看，漓江流域单位面积年释氧量较低的地区呈南北走向分布于西部、中部偏东地区，单位面积年释氧量较高的地区则分布于释氧量较低地区的东部和南部。这主要是由于漓江流域东南部、中部、西南部和北部分布较多中低山，生态系统以生产力较高的森林和草地

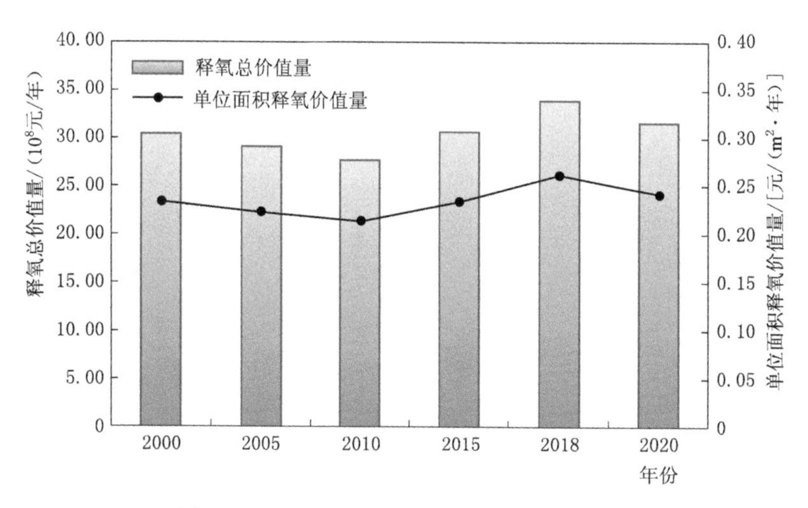


图 6-5 2000—2020 年漓江流域释氧价值量

为主，单位面积年释氧量较高。从不同年份来看，从 2015 年起，单位面积释氧量低值区面积有所减小，高值面积有所增加。2018 年单位面积释氧量显著高于其他年份，中部和东部高值区域面积显著增加，低值区域面积缩小，东部、南部地区单位面积释氧量较其他年份显著增加。这与 2018 年降水量显著低于其他年份有较大关系。2018 年较低的降水量导致阴雨天数的减少，进而导致太阳辐射量增加，植被能够通过光合作用释放更多氧气。

### 6.3.2 区县尺度

2000—2020 年，漓江流域不同区县的单位面积年释氧量变化范围为 312.43～1090.59g/($m^2$·年)，最低值出现在 2010 年的桂林市象山区，最高值出现在 2018 年的来宾市金秀瑶族自治县。单位面积释氧量较高的区县在不同年份之间存在较大差异：2000 年以金秀、钟山、灵川、资源和荔浦等区县较高，2005 年以金秀、钟山、恭城、荔浦和灵川等区县较高，2010 年以金秀、钟山、资源、灵川和恭城等区县较高，2015 年以金秀、资源、恭城、钟山和灵川等区县较高，2018 年以金秀、钟山、恭城、江永和资源等区县较高，2020 年则以金秀、钟山、恭城、荔浦和平乐等区县较高（表 6-7）。综合来看，2000—2020 年，金秀、钟山、恭城和资源等区县的单位面积年释氧量都略高于其他区县。2000—2020 年，资源、叠彩、兴安和秀峰等区县的单位面积年释氧量总体呈相对微弱的下降趋势，其中资源县和叠彩区的下降趋势相对显著，单位面积年释氧减少量分别为 1.29g/$m^2$ 和 1.03g/$m^2$；其他区县的单位面积年释氧量总体则呈增长趋势，其中金秀、恭城、平乐、钟山和富川等区县单位面积年释氧量年增加量最大，均超过 5.00g/$m^2$。

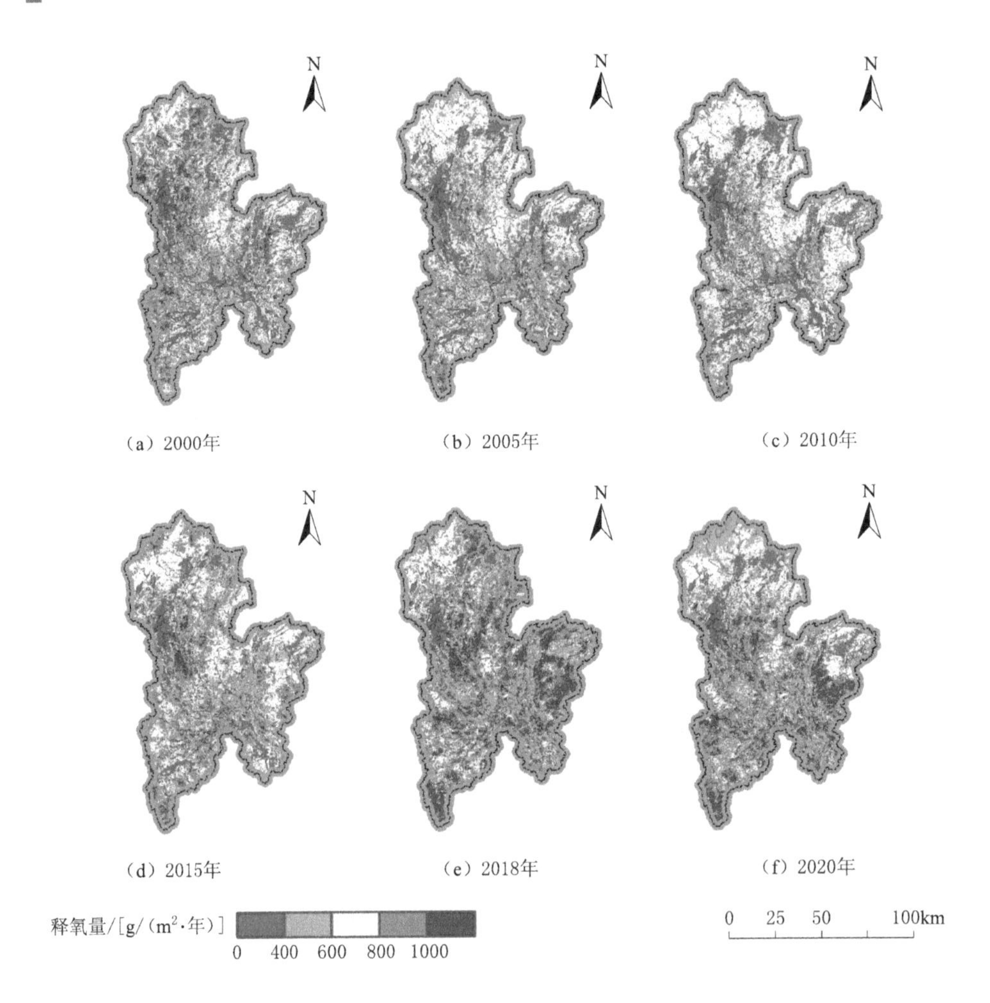


图6-6 2000—2020年漓江流域释氧量空间分布

2000—2020年，漓江流域不同区县年释氧总量变化范围为$0.14\times10^{11}$～$16.92\times10^{11}$g/年，其中最低值出现在2010年的桂林市秀峰区，最高值出现在2018年的桂林市灵川县。与固碳总量相同，2000—2020年漓江流域以灵川、兴安、恭城、荔浦和阳朔等区县的年释氧总量相对较高，释氧量占当年漓江流域释氧总量比例均在73%以上（表6-7）。这一方面是因为部分区县单位面积释氧量相对较高，更主要的是因为5个区县面积相对较大，其释氧总量显著高于其他区县。2000—2020年，兴安、资源、叠彩和秀峰等区县释氧总量总体呈下降趋势，其中兴安县的下降趋势最显著，年释氧总量减少量为$7.95\times10^{8}$g；其他区县释氧总量则呈增长趋势，恭城、平乐、荔浦和阳朔等区县的年释氧总量增加趋势相对显著，年释氧总量均超过$53.00\times10^{8}$g，其中恭城瑶族自治县年释氧总量增

**表 6-7　2000—2020 年漓江流域不同区县释氧量**

| 区县 | 单位面积释氧量/[g/(m²·年)] | | | | | | 单位面积释氧量年变化量/(g/m²) | 释氧总量/($10^{11}$ g/年) | | | | | | 释氧量年变化量/($10^8$ g) |
|---|---|---|---|---|---|---|---|---|---|---|---|---|---|---|
| | 2000 年 | 2005 年 | 2010 年 | 2015 年 | 2018 年 | 2020 年 | | 2000 年 | 2005 年 | 2010 年 | 2015 年 | 2018 年 | 2020 年 | |
| 江永县 | 615.11 | 605.75 | 564.77 | 605.53 | 778.21 | 631.68 | 4.36 | 3.82 | 3.76 | 3.51 | 3.76 | 4.83 | 3.92 | 27.02 |
| 秀峰区 | 428.16 | 343.95 | 332.74 | 418.81 | 393.67 | 381.71 | −0.02 | 0.18 | 0.15 | 0.14 | 0.18 | 0.17 | 0.16 | −0.01 |
| 叠彩区 | 409.96 | 364.81 | 338.89 | 397.99 | 383.69 | 355.24 | −1.03 | 0.21 | 0.18 | 0.17 | 0.20 | 0.19 | 0.18 | −0.52 |
| 象山区 | 398.91 | 314.23 | 312.43 | 393.37 | 370.22 | 379.11 | 0.88 | 0.36 | 0.28 | 0.28 | 0.35 | 0.33 | 0.34 | 0.79 |
| 七星区 | 384.48 | 339.01 | 325.17 | 367.56 | 371.60 | 365.82 | 0.19 | 0.27 | 0.24 | 0.23 | 0.26 | 0.26 | 0.26 | 0.13 |
| 雁山区 | 571.07 | 512.84 | 503.89 | 613.48 | 620.21 | 593.61 | 3.75 | 1.73 | 1.56 | 1.53 | 1.86 | 1.88 | 1.80 | 11.37 |
| 临桂区 | 658.28 | 567.17 | 566.72 | 634.35 | 631.07 | 624.27 | 0.45 | 2.64 | 2.27 | 2.27 | 2.54 | 2.53 | 2.50 | 1.79 |
| 阳朔县 | 647.85 | 610.06 | 608.15 | 642.54 | 709.19 | 699.70 | 3.73 | 9.30 | 8.76 | 8.73 | 9.22 | 10.18 | 10.05 | 53.54 |
| 灵川县 | 707.33 | 654.30 | 638.79 | 686.74 | 735.54 | 666.16 | 0.60 | 16.27 | 15.05 | 14.69 | 15.80 | 16.92 | 15.32 | 13.88 |
| 兴安县 | 675.30 | 606.06 | 587.17 | 671.93 | 736.29 | 552.89 | −0.36 | 14.72 | 13.21 | 12.80 | 14.65 | 16.05 | 12.05 | −7.95 |
| 资源县 | 686.58 | 628.79 | 674.74 | 757.71 | 765.13 | 506.91 | −1.29 | 0.30 | 0.28 | 0.30 | 0.34 | 0.34 | 0.22 | −0.57 |
| 平乐县 | 580.61 | 603.43 | 535.24 | 621.82 | 686.20 | 720.32 | 6.53 | 7.52 | 7.81 | 6.93 | 8.05 | 8.88 | 9.32 | 84.57 |
| 恭城瑶族自治县 | 673.86 | 682.34 | 638.73 | 697.37 | 824.23 | 784.30 | 6.72 | 13.60 | 13.78 | 12.90 | 14.08 | 16.64 | 15.83 | 135.64 |
| 荔浦市 | 680.31 | 660.18 | 621.88 | 682.23 | 723.24 | 766.08 | 4.09 | 10.90 | 10.57 | 9.96 | 10.93 | 11.58 | 12.27 | 65.57 |
| 钟山县 | 779.38 | 835.97 | 770.14 | 694.82 | 858.59 | 996.07 | 5.77 | 0.20 | 0.21 | 0.19 | 0.17 | 0.22 | 0.25 | 1.45 |
| 富川瑶族自治县 | 612.05 | 579.44 | 534.44 | 637.92 | 761.23 | 639.92 | 5.41 | 1.32 | 1.25 | 1.16 | 1.38 | 1.65 | 1.38 | 11.70 |
| 金秀瑶族自治县 | 849.70 | 897.16 | 835.41 | 903.19 | 1090.59 | 1024.01 | 9.99 | 2.71 | 2.86 | 2.67 | 2.88 | 3.48 | 3.27 | 31.90 |

量最大，为 135.64×$10^8$g。

2000—2020 年，漓江流域单位面积年释氧价值变化范围为 0.11～0.38 元/($m^2$·年)，其中 2005 年和 2010 年的桂林市象山区 2010 年桂林市七星区最低，2018 年来宾市金秀瑶族自治县最高。不同区县的单位面积释氧价值的相对大小与单位面积释氧量相同。2000 年以金秀、钟山、灵川、资源和荔浦等区县较高，2005 年以金秀、钟山、恭城、荔浦和灵川等区县较高，2010 年以金秀、钟山、资源、灵川和恭城等区县较高，2015 年以金秀、资源、恭城、钟山和灵川等区县较高，2018 年以金秀、钟山、恭城、江永和资源等区县较高，2020 年则以金秀、钟山、恭城、荔浦和平乐等区县较高（表 6－8）。综合来看，2000—2020 年，漓江流域各区县的单位面积年释氧价值相差不大，大部分区县的单位面积年释氧价值在 0.10～3.00 元/($m^2$·年)，其中，金秀瑶族自治县单位面积释氧价值量最大，除 2010 年外，单位面积释氧价值量均不小于 0.30 元/($m^2$·年)。2000—2020 年，资源、叠彩、兴安和秀峰等区县单位面积年释氧价值量总体呈相对微弱的下降趋势，其中资源县和叠彩区的下降趋势相对显著，单位面积年释氧价值量的减少量分别为 4.55 元/$hm^2$ 和 3.64 元/$hm^2$；其他区县单位面积年固碳价值量总体则呈增长趋势，其中金秀、恭城、平乐、钟山和富川等区县单位面积年释氧价值量年增加量最大，年增加量均超过 19.00 元/$hm^2$。

2000—2020 年，不同区县年释氧价值总量变化范围为 4.97×$10^6$～597.17×$10^6$ 元/年，最低值出现在 2010 年桂林市秀峰区，最高值则出现在 2018 年桂林市灵川县。2000—2020 年，灵川、兴安、恭城、荔浦和阳朔等区县年释氧价值总量相对较高，占漓江流域释氧价值总量比例在 70%以上（表 6－8）。2000—2020 年，兴安、资源、叠彩和秀峰等区县年释氧价值总量总体呈微弱的下降趋势，其中兴安县的下降趋势最显著，年释氧价值总量减少量为 28.06×$10^4$ 元；其他区县年释氧总量则呈增长趋势，其中恭城瑶族自治县、平乐县年释氧价值总量的增加趋势最显著，年释氧价值总量增加量超过 298.00×$10^4$ 元。

### 6.3.3 子流域尺度

2000—2020 年，漓江流域单位面积年释氧物质量变化范围为 420.42～824.52g/($m^2$·年)，其中 2010 年恭城河下游子流域单位面积释氧量最低，而 2018 年荔浦河上游子流域最高（表 6－9）。不同子流域单位面积释氧量在不同年份之间存在较大差别。2000 年单位面积释氧量较高的子流域包括漓江上游、荔浦河上游、潮田河、马岭河和甘棠江，2005 年以荔浦河上游、势江河、潮田河、马岭河和荔浦河入桂江段等子流域较高，2010 年以潮田河、荔浦河上游、兴坪河、西岭河和马岭河等子流域较高，2015 年以荔浦河入桂江段、潮田河、荔浦河上游、恭城河入桂江段和势江河等子流域较高，2018 年以荔浦河上游、势江

表 6-8　　2000—2020 年漓江流域不同区县释氧价值量

| 区县 | 单位面积释氧价值量/[元/(m² · 年)] | | | | | | 单位面积释氧价值量年变化量/(元/hm²) | 释氧价值总量/($10^6$元/年) | | | | | | 释氧价值量年变化量/($10^4$ 元) |
|---|---|---|---|---|---|---|---|---|---|---|---|---|---|---|
| | 2000 年 | 2005 年 | 2010 年 | 2015 年 | 2018 年 | 2020 年 | | 2000 年 | 2005 年 | 2010 年 | 2015 年 | 2018 年 | 2020 年 | |
| 江永县 | 0.22 | 0.21 | 0.20 | 0.21 | 0.27 | 0.22 | 15.38 | 134.74 | 132.69 | 123.71 | 132.64 | 170.41 | 138.37 | 95.35 |
| 秀峰区 | 0.15 | 0.12 | 0.12 | 0.15 | 0.14 | 0.13 | −0.07 | 6.39 | 5.13 | 4.97 | 6.25 | 5.87 | 5.70 | −0.03 |
| 叠彩区 | 0.14 | 0.13 | 0.12 | 0.14 | 0.14 | 0.13 | −3.64 | 7.31 | 6.50 | 6.04 | 7.10 | 6.84 | 6.33 | −1.84 |
| 象山区 | 0.14 | 0.11 | 0.11 | 0.14 | 0.13 | 0.13 | 3.12 | 12.63 | 9.95 | 9.89 | 12.45 | 11.72 | 12.00 | 2.80 |
| 七星区 | 0.14 | 0.12 | 0.11 | 0.13 | 0.13 | 0.13 | 0.67 | 9.54 | 8.41 | 8.07 | 9.12 | 9.22 | 9.08 | 0.47 |
| 雁山区 | 0.20 | 0.18 | 0.18 | 0.22 | 0.22 | 0.21 | 13.23 | 61.12 | 54.89 | 53.93 | 65.66 | 66.38 | 63.53 | 40.11 |
| 临桂区 | 0.23 | 0.20 | 0.20 | 0.22 | 0.22 | 0.22 | 1.57 | 93.14 | 80.25 | 80.19 | 89.76 | 89.29 | 88.33 | 6.31 |
| 阳朔县 | 0.23 | 0.22 | 0.21 | 0.23 | 0.25 | 0.25 | 13.16 | 328.25 | 309.10 | 308.13 | 325.56 | 359.33 | 354.52 | 188.94 |
| 灵川县 | 0.25 | 0.23 | 0.23 | 0.24 | 0.26 | 0.24 | 2.13 | 574.26 | 531.21 | 518.62 | 557.55 | 597.17 | 540.84 | 48.98 |
| 兴安县 | 0.24 | 0.21 | 0.21 | 0.24 | 0.26 | 0.20 | −1.29 | 519.56 | 466.28 | 451.75 | 516.97 | 566.48 | 425.38 | −28.06 |
| 资源县 | 0.24 | 0.22 | 0.24 | 0.27 | 0.27 | 0.18 | −4.55 | 10.75 | 9.84 | 10.56 | 11.86 | 11.98 | 7.94 | −2.02 |
| 平乐县 | 0.20 | 0.21 | 0.19 | 0.22 | 0.24 | 0.25 | 23.06 | 265.24 | 275.66 | 244.51 | 284.06 | 313.47 | 329.06 | 298.47 |
| 恭城瑶族自治县 | 0.24 | 0.24 | 0.23 | 0.25 | 0.29 | 0.28 | 23.72 | 480.14 | 486.18 | 455.11 | 496.89 | 587.19 | 558.83 | 478.72 |
| 荔浦市 | 0.24 | 0.23 | 0.22 | 0.24 | 0.26 | 0.27 | 14.45 | 384.53 | 373.16 | 351.51 | 385.62 | 408.80 | 433.01 | 231.43 |
| 钟山县 | 0.28 | 0.30 | 0.27 | 0.25 | 0.30 | 0.35 | 20.36 | 6.92 | 7.42 | 6.84 | 6.17 | 7.62 | 8.84 | 5.12 |
| 富川瑶族自治县 | 0.22 | 0.20 | 0.19 | 0.23 | 0.27 | 0.23 | 19.09 | 46.72 | 44.23 | 40.79 | 48.69 | 58.10 | 48.85 | 41.29 |
| 金秀瑶族自治县 | 0.30 | 0.32 | 0.29 | 0.32 | 0.38 | 0.36 | 35.27 | 95.74 | 101.09 | 94.13 | 101.77 | 122.88 | 115.38 | 112.60 |

表 6-9　2000—2020 年漓江流域不同子流域释氧量

| 子流域 | 单位面积释氧量/[g/(m²·年)] | | | | | | 单位面积释氧量年变化量/(g/m²) | 释氧总量/($10^{11}$ g/年) | | | | | | 释氧量年变化量/($10^8$ g) |
|---|---|---|---|---|---|---|---|---|---|---|---|---|---|---|
| | 2000 年 | 2005 年 | 2010 年 | 2015 年 | 2018 年 | 2020 年 | | 2000 年 | 2005 年 | 2010 年 | 2015 年 | 2018 年 | 2020 年 | |
| 漓江上游 | 735.36 | 632.14 | 620.63 | 686.61 | 742.57 | 547.32 | −3.14 | 11.40 | 9.80 | 9.62 | 10.64 | 11.51 | 8.49 | −48.74 |
| 甘棠江 | 690.68 | 631.70 | 600.85 | 667.48 | 681.52 | 570.01 | −2.30 | 5.32 | 4.87 | 4.63 | 5.15 | 5.25 | 4.39 | −17.76 |
| 灵渠 | 601.92 | 575.67 | 551.26 | 636.90 | 720.74 | 578.01 | 3.12 | 5.87 | 5.62 | 5.38 | 6.22 | 7.03 | 5.64 | 30.46 |
| 桃花江 | 524.65 | 439.74 | 422.82 | 496.86 | 478.43 | 468.36 | −0.74 | 2.52 | 2.11 | 2.03 | 2.38 | 2.29 | 2.25 | −3.55 |
| 潮田河 | 713.30 | 677.05 | 677.46 | 732.07 | 792.03 | 758.75 | 4.17 | 8.86 | 8.41 | 8.41 | 9.09 | 9.83 | 9.42 | 51.77 |
| 良丰河 | 579.83 | 502.00 | 507.85 | 592.42 | 607.17 | 586.71 | 2.89 | 2.89 | 2.50 | 2.53 | 2.96 | 3.03 | 2.93 | 14.43 |
| 兴坪河 | 663.20 | 649.51 | 643.92 | 627.85 | 719.41 | 729.18 | 3.06 | 2.80 | 2.74 | 2.72 | 2.65 | 3.04 | 3.08 | 12.95 |
| 遇龙河 | 659.77 | 603.96 | 601.37 | 646.47 | 698.26 | 688.14 | 2.92 | 4.39 | 4.02 | 4.01 | 4.31 | 4.65 | 4.58 | 19.43 |
| 漓江入桂江段 | 532.58 | 537.84 | 494.11 | 586.01 | 620.17 | 610.63 | 4.86 | 1.40 | 1.42 | 1.30 | 1.54 | 1.63 | 1.61 | 12.80 |
| 恭城河下游 | 451.98 | 460.03 | 420.42 | 542.15 | 579.29 | 583.74 | 7.62 | 0.36 | 0.37 | 0.34 | 0.43 | 0.46 | 0.47 | 6.10 |
| 恭城河入桂江段 | 607.28 | 593.41 | 574.52 | 715.49 | 753.69 | 773.01 | 9.69 | 0.55 | 0.54 | 0.52 | 0.65 | 0.68 | 0.70 | 8.78 |
| 荔浦河入桂江段 | 682.43 | 671.13 | 616.25 | 740.86 | 774.39 | 815.79 | 7.06 | 0.98 | 0.97 | 0.89 | 1.07 | 1.12 | 1.18 | 10.19 |
| 马岭河 | 698.37 | 672.85 | 626.64 | 690.66 | 708.59 | 780.32 | 3.32 | 4.27 | 4.11 | 3.83 | 4.22 | 4.33 | 4.77 | 20.28 |
| 荔浦河上游 | 716.22 | 714.33 | 674.64 | 729.78 | 822.19 | 824.52 | 5.81 | 9.07 | 9.05 | 8.54 | 9.24 | 10.41 | 10.44 | 73.57 |
| 西岭河 | 658.98 | 649.73 | 634.48 | 683.22 | 782.62 | 729.80 | 5.33 | 4.13 | 4.07 | 3.98 | 4.28 | 4.90 | 4.57 | 33.43 |
| 恭城河上游 | 650.09 | 644.13 | 606.80 | 661.42 | 811.17 | 720.98 | 6.02 | 12.52 | 12.41 | 11.69 | 12.74 | 15.62 | 13.89 | 115.83 |
| 势江河 | 665.60 | 712.46 | 617.92 | 703.91 | 813.70 | 818.43 | 7.32 | 3.32 | 3.55 | 3.08 | 3.51 | 4.06 | 4.08 | 36.49 |
| 榕津河 | 596.34 | 629.40 | 548.67 | 616.96 | 693.96 | 739.22 | 6.00 | 5.30 | 5.59 | 4.87 | 5.48 | 6.16 | 6.57 | 53.27 |

河、恭城河上游、潮田河和西岭河等子流域较高，2020 年则以荔浦河上游、势江河、荔浦河入桂江段、马岭河和恭城河入桂江段等子流域较高。总体来看，2000—2020 年，荔浦河上游、势江河和潮田河等 3 条子流域单位面积年释氧量较高。2000—2020 年，漓江流域子流域单位面积年释氧量变化波动较小，漓江上游、甘棠江和桃花江 3 条子流域的单位面积年释氧量呈较微弱的减小趋势，年减少量均超过 0.70g/$m^2$；其他子流域单位面积释氧量均呈增加趋势，其中恭城河入桂江段、恭城河下游、势江河、荔浦河入桂江段和榕津河等子流域单位面积释氧量年变化量增加趋势较为明显，年增加量不小于 6.00g/$m^2$。

2000—2020 年，漓江流域不同子流域年释氧总量变化范围为 0.34×$10^{11}$～15.62×$10^{11}$g/年，2010 年恭城河下游子流域释氧总量最低，而 2018 年恭城河上游子流域释氧总量最高（表 6-9）。2000—2018 年，恭城河上游、漓江上游、荔浦河上游、潮田河和灵渠等 5 条子流域年释氧量较高，2020 年，恭城河上游、荔浦河上游、潮田河、漓江上游和榕津河等 5 条子流域释氧量较高。2000—2020 年，上述子流域的释氧量均占对应年份漓江流域释氧总量的 50%以上。其中，2000—2020 年恭城河上游子流域年释氧总量占比最高，均超过 14%。2000—2020 年，漓江上游、甘棠江和桃花江子流域释氧总量呈减少趋势，其中，漓江上游子流域年释氧总量年减少量最大，为 48.74×$10^8$g；其他子流域年释氧总量均呈增加趋势，恭城河上游、荔浦河上游、榕津河和潮田河等子流域年释氧总量增加趋势较为明显，释氧总量年增加量超过 51.00×$10^8$g。

2000—2020 年，漓江流域单位面积年释氧价值量变化范围为 0.15～0.29 元/($m^2$·年)，其中 2010 年恭城河下游子流域和桃花江子流域单位面积年释氧价值最低（表 6-10）。与单位面积释氧物质量相同，不同子流域单位面积释氧价值在不同年份之间存在较大差别。2000 年单位面积释氧价值量较高的子流域包括漓江上游、荔浦河上游、潮田河、马岭河和甘棠江，2005 年以荔浦河上游、势江河、潮田河、马岭河和荔浦河入桂江段等子流域较高，2010 年以潮田河、荔浦河上游、兴坪河、西岭河和马岭河等子流域较高，2015 年以荔浦河入桂江段、潮田河、荔浦河上游、恭城河入桂江段和势江河等子流域较高，2018 年以荔浦河上游、势江河、恭城河上游、潮田河和西岭河等子流域较高，2020 年则以荔浦河上游、势江河、荔浦河入桂江段、马岭河和恭城河入桂江段等子流域较高。总体来看，2000—2020 年，荔浦河上游、潮田河和势江河等 3 条子流域单位面积年释氧价值较高。2000—2020 年，漓江流域子流域单位面积年释氧量变化波动较小，漓江上游、甘棠江和桃花江 3 条子流域的单位面积年释氧价值量呈减小趋势，其中漓江上游子流域的年减少量为 11.10 元/$hm^2$；其他子流域单位面积年释氧价值均呈增加趋势，其中恭城河入桂江段、恭城河下游、势江河和荔浦河入桂江段等子流域单位面积年释氧价值年变化量增加趋势较为明显，单位面

表6-10 2000—2020年漓江流域不同子流域释氧价值量

| 子流域 | 单位面积释氧价值量/[元/($m^2$·年)] | | | | | | 单位面积释氧价值量年变化量/(元/$hm^2$) | 释氧价值总量/($10^6$元/年) | | | | | | 释氧价值量年变化量/($10^4$元) |
|---|---|---|---|---|---|---|---|---|---|---|---|---|---|---|
| | 2000年 | 2005年 | 2010年 | 2015年 | 2018年 | 2020年 | | 2000年 | 2005年 | 2010年 | 2015年 | 2018年 | 2020年 | |
| 漓江上游 | 0.26 | 0.22 | 0.22 | 0.24 | 0.26 | 0.19 | −11.10 | 402.36 | 345.88 | 339.58 | 375.68 | 406.30 | 299.47 | −172.03 |
| 甘棠江 | 0.24 | 0.22 | 0.21 | 0.24 | 0.24 | 0.20 | −8.13 | 187.92 | 171.87 | 163.48 | 181.61 | 185.43 | 155.09 | −62.68 |
| 灵渠 | 0.21 | 0.20 | 0.19 | 0.22 | 0.25 | 0.20 | 11.02 | 207.30 | 198.26 | 189.85 | 219.35 | 248.22 | 199.07 | 107.51 |
| 桃花江 | 0.19 | 0.16 | 0.15 | 0.18 | 0.17 | 0.17 | −2.61 | 88.78 | 74.41 | 71.55 | 84.07 | 80.96 | 79.25 | −12.51 |
| 潮田河 | 0.25 | 0.24 | 0.24 | 0.26 | 0.28 | 0.27 | 14.72 | 312.55 | 296.67 | 296.85 | 320.78 | 347.05 | 332.47 | 182.73 |
| 良丰河 | 0.20 | 0.18 | 0.18 | 0.21 | 0.21 | 0.21 | 10.20 | 102.11 | 88.40 | 89.43 | 104.33 | 106.93 | 103.32 | 50.92 |
| 兴坪河 | 0.23 | 0.23 | 0.23 | 0.22 | 0.25 | 0.26 | 10.81 | 98.90 | 96.86 | 96.03 | 93.63 | 107.29 | 108.74 | 45.69 |
| 遇龙河 | 0.23 | 0.21 | 0.21 | 0.23 | 0.25 | 0.24 | 10.30 | 155.08 | 141.96 | 141.35 | 151.95 | 164.13 | 161.75 | 68.58 |
| 漓江入桂江段 | 0.19 | 0.19 | 0.17 | 0.21 | 0.22 | 0.22 | 17.15 | 49.51 | 50.00 | 45.93 | 54.47 | 57.65 | 56.76 | 45.18 |
| 恭城河下游 | 0.16 | 0.16 | 0.15 | 0.19 | 0.20 | 0.21 | 26.90 | 12.76 | 12.98 | 11.86 | 15.30 | 16.35 | 16.47 | 21.51 |
| 恭城河入桂江段 | 0.21 | 0.21 | 0.20 | 0.25 | 0.27 | 0.27 | 34.22 | 19.42 | 18.98 | 18.37 | 22.88 | 24.10 | 24.72 | 31.00 |
| 荔浦河入桂江段 | 0.24 | 0.24 | 0.22 | 0.26 | 0.27 | 0.29 | 24.93 | 34.75 | 34.17 | 31.38 | 37.73 | 39.43 | 41.54 | 35.98 |
| 马岭河 | 0.25 | 0.24 | 0.22 | 0.24 | 0.25 | 0.28 | 11.72 | 150.54 | 145.04 | 135.08 | 148.88 | 152.74 | 168.21 | 71.59 |
| 荔浦河上游 | 0.25 | 0.25 | 0.24 | 0.26 | 0.29 | 0.29 | 20.50 | 320.12 | 319.28 | 301.54 | 326.18 | 367.49 | 368.53 | 259.66 |
| 西岭河 | 0.23 | 0.23 | 0.22 | 0.24 | 0.28 | 0.26 | 18.83 | 145.74 | 143.69 | 140.32 | 151.10 | 173.08 | 161.40 | 117.98 |
| 恭城河上游 | 0.23 | 0.23 | 0.21 | 0.23 | 0.29 | 0.25 | 21.24 | 442.03 | 437.97 | 412.59 | 449.73 | 551.39 | 490.23 | 408.78 |
| 势江河 | 0.23 | 0.25 | 0.22 | 0.25 | 0.29 | 0.29 | 25.82 | 117.17 | 125.41 | 108.77 | 123.91 | 143.24 | 144.07 | 128.78 |
| 榕津河 | 0.21 | 0.22 | 0.19 | 0.22 | 0.24 | 0.26 | 21.16 | 186.96 | 197.32 | 172.01 | 193.42 | 217.56 | 231.75 | 188.00 |

积年释氧价值量的年增加量超过 24.93 元/$hm^2$。

2000—2020 年，漓江流域不同子流域年释氧价值总量变化范围为 $11.86\times10^6$～$551.39\times10^6$ 元/年，2010 年恭城河下游子流域释氧价值总量最低，而 2018 年恭城河上游子流域释氧价值总量最高（表 6-10）。2000—2018 年，恭城河上游、漓江上游、荔浦河上游、潮田河和灵渠等 5 条子流域释氧价值量较高，2020 年，恭城河上游、荔浦河上游、潮田河、漓江上游和榕津河等 5 条子流域释氧价值量较高。2000—2020 年，上述子流域的年释氧价值均占对应年份漓江流域释氧价值总量的 53%以上。其中，2000—2020 年恭城河上游子流域年释氧价值总量占比最高，均超过 14%。与固碳价值总量变化趋势相同，2000—2020 年，漓江上游、甘棠江和桃花江子流域年释氧价值总量呈减少趋势，其中，漓江上游子流域年释氧价值总量年减少量最大，为 $172.03\times10^4$ 元；其他子流域年释氧价值总量均呈增加趋势，恭城河上游、荔浦河上游、榕津河和潮田河等子流域年释氧价值总量增加趋势较为明显，年释氧价值总量年增加量超过 $1.80\times10^6$ 元。其中恭城河上游年增加量最大，为 $408.78\times10^4$ 元。

### 6.3.4 生态系统尺度

2000—2020 年，漓江流域不同生态系统类型单位面积年释氧量变化范围为 138.56～957.69g/($m^2$·年)，其中 2010 年聚落生态系统中的城镇用地单位面积年释氧量最低，而 2018 年森林生态系统中的灌木林单位面积年释氧量最高（表 6-11）。需要说明的是，2000 年和 2005 年没有区分裸地和沼泽地，全部划为裸地，沼泽地的单位面积年释氧量没有值。2000—2020 年，一级生态系统中森林生态系统单位面积年释氧量显著高于其他生态系统类型；二级生态系统中则是灌木林地、疏林地、有林地、其他林地和高覆盖度草地的单位面积年释氧量总体显著高于其他二级类型。2000—2020 年，一级生态系统中所有生态系统类型单位面积年释氧量均呈增加趋势，其中其他生态系统单位面积年释氧量的年增长量较大，为 4.76g/$m^2$。2000—2020 年，二级生态系统中只有湖泊的单位面积年释氧量呈相对微弱的减少趋势，年减少量为 0.23g/$m^2$；其他二级生态系统单位面积年释氧量均呈增加趋势，其中沼泽地、灌木林、其他林地和裸土地的增加趋势较为明显，年增加量超过 5.00g/$m^2$。

2000—2020 年，漓江流域一级生态系统年释氧总量变化范围为 $0.06\times10^9$～$7606.62\times10^9$g/年，其中 2018 年森林生态系统释氧总量最高，而 2000 年其他生态系统的释氧总量最低（表 6-11）。2000—2020 年均以森林生态系统的释氧总量最高，占漓江流域释氧总量的 79%左右。2000—2020 年，漓江流域所有一级生态系统年释氧总量均呈增加趋势，释氧总量年增加量超过 $3.02\times10^7$g，其中森林生态系统释氧总量的年增加量远超其他一级生态系统年增加量，为 $2940.30\times10^7$g。

表 6-11　2000—2020 年漓江流域不同生态系统释氧量

| 生态系统类型 | | 单位面积释氧量/[g/(m²·年)] | | | | | | 单位面积释氧量年变化量/(g/m²) | 释氧总量/(10⁹ g/年) | | | | | | 释氧量年变化量/(10⁷ g) |
|---|---|---|---|---|---|---|---|---|---|---|---|---|---|---|---|
| | | 2000年 | 2005年 | 2010年 | 2015年 | 2018年 | 2020年 | | 2000年 | 2005年 | 2010年 | 2015年 | 2018年 | 2020年 | |
| 农田 | 水田 | 374.38 | 371.79 | 352.17 | 402.16 | 441.93 | 422.06 | 3.33 | 751.04 | 743.42 | 703.83 | 799.62 | 870.05 | 828.54 | 578.37 |
| | 旱地 | 386.45 | 378.05 | 364.64 | 425.37 | 460.98 | 432.41 | 3.69 | 344.49 | 336.79 | 322.69 | 374.06 | 400.23 | 373.92 | 268.00 |
| | **小计** | 378.10 | 373.72 | 356.00 | 409.28 | 447.76 | 425.22 | 3.44 | 1095.53 | 1080.21 | 1026.53 | 1173.68 | 1270.28 | 1202.46 | 846.37 |
| 森林 | 有林地 | 807.59 | 767.14 | 723.96 | 788.52 | 888.97 | 803.63 | 2.66 | 4910.31 | 4643.43 | 4386.43 | 4773.07 | 5368.92 | 4852.65 | 1464.81 |
| | 灌木林 | 833.26 | 786.14 | 778.81 | 875.04 | 957.69 | 922.60 | 7.02 | 1168.05 | 1100.75 | 1090.48 | 1224.55 | 1338.18 | 1289.09 | 962.64 |
| | 疏林地 | 835.32 | 800.68 | 769.27 | 844.91 | 917.96 | 883.08 | 4.31 | 649.76 | 620.28 | 595.60 | 651.59 | 707.07 | 680.22 | 300.55 |
| | 其他林地 | 701.91 | 698.38 | 661.45 | 746.63 | 820.16 | 786.09 | 5.80 | 143.33 | 164.53 | 158.78 | 178.05 | 192.43 | 183.04 | 212.30 |
| | **小计** | 811.84 | 771.44 | 735.40 | 806.79 | 901.08 | 830.10 | 3.60 | 6871.46 | 6528.99 | 6231.29 | 6827.27 | 7606.62 | 7005.00 | 2940.30 |
| 草地 | 高覆盖度草地 | 444.39 | 429.50 | 415.48 | 461.56 | 508.20 | 492.60 | 3.43 | 478.07 | 460.89 | 440.48 | 487.48 | 535.04 | 518.16 | 303.51 |
| | 中覆盖度草地 | 447.22 | 397.61 | 391.87 | 444.86 | 489.79 | 439.00 | 1.95 | 53.11 | 47.28 | 46.69 | 52.49 | 57.57 | 51.11 | 18.30 |
| | 低覆盖度草地 | 384.31 | 377.31 | 348.57 | 414.64 | 477.76 | 442.96 | 4.40 | 0.78 | 0.76 | 0.70 | 0.84 | 0.77 | 0.71 | −0.06 |
| | **小计** | 444.57 | 426.24 | 412.98 | 459.80 | 506.31 | 487.20 | 3.28 | 531.96 | 508.93 | 487.87 | 540.81 | 593.37 | 569.97 | 321.75 |
| 水域与湿地 | 河渠 | 256.82 | 249.35 | 235.29 | 272.18 | 300.20 | 268.04 | 1.71 | 18.54 | 17.95 | 17.37 | 20.29 | 21.90 | 20.88 | 17.93 |
| | 湖泊 | 295.13 | 289.00 | 262.61 | 261.86 | 292.98 | 293.25 | −0.23 | 0.17 | 0.11 | 0.11 | 0.10 | 0.12 | 0.12 | −0.18 |
| | 水库坑塘 | 216.13 | 211.65 | 195.88 | 237.16 | 254.39 | 224.61 | 1.52 | 10.93 | 9.90 | 12.68 | 13.45 | 17.55 | 17.41 | 37.50 |
| | 滩地 | 220.78 | 207.79 | 233.72 | 194.69 | 229.64 | 248.48 | 0.89 | 3.73 | 4.53 | 1.79 | 3.46 | 3.89 | 2.06 | −5.59 |
| | **小计** | 237.96 | 230.52 | 217.88 | 249.64 | 272.84 | 246.60 | 1.40 | 33.37 | 32.49 | 31.94 | 37.31 | 43.45 | 40.46 | 49.66 |
| 聚落 | 城镇用地 | 169.97 | 153.01 | 138.56 | 175.91 | 167.48 | 160.11 | 0.23 | 14.80 | 14.91 | 13.95 | 18.43 | 18.96 | 18.61 | 24.57 |
| | 农村居民点 | 257.34 | 255.52 | 239.74 | 273.84 | 294.58 | 277.51 | 1.71 | 55.48 | 54.80 | 50.36 | 57.68 | 63.82 | 61.21 | 41.03 |
| | 其他建设用地 | 195.72 | 176.45 | 172.09 | 224.82 | 224.51 | 210.47 | 1.91 | 2.40 | 2.19 | 2.96 | 8.97 | 16.12 | 15.70 | 76.31 |
| | **小计** | 230.79 | 221.70 | 205.12 | 239.46 | 246.24 | 232.18 | 0.79 | 72.68 | 71.90 | 67.26 | 85.07 | 98.89 | 95.53 | 141.91 |
| 其他 | 沼泽地 | | | 185.14 | 207.49 | 245.49 | 229.35 | 13.64 | | | 0.07 | 0.04 | 0.04 | 0.04 | 0.21 |
| | 裸土地 | 282.67 | 242.06 | 228.49 | 315.13 | 380.08 | 347.09 | 5.46 | 0.06 | 0.08 | 0.07 | 0.75 | 0.48 | 0.44 | 2.81 |
| | **小计** | 282.67 | 242.06 | 203.41 | 307.92 | 364.66 | 333.60 | 4.76 | 0.06 | 0.08 | 0.14 | 0.79 | 0.52 | 0.48 | 3.02 |

二级生态系统年释氧总量变化范围为 0.04×$10^9$～5368.92×$10^9$ g/年，其中，2015 年、2018 年和 2020 年沼泽地释氧总量最低，而 2018 年有林地释氧总量最高。2000—2020 年，有林地、灌木林、水田、疏林地和高覆盖度草地等二级生态系统年释氧总量明显高于其他二级类型。2000—2020 年，滩地、湖泊和低覆盖度草地二级生态系统年释氧总量呈相对微弱的减少趋势，其中滩地的下降趋势最为明显，释氧总量年减少量为 5.59×$10^7$g；其他二级生态系统年释氧总量均呈增加趋势，其中，有林地、灌木林和水田的增加趋势较明显，释氧总量年增加量超过 578.00×$10^7$g。

2000—2020 年，漓江流域不同生态系统类型单位面积年释氧价值量变化范围为 0.05～0.34 元/($m^2$·年)，其中 2005 年和 2010 年聚落生态系统中的城镇用地单位面积释氧价值量最低，而 2018 年森林生态系统中的灌木林单位面积释氧价值量最高（表 6-12）。2000—2020 年，一级生态系统中森林生态系统单位面积年释氧价值量显著高于其他生态系统类型，单位面积年释氧价值量在 0.26～0.32 元/($m^2$·年)；二级生态系统中则是灌木林、疏林地、有林地、其他林地和高覆盖度草地单位面积年释氧价值量总体高于其他二级类型。2000—2020 年，一级生态系统中所有生态系统类型单位面积年释氧价值量均呈增加趋势，其中其他生态系统单位面积年释氧价值量的年增长量较大，为 16.79 元/$hm^2$。2000—2020 年，二级生态系统中只有湖泊的单位面积年释氧价值量呈相对微弱的减少趋势，年减少量为 0.82 元/$hm^2$；其他二级生态系统单位面积年释氧价值量均呈增加趋势，其中沼泽地、灌木林、其他林地和裸土地的增加趋势较为明显，年增加量超过 19.00 元/$hm^2$。

2000—2020 年，漓江流域一级生态系统年释氧价值总量变化范围为 0.02×$10^6$～2684.60×$10^6$ 元/年，其中 2018 年森林生态系统释氧价值总量最高，而 2000 年的其他生态系统释氧价值总量最低（表 6-12）。2000—2020 年均以森林生态系统年释氧价值总量最高，占漓江流域释氧价值总量的比例在 79%左右。2000—2020 年，漓江流域所有一级生态系统年释氧价值总量均呈增加趋势，年释氧总量增加量超过 1.00×$10^4$ 元，其中森林生态系统年释氧价值总量的年增加量远超其他一级生态系统年增加量，为 1037.72×$10^4$ 元。二级生态系统年释氧价值总量变化范围为 0.01×$10^6$～1894.85×$10^6$ 元/年，其中 2015 年、2018 年和 2020 年沼泽地年释氧价值总量最低，而 2018 年有林地释氧价值总量最高。2000—2020 年，有林地、灌木林、水田、高覆盖度草地和疏林地等二级生态系统年释氧价值总量明显高于其他二级类型。2000—2020 年，滩地、湖泊和低覆盖度草地二级生态系统年释氧价值总量呈相对微弱的减少趋势，其中滩地的下降趋势最为明显，释氧价值总量年减少量为 1.97×$10^4$ 元；其他二级生态系统年释氧价值总量均呈增加趋势，有林地、灌木林、水田、高覆盖度草地和疏林地等二

表 6-12　2000—2020 年漓江流域不同生态系统释氧价值量

| 生态系统类型 | | 单位面积释氧价值量/[元/(m² · 年)] | | | | | | 单位面积释氧价值量年变化量/(元/hm²) | 释氧价值总量/(10⁶ 元/年) | | | | | | 释氧价值量年变化量/(10⁴ 元) |
|---|---|---|---|---|---|---|---|---|---|---|---|---|---|---|---|
| | | 2000 年 | 2005 年 | 2010 年 | 2015 年 | 2018 年 | 2020 年 | | 2000 年 | 2005 年 | 2010 年 | 2015 年 | 2018 年 | 2020 年 | |
| 农田 | 水田 | 0.13 | 0.13 | 0.12 | 0.14 | 0.16 | 0.15 | 11.77 | 265.06 | 262.37 | 248.40 | 282.21 | 307.07 | 292.42 | 204.13 |
| | 旱地 | 0.14 | 0.13 | 0.13 | 0.15 | 0.16 | 0.15 | 13.03 | 121.58 | 118.86 | 113.89 | 132.02 | 141.25 | 131.97 | 94.58 |
| | **小计** | 0.13 | 0.13 | 0.13 | 0.14 | 0.16 | 0.15 | 12.15 | 386.65 | 381.24 | 362.29 | 414.23 | 448.32 | 424.39 | 298.71 |
| 森林 | 有林地 | 0.29 | 0.27 | 0.26 | 0.28 | 0.31 | 0.28 | 9.38 | 1733.00 | 1638.80 | 1548.10 | 1684.56 | 1894.85 | 1712.65 | 516.98 |
| | 灌木林 | 0.29 | 0.28 | 0.27 | 0.31 | 0.34 | 0.33 | 24.76 | 412.24 | 388.49 | 384.86 | 432.18 | 472.29 | 454.96 | 339.74 |
| | 疏林地 | 0.29 | 0.28 | 0.27 | 0.30 | 0.32 | 0.31 | 15.21 | 229.32 | 218.91 | 210.21 | 229.97 | 249.55 | 240.07 | 106.07 |
| | 其他林地 | 0.25 | 0.25 | 0.23 | 0.26 | 0.29 | 0.28 | 20.46 | 50.59 | 58.07 | 56.04 | 62.84 | 67.92 | 64.60 | 74.93 |
| | **小计** | 0.29 | 0.27 | 0.26 | 0.28 | 0.32 | 0.29 | 12.71 | 2425.14 | 2304.28 | 2199.21 | 2409.55 | 2684.60 | 2472.28 | 1037.72 |
| 草地 | 高覆盖度草地 | 0.16 | 0.15 | 0.15 | 0.16 | 0.18 | 0.17 | 12.09 | 168.73 | 162.66 | 155.46 | 172.05 | 188.83 | 182.87 | 107.12 |
| | 中覆盖度草地 | 0.16 | 0.14 | 0.14 | 0.16 | 0.17 | 0.15 | 6.89 | 18.75 | 16.69 | 16.48 | 18.53 | 20.32 | 18.04 | 6.46 |
| | 低覆盖度草地 | 0.14 | 0.13 | 0.12 | 0.15 | 0.17 | 0.16 | 15.53 | 0.27 | 0.27 | 0.25 | 0.30 | 0.27 | 0.25 | −0.02 |
| | **小计** | 0.16 | 0.15 | 0.15 | 0.16 | 0.18 | 0.17 | 11.58 | 187.75 | 179.62 | 172.18 | 190.87 | 209.42 | 201.16 | 113.55 |
| 水域与湿地 | 河渠 | 0.09 | 0.09 | 0.08 | 0.10 | 0.11 | 0.09 | 6.04 | 6.54 | 6.34 | 6.13 | 7.16 | 7.73 | 7.37 | 6.33 |
| | 湖泊 | 0.10 | 0.10 | 0.09 | 0.09 | 0.10 | 0.10 | −0.82 | 0.06 | 0.04 | 0.04 | 0.04 | 0.04 | 0.04 | −0.06 |
| | 水库坑塘 | 0.08 | 0.07 | 0.07 | 0.08 | 0.09 | 0.08 | 5.36 | 3.86 | 3.49 | 4.47 | 4.75 | 6.19 | 6.14 | 13.23 |
| | 滩地 | 0.08 | 0.07 | 0.08 | 0.07 | 0.08 | 0.09 | 3.12 | 1.32 | 1.60 | 0.63 | 1.22 | 1.37 | 0.73 | −1.97 |
| | **小计** | 0.08 | 0.08 | 0.08 | 0.09 | 0.10 | 0.09 | 4.94 | 11.78 | 11.47 | 11.27 | 13.17 | 15.34 | 14.28 | 17.53 |
| 聚落 | 城镇用地 | 0.06 | 0.05 | 0.05 | 0.06 | 0.06 | 0.06 | 0.80 | 5.22 | 5.26 | 4.92 | 6.50 | 6.69 | 6.57 | 8.67 |
| | 农村居民点 | 0.09 | 0.09 | 0.08 | 0.10 | 0.10 | 0.10 | 6.03 | 19.58 | 19.34 | 17.77 | 20.36 | 22.52 | 21.60 | 14.48 |
| | 其他建设用地 | 0.07 | 0.06 | 0.06 | 0.08 | 0.08 | 0.07 | 6.75 | 0.85 | 0.77 | 1.04 | 3.16 | 5.69 | 5.54 | 26.93 |
| | **小计** | 0.08 | 0.08 | 0.07 | 0.08 | 0.09 | 0.08 | 2.78 | 25.65 | 25.37 | 23.74 | 30.03 | 34.90 | 33.71 | 50.08 |
| 其他 | 沼泽地 | | | 0.07 | 0.07 | 0.09 | 0.08 | 48.15 | | | 0.03 | 0.01 | 0.01 | 0.01 | 0.07 |
| | 裸土地 | 0.10 | 0.09 | 0.08 | 0.11 | 0.13 | 0.12 | 19.27 | 0.02 | 0.03 | 0.02 | 0.26 | 0.17 | 0.16 | 0.99 |
| | **小计** | 0.10 | 0.09 | 0.07 | 0.11 | 0.13 | 0.12 | 16.79 | 0.02 | 0.03 | 0.05 | 0.28 | 0.18 | 0.17 | 1.06 |

级生态系统年释氧价值总量增加趋势较为明显，其中，有林地、灌木林地和水田的增加趋势最明显，释氧价值总量年增加量超过 $204.00\times10^4$ 元。

由此可见，漓江流域释氧能力与固碳能力相同，除湖泊之外的所有生态系统的释氧能力均有所增加。虽然森林和草地生态系统的释氧能力较强，但是漓江流域发挥释氧功能的生态系统仍以森林生态系统和农田生态系统为主。

## 6.4 小　　结

漓江流域生态系统通过植被的光合作用吸收二氧化碳、释放氧气，为区域空气环境质量提供了重要的调节服务。生态系统通过固碳释氧服务可以提高空气中氧气含量，降低二氧化碳浓度，减缓温室效应，为改善人居环境和社会经济系统提供效益。全域、区县、子流域和生态系统等 4 种尺度的漓江流域生态系统固碳释氧服务研究表明：

（1）2000—2020 年，漓江流域生态系统单位面积年固碳量为 825.74～1011.89g/($m^2$·年)，单位面积价值量为 0.22～0.26 元/($m^2$·年)，年固碳总量为 $10.75\times10^{12}$～$13.17\times10^{12}$g C/年，年价值总量为 $28.04\times10^8$～$34.35\times10^8$ 元/年；漓江流域生态系统单位面积年释氧量为 602.84～738.74g/($m^2$·年)，单位面积价值量为 0.21～0.26 元/($m^2$·年)，年释氧总量为 $7.85\times10^{12}$～$9.61\times10^{12}$g/年，年价值总量为 $27.69\times10^8$～$33.93\times10^8$ 元/年，单位面积年固碳、年释氧量及其价值和年固碳、年释氧总量及其价值总体均呈现在波动中略有上升的变化趋势。

（2）由于生态系统构成与面积、气象、地形地貌和人为干扰强度等空间异质性显著，致使漓江流域生态系统年固碳释氧服务在区县间、子流域间差异均显著，其中单位面积年固碳释氧服务区县尺度以金秀、钟山、恭城和资源等区县为高值区，以荔浦河上游、潮田河和势江河等 3 条子流域单位面积年固碳、年释氧量及其价值较高。

（3）由于植被固碳释氧服务受区域气候、地形和人为干扰的影响，而上述因子空间异质性差异明显，致使不同植被类型（生态系统类型）间固碳释氧服务差异悬殊，均以森林生态系统最高，农田次之，聚落最低。

# 第7章 生境质量格局与演变

基于2000年、2005年、2010年、2015年、2018年和2020年六期土地覆被数据，利用INVEST模型中的Habitat Quality，研究漓江流域全域、县域和子流域生境质量格局与演变趋势。结果表明，生境质量一般干流及支流源区/上游栅格、区县、子流域大于中下游栅格、区县和子流域。除农田和综合生态系统生境质量呈显著增加和极显著降低外，全域其他生态系统生境质量变化未达显著水平（$P<0.05$）。漓江流域不同生态系统生境质量在区县间和子流域间差异均显著，这是区域生态系统构成、土地开发和生态保护与建设等综合作用的结果。本章研究成果可为漓江流域制定生态系统保护与建设政策提供数据支撑。

## 7.1 研究方法与数据来源

### 7.1.1 研究方法

区域生境适宜度及其对胁迫因子敏感度因土地利用类型的不同而不同，致使区域生境质量评估结果因土地利用分类系统而异。本章基于INVEST模型及其重要参数，先用ArcMap10.0将土地覆被数据重分类，分成耕地、有林地、灌木林地、疏林地、其他林地、高覆盖度草地、中覆盖度草地、低覆盖度草地、水域、城镇用地、农村居民点、其他建设用地、未利用地共13类型，再利用INVEST软件核算生境质量。采用INVEST模型中Habitat Quality反映生境质量，结合土地利用和土地覆被与生境质量威胁因素的信息生成生境质量地图，将不同的土地利用和土地覆被类型视为相应的生态系统类型或人类活动的干扰因子，依据各生态系统类型对动植物的生境适宜度和人类干扰因子的威胁强度来模拟生境质量的空间分布（王军等，2021）。生境质量计算模型如下：

$$Q_{ij}=H_j\left(1-\frac{D_{ij}^z}{D_{ij}^z+k^z}\right) \tag{7-1}$$

$$D_{ij}=\sum_{r=1}^{R}\sum_{y=1}^{Y_i}\left(\frac{\omega_i}{\sum_{r=1}^{R}\omega_i}\right)r_y\, i_{riy}\,\beta_x\, S_{jm} \tag{7-2}$$

本章执笔人：中国科学院地理科学与资源研究所张昌顺，广西师范大学马姜明，国家林业和草原局林草调查规划院王小昆。

式中：$Q_{ij}$为土地利用类型$j$中栅格$i$的生境质量，处于0～1范围内，数值越高生境质量越好；$D_{ij}$为土地利用类型$j$中栅格$i$的生境退化度；$H_j$为土地利用类型$j$的生境适宜性分值；$k$为半饱和常数；$z$为尺度常数，一般取2.5；$R$为胁迫因子数量；$Y_i$为胁迫因子的栅格单元总数；$\omega_i$为胁迫因子的权重，介于0～1之间，各地类胁迫因子的权重具体详见表7-1；$r_y$为栅格$y$的胁迫因子值（0或1）；$i_{riy}$为栅格$y$中的胁迫因子值$r_y$对栅格$i$的影响距离，依据胁迫因子线性衰减和指数衰减，由最大影响距离计算获得；$S_{jm}$为土地利用类型$j$对胁迫因子$m$的敏感度，取值范围为0～1，各土地利用类型胁迫因子敏感度取值详见表7-2。

**表7-1 研究区胁迫因子权重与最大影响距离**

| 胁迫因子 | 最大影响距离/km | 权重 | 衰减类型 |
|---|---|---|---|
| 耕地 | 1 | 0.6 | 线性衰减 |
| 城镇用地 | 8 | 1.0 | 指数衰减 |
| 农村居民点 | 6 | 0.8 | 指数衰减 |
| 其他建设用地 | 5 | 0.6 | 指数衰减 |
| 未利用地 | 3 | 0.5 | 线性衰减 |

**表7-2 研究区不同土地利用类型生境适宜度及对胁迫因子的敏感性**

| 土地利用类型 | 生境适宜度 | 对胁迫因子的敏感度 | | | | |
|---|---|---|---|---|---|---|
| | | 耕地 | 城镇用地 | 农村居民点 | 其他建设用地 | 未利用地 |
| 耕地 | 0.5 | 0 | 0.8 | 0.7 | 0.6 | 0.4 |
| 有林地 | 1.0 | 0.6 | 0.9 | 0.8 | 0.8 | 0.5 |
| 灌木林地 | 0.8 | 0.6 | 0.8 | 0.6 | 0.7 | 0.5 |
| 疏林地 | 0.7 | 0.5 | 0.7 | 0.7 | 0.8 | 0.4 |
| 其他林地 | 0.6 | 0.5 | 0.7 | 0.7 | 0.8 | 0.4 |
| 高覆盖度草地 | 0.7 | 0.6 | 0.7 | 0.7 | 0.7 | 0.6 |
| 中覆盖度草地 | 0.6 | 0.5 | 0.7 | 0.7 | 0.7 | 0.6 |
| 低覆盖度草地 | 0.5 | 0.5 | 0.7 | 0.7 | 0.7 | 0.6 |
| 水域与湿地 | 0.8 | 0.4 | 0.7 | 0.6 | 0.7 | 0.4 |
| 城镇用地 | 0.0 | 0.0 | 0.0 | 0.0 | 0.0 | 0.0 |
| 农村居民点 | 0.0 | 0.0 | 0.0 | 0.0 | 0.0 | 0.0 |
| 其他建设用地 | 0.0 | 0.0 | 0.0 | 0.0 | 0.0 | 0.0 |
| 未利用地 | 0.3 | 0.3 | 0.5 | 0.4 | 0.5 | 0.0 |

趋势分析采用线性回归分析，获得不同尺度各类生态系统生境质量变化趋势，再利用 F 检验确定其变化趋势的显著性阈值确定是否达到极显著（$P<0.01$）或显著变化（$P<0.05$）水平。具体方法详见第 2 章的 2.1.1.1。

### 7.1.2 数据来源

本章所用的 2000 年、2005 年、2010 年、2015 年、2018 年和 2020 年 6 期漓江流域 30m 分辨率土地覆被数据购买于资源环境科学数据中心。行政区划数据来自广西师范大学 2021 年行政区划数据。子流域数据基于研究区 30m×30m DEM 数据提取获得。

## 7.2 全 域 尺 度

### 7.2.1 格局

2020 年漓江流域生境质量较高，平均为 0.7665，流域生境质量大于 0.7665 的区域主要分布于流域北部、东部、南部和西南地区。而中部、中北部、中东部和中南部不少地区生境质量小于全域平均值 0.7665，约占总面积的 41.60%，其中又以桂林市主城区及兴安县、恭城瑶族自治县等区县政府所在地最低。集中连片面积最大区域为桂林市主城区，该区域生境质量均小于全域平均值的 60.0%，约占全域总面积的 9.82%；其次为全域平均值的 80%～100%，该生境质量梯度主要分布于小起伏低山地区，约占总面积的 14.00%。大于全域平均值的 10%的区域主要分布于流域内中起伏山区，占总面积的 46.40%。2020 年漓江流域生境质量分布格局详见图 7-1。

### 7.2.2 演变

2000 年、2010 年和 2020 年漓江流域生境质量格局变化以生境质量小于 0.46 的区域面积增长最为显著，时间尺度上又以 2000—2010 年变化最为明显。该梯度集中连片面积最大区域位于桂林市主城区，其次为恭城瑶族自治县、兴安县和灵川县等区县建成区，但在平乐县、阳朔县和荔浦市等县市也有较大面积分布。其余梯度空间分布变化不太明显（图 7-2）。

趋势分析结果表明，2000—2020 年漓江流域全域农田、水域与湿地和其他生态系统生境质量以不同增速增加，但仅农田的生境质量增加趋势达显著水平（$P<0.05$），而全域森林、草地和综合生态系统生境质量均以不同速率降低，以森林生境质量下降速率最大，综合生态系统次之，草地最小，但全域森林和草地生态系统生境质量下降趋势均未达显著水平（$P<0.05$），仅全域综合生态系

统生境质量达极显著降低水平。2000—2020年漓江流域全域主要及综合生态系统生境质量变化特征详见表7-3。

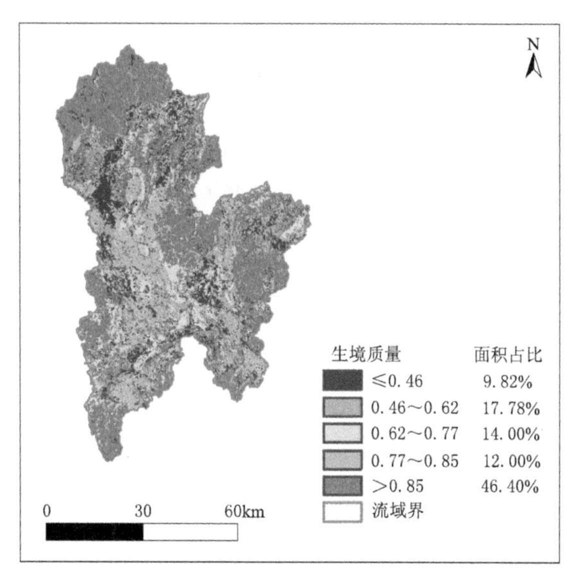


图7-1　2020年漓江流域生境质量分布图

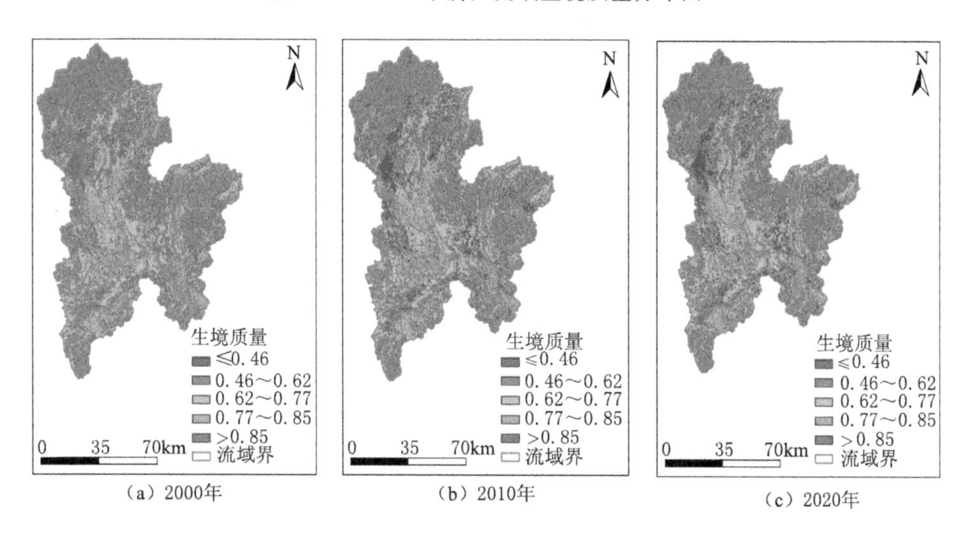


图7-2　2000—2020年漓江流域生境质量演变

**表7-3　2000—2020年漓江流域全域主要及综合生态系统生境质量变化特征**

| 生态系统类型 | 2000年 | 2005年 | 2010年 | 2015年 | 2018年 | 2020年 | *Slope* |
|---|---|---|---|---|---|---|---|
| 农田 | 0.4385 | 0.4383 | 0.4386 | 0.4387 | 0.4388 | 0.4388 | 2.13E-05* |
| 森林 | 0.9292 | 0.9279 | 0.9277 | 0.9278 | 0.9279 | 0.9280 | -4.49E-05 |

续表

| 生态系统类型 | 2000年 | 2005年 | 2010年 | 2015年 | 2018年 | 2020年 | *Slope* |
|---|---|---|---|---|---|---|---|
| 草地 | 0.6890 | 0.6890 | 0.6889 | 0.6889 | 0.6890 | 0.6890 | −1.41E−06 |
| 水域与湿地 | 0.7990 | 0.7990 | 0.7990 | 0.7990 | 0.7990 | 0.7991 | 1.58E−06 |
| 其他 | 0.3000 | 0.3000 | 0.5883 | 0.3333 | 0.3570 | 0.3570 | 2.02E−03 |
| 综合生态系统 | 0.7712 | 0.7700 | 0.7701 | 0.7688 | 0.7668 | 0.7664 | −2.33E−04** |

**注** *和**分别表示在$P\leqslant 0.05$和$P\leqslant 0.01$水平上变化显著。

## 7.3 区县尺度

### 7.3.1 格局

2020年漓江流域生态系统生境质量在区县间和生态系统间均存在显著差异，其中农田生境质量以资源县和七星区最高，约为0.4616，荔浦市次之，为0.4549，钟山县最低，为0.3000，约为资源县和七星区的65.0%。森林生境质量以资源县最高，为1.0000，金秀瑶族自治县次之，为0.9832，雁山区最低，为0.7698。草地生境质量以钟山县最高，为0.7000，叠彩区次之，为0.6997，资源县最低，为0.6023。水域与湿地以荔浦市最高，为0.7997，江永县次之，为0.7994，叠彩区最低，为0.7965。其他生境质量以灵川县最高，综合生态系统生境质量以资源县最高，达0.9720，钟山县次之，为0.9518，七星区最低，仅为0.3642，约为资源县的37.5%。2020年各区县不同生态系统生境质量排序不尽一致。除农田外，各区县各类生态系统生境质量一般为森林>水域与湿地>草地>其他。区县综合生态系统生境质量一般为干流或支流源区区县>其中下游区县，且源区综合生境质量略小于其森林生境质量，而中下游区县综合生态系统生境质量远小于其森林生境质量。2020年漓江流域区县尺度主要及综合生态系统生境质量特征详见表7-4。

**表7-4　2020年漓江流域区县尺度主要及综合生态系统生境质量特征**

| 区县 | 农田 | 森林 | 草地 | 水域与湿地 | 其他 | 综合生态系统 |
|---|---|---|---|---|---|---|
| 江永县 | 0.4452 | 0.9499 | 0.6995 | 0.7994 | 0.3000 | 0.7949 |
| 秀峰区 | 0.4287 | 0.8697 | 0.6983 | 0.7981 | — | 0.3910 |
| 叠彩区 | 0.3906 | 0.8738 | 0.6997 | 0.7965 | — | 0.3769 |
| 象山区 | 0.4281 | 0.8363 | 0.6662 | 0.7973 | — | 0.4045 |
| 七星区 | 0.4616 | 0.9101 | 0.6955 | 0.7973 | — | 0.3642 |
| 雁山区 | 0.4421 | 0.7698 | 0.6663 | 0.7978 | — | 0.5827 |

续表

| 区县 | 农田 | 森林 | 草地 | 水域与湿地 | 其他 | 综合生态系统 |
|---|---|---|---|---|---|---|
| 临桂区 | 0.4423 | 0.9307 | 0.6726 | 0.7990 | — | 0.7374 |
| 阳朔县 | 0.4472 | 0.8456 | 0.6992 | 0.7993 | — | 0.7015 |
| 灵川县 | 0.4449 | 0.9408 | 0.6935 | 0.7992 | 0.7971 | 0.8121 |
| 兴安县 | 0.4118 | 0.9711 | 0.6767 | 0.7989 | — | 0.8300 |
| 资源县 | 0.4616 | 1.0000 | 0.6023 | — | — | 0.9720 |
| 平乐县 | 0.4382 | 0.9010 | 0.6940 | 0.7991 | — | 0.6863 |
| 恭城瑶族自治县 | 0.4383 | 0.9403 | 0.6978 | 0.7993 | 0.3000 | 0.8102 |
| 荔浦市 | 0.4549 | 0.9070 | 0.6875 | 0.7997 | 0.3000 | 0.7553 |
| 钟山县 | 0.3000 | 0.9609 | 0.7000 | — | — | 0.9518 |
| 富川瑶族自治县 | 0.4042 | 0.8779 | 0.6539 | 0.7992 | — | 0.7284 |
| 金秀瑶族自治县 | 0.3454 | 0.9832 | 0.6561 | — | — | 0.9494 |

### 7.3.2 演变

2000—2020年漓江流域区县尺度农田生境质量变化趋势在区县间差异显著，其中江永县、秀峰区、象山区、七星区、雁山区、兴安县、恭城瑶族自治县、荔浦市、钟山县和富川瑶族自治县呈增加趋势，增速以秀峰区最大，七星区次之，钟山县最小，但仅江永县、雁山区和荔浦市增加趋势达显著水平（$P<0.05$）；其余区县均以不同速率下降，但仅阳朔县和灵川县农田生境质量下降速率达显著水平（$P<0.05$）。2000—2020年漓江流域县域农田生境质量变化趋势及其显著性详见表7-5。

**表7-5　2000—2020年漓江流域区县尺度农田生境质量变化趋势及其显著性**

| 区县 | 2000年 | 2005年 | 2010年 | 2015年 | 2018年 | 2020年 | *Slope* |
|---|---|---|---|---|---|---|---|
| 江永县 | 0.4433 | 0.4434 | 0.4454 | 0.4454 | 0.4454 | 0.4452 | 1.14E−04* |
| 秀峰区 | 0.4108 | 0.4149 | 0.4147 | 0.4130 | 0.4287 | 0.4287 | 8.31E−04 |
| 叠彩区 | 0.3949 | 0.3897 | 0.3904 | 0.3902 | 0.3906 | 0.3906 | −1.45E−04 |
| 象山区 | 0.4176 | 0.4184 | 0.4183 | 0.4187 | 0.4281 | 0.4281 | 5.23E−04 |
| 七星区 | 0.4446 | 0.4444 | 0.4445 | 0.4418 | 0.4477 | 0.4616 | 5.25E−04 |
| 雁山区 | 0.4418 | 0.4417 | 0.4417 | 0.4421 | 0.4420 | 0.4421 | 2.11E−05* |
| 临桂区 | 0.4424 | 0.4424 | 0.4425 | 0.4429 | 0.4423 | 0.4423 | −1.12E−06 |
| 阳朔县 | 0.4480 | 0.4478 | 0.4478 | 0.4479 | 0.4473 | 0.4472 | −3.71E−05* |
| 灵川县 | 0.4458 | 0.4456 | 0.4457 | 0.4454 | 0.4449 | 0.4449 | −4.53E−05* |
| 兴安县 | 0.4116 | 0.4115 | 0.4118 | 0.4116 | 0.4117 | 0.4118 | 1.28E−05 |

续表

| 区县 | 2000 年 | 2005 年 | 2010 年 | 2015 年 | 2018 年 | 2020 年 | *Slope* |
|---|---|---|---|---|---|---|---|
| 资源县 | 0.4626 | 0.4607 | 0.4617 | 0.4631 | 0.4616 | 0.4616 | −3.77E−06 |
| 平乐县 | 0.4384 | 0.4383 | 0.4384 | 0.4385 | 0.4385 | 0.4382 | −3.18E−07 |
| 恭城瑶族自治县 | 0.4382 | 0.4381 | 0.4382 | 0.4385 | 0.4384 | 0.4383 | 1.15E−05 |
| 荔浦市 | 0.4539 | 0.4538 | 0.4540 | 0.4542 | 0.4548 | 0.4549 | 5.47E−05* |
| 钟山县 | 0.3001 | 0.3000 | 0.3000 | 0.3000 | 0.3000 | 0.3000 | 1.98E−08 |
| 富川瑶族自治县 | 0.4037 | 0.4037 | 0.4037 | 0.4038 | 0.4042 | 0.4042 | 2.51E−05 |
| 金秀瑶族自治县 | 0.3459 | 0.3458 | 0.3461 | 0.3460 | 0.3454 | 0.3454 | −2.27E−05 |

**注** * 表示在 0.05 水平上变化显著。

2000—2020 年漓江流域区县尺度森林生境质量变化趋势在区县间同样差异显著，其中叠彩区、七星区、雁山区、兴安县、资源县和富川瑶族自治县 6 区县森林生境质量呈增加态势，增速以七星区最高，资源县最低。其余 11 个区县森林生境质量均以不同速率降低。显著性分析表明，在森林生境质量增加的 6 区县中，七星区森林生境质量极显著增加，雁山区森林生境质量显著增加；而在森林生境质量下降的 11 个区县中，江永县和灵川县森林生境质量呈极显著降低，秀峰区、临桂区、阳朔县和钟山县森林生境质量呈显著降低（表 7－6）。

**表 7－6　2000—2020 年漓江流域区县尺度森林生境质量变化趋势及其显著性**

| 区县 | 2000 年 | 2005 年 | 2010 年 | 2015 年 | 2018 年 | 2020 年 | *Slope* |
|---|---|---|---|---|---|---|---|
| 江永县 | 0.9589 | 0.9567 | 0.9504 | 0.9500 | 0.9498 | 0.9499 | −4.82E−04** |
| 秀峰区 | 0.8702 | 0.8700 | 0.8700 | 0.8701 | 0.8698 | 0.8697 | −2.22E−05* |
| 叠彩区 | 0.8671 | 0.8669 | 0.8669 | 0.8663 | 0.8739 | 0.8738 | 3.39E−04 |
| 象山区 | 0.8389 | 0.8386 | 0.8385 | 0.8388 | 0.8364 | 0.8363 | −1.21E−04 |
| 七星区 | 0.9008 | 0.9041 | 0.9065 | 0.9075 | 0.9113 | 0.9101 | 4.80E−04** |
| 雁山区 | 0.7667 | 0.7660 | 0.7662 | 0.7679 | 0.7695 | 0.7698 | 1.80E−04* |
| 临桂区 | 0.9336 | 0.9315 | 0.9308 | 0.9305 | 0.9299 | 0.9307 | −1.47E−04* |
| 阳朔县 | 0.8467 | 0.8460 | 0.8456 | 0.8456 | 0.8456 | 0.8456 | −4.60E−05* |
| 灵川县 | 0.9414 | 0.9412 | 0.9409 | 0.9409 | 0.9408 | 0.9408 | −3.18E−05** |
| 兴安县 | 0.9706 | 0.9702 | 0.9705 | 0.9710 | 0.9712 | 0.9711 | 4.10E−05 |
| 资源县 | 1.0000 | 1.0000 | 1.0000 | 1.0000 | 1.0000 | 1.0000 | 4.07E−08 |
| 平乐县 | 0.9031 | 0.8998 | 0.9008 | 0.9009 | 0.9007 | 0.9010 | −5.82E−05 |
| 恭城瑶族自治县 | 0.9423 | 0.9393 | 0.9399 | 0.9399 | 0.9401 | 0.9403 | −6.32E−05 |
| 荔浦市 | 0.9077 | 0.9064 | 0.9070 | 0.9068 | 0.9070 | 0.9070 | −1.38E−05 |

续表

| 区县 | 2000年 | 2005年 | 2010年 | 2015年 | 2018年 | 2020年 | *Slope* |
| --- | --- | --- | --- | --- | --- | --- | --- |
| 钟山县 | 0.9756 | 0.9756 | 0.9613 | 0.9612 | 0.9609 | 0.9609 | −8.52E−04* |
| 富川瑶族自治县 | 0.8775 | 0.8743 | 0.8779 | 0.8779 | 0.8779 | 0.8779 | 9.05E−05 |
| 金秀瑶族自治县 | 0.9834 | 0.9828 | 0.9829 | 0.9829 | 0.9832 | 0.9832 | −6.17E−06 |

**注** *和**分别表示在0.05和0.01水平上变化显著。

2000—2020年漓江流域区县尺度草地生境质量变化趋势在区县间亦差异显著，除秀峰区、平乐县、荔浦市和钟山县等4区县草地生境质量以不同速率增加外，其余13个区县草地生境质量均呈下降态势，并以富川瑶族自治县下降速率最大，每年下降5.06E−04，七星区最小，每年下降1.67E−07。显著性分析结果表明，仅钟山县草地生境质量极显著增加，叠彩区、灵川县和恭城瑶族自治县极显著降低，江永县、象山区、富川瑶族自治县和金秀瑶族自治县显著降低。2000—2020年漓江流域区县尺度草地生境质量变化趋势及其显著性详见表7-7。

**表7-7　2000—2020年漓江流域区县尺度草地生境质量变化趋势及其显著性**

| 区县 | 2000年 | 2005年 | 2010年 | 2015年 | 2018年 | 2020年 | *Slope* |
| --- | --- | --- | --- | --- | --- | --- | --- |
| 江永县 | 0.6995 | 0.6995 | 0.6994 | 0.6995 | 0.6994 | 0.6995 | −1.62E−06* |
| 秀峰区 | 0.6981 | 0.6984 | 0.6984 | 0.6984 | 0.6983 | 0.6983 | 5.24E−06 |
| 叠彩区 | 0.6998 | 0.6998 | 0.6998 | 0.6998 | 0.6997 | 0.6997 | −7.87E−06** |
| 象山区 | 0.6678 | 0.6677 | 0.6677 | 0.6672 | 0.6663 | 0.6662 | −8.32E−05* |
| 七星区 | 0.6954 | 0.6958 | 0.6958 | 0.6957 | 0.6955 | 0.6955 | −1.67E−07 |
| 雁山区 | 0.6653 | 0.6653 | 0.6649 | 0.6635 | 0.6643 | 0.6663 | −1.23E−05 |
| 临桂区 | 0.6729 | 0.6730 | 0.6729 | 0.6732 | 0.6727 | 0.6726 | −1.15E−05 |
| 阳朔县 | 0.6992 | 0.6992 | 0.6992 | 0.6992 | 0.6992 | 0.6992 | −4.84E−07 |
| 灵川县 | 0.6936 | 0.6936 | 0.6936 | 0.6936 | 0.6936 | 0.6935 | −5.36E−06** |
| 兴安县 | 0.6768 | 0.6767 | 0.6766 | 0.6768 | 0.6767 | 0.6767 | −1.19E−06 |
| 资源县 | 0.6026 | 0.6026 | 0.6025 | 0.6024 | 0.6023 | 0.6023 | −1.54E−05 |
| 平乐县 | 0.6940 | 0.6939 | 0.6939 | 0.6940 | 0.6940 | 0.6940 | 3.64E−06 |
| 恭城瑶族自治县 | 0.6980 | 0.6980 | 0.6979 | 0.6979 | 0.6978 | 0.6978 | −6.93E−06** |
| 荔浦市 | 0.6872 | 0.6872 | 0.6871 | 0.6872 | 0.6876 | 0.6875 | 1.94E−05 |
| 钟山县 | 0.7000 | 0.7000 | 0.7000 | 0.7000 | 0.7000 | 0.7000 | 4.62E−08** |
| 富川瑶族自治县 | 0.6628 | 0.6621 | 0.6540 | 0.6539 | 0.6539 | 0.6539 | −5.06E−04* |
| 金秀瑶族自治县 | 0.6569 | 0.6563 | 0.6563 | 0.6563 | 0.6561 | 0.6561 | −3.45E−05* |

**注** *和**分别表示在0.05和0.01水平上变化显著。

2000—2020 年漓江流域区县尺度其他生态系统生境质量变化均不显著，只是不同区县的变化速率各不同（表 7-8）。2000—2020 年漓江流域区县尺度水域与湿地生境质量变化趋势在区县间同样差异显著，除资源县、金秀瑶族自治县和钟山县无较大面积的水域与湿地分布外，江永县、雁山区、阳朔县、兴安县、恭城瑶族自治县、荔浦市和富川瑶族自治县水域与湿地以不同速率增长，其余区县水域与湿地生境质量以不同速率下降。显著性分析表明，阳朔县水域与湿地生境质量呈极显著增加，秀峰区、象山区和灵川县水域与湿地生境质量呈极显著降低，临桂区水域与湿地生境质量呈显著降低，其余区县水域与湿地生境质量变化不显著（表 7-9）。

**表 7-8　2000—2020 年漓江流域区县尺度其他生境质量变化趋势及其显著性**

| 区县 | 2000 年 | 2005 年 | 2010 年 | 2015 年 | 2018 年 | 2020 年 | *Slope* |
|---|---|---|---|---|---|---|---|
| 江永县 | 0.3000 | 0.3000 | 0.3000 | 0.3000 | 0.3000 | 0.3001 | −1.76E−08 |
| 灵川县 | — | — | 0.7985 | 0.3950 | 0.7971 | 0.7971 | 4.16E−02 |
| 兴安县 | — | — | — | 0.3000 | — | — | 3.63E−03 |
| 恭城瑶族自治县 | — | — | — | 0.3000 | 0.3000 | 0.3000 | 1.88E−02 |
| 荔浦市 | — | — | — | 0.3000 | 0.3000 | 0.3000 | 1.88E−02 |

**表 7-9　2000—2020 年漓江流域区县尺度水域与湿地生境质量变化趋势及其显著性**

| 区县 | 2000 年 | 2005 年 | 2010 年 | 2015 年 | 2018 年 | 2020 年 | *Slope* |
|---|---|---|---|---|---|---|---|
| 江永县 | 0.7994 | 0.7994 | 0.7994 | 0.7994 | 0.7995 | 0.7994 | 3.43E−06 |
| 秀峰区 | 0.7986 | 0.7985 | 0.7985 | 0.7983 | 0.7981 | 0.7981 | −2.36E−05** |
| 叠彩区 | 0.7966 | 0.7967 | 0.7967 | 0.7965 | 0.7966 | 0.7965 | −5.06E−06 |
| 象山区 | 0.7978 | 0.7976 | 0.7976 | 0.7975 | 0.7972 | 0.7973 | −2.68E−05** |
| 七星区 | 0.7971 | 0.7969 | 0.7970 | 0.7967 | 0.7964 | 0.7973 | −8.06E−06 |
| 雁山区 | 0.7978 | 0.7978 | 0.7982 | 0.7980 | 0.7979 | 0.7978 | 1.94E−06 |
| 临桂区 | 0.7990 | 0.7990 | 0.7990 | 0.7990 | 0.7990 | 0.7990 | −3.53E−06* |
| 阳朔县 | 0.7993 | 0.7993 | 0.7993 | 0.7993 | 0.7993 | 0.7993 | 2.83E−06** |
| 灵川县 | 0.7993 | 0.7993 | 0.7993 | 0.7992 | 0.7992 | 0.7992 | −4.14E−06** |
| 兴安县 | 0.7985 | 0.7985 | 0.7985 | 0.7986 | 0.7987 | 0.7989 | 1.68E−05 |
| 平乐县 | 0.7992 | 0.7992 | 0.7992 | 0.7992 | 0.7992 | 0.7991 | −1.98E−08 |
| 恭城瑶族自治县 | 0.7992 | 0.7992 | 0.7992 | 0.7992 | 0.7993 | 0.7993 | 3.44E−06 |
| 荔浦市 | 0.7996 | 0.7996 | 0.7996 | 0.7996 | 0.7997 | 0.7997 | 6.79E−06 |
| 富川瑶族自治县 | 0.7992 | 0.7992 | 0.7993 | 0.7993 | 0.7992 | 0.7992 | 3.54E−06 |

**注**　* 和 ** 分别表示在 0.05 和 0.01 水平上变化显著。

2000—2020年漓江流域区县尺度综合生态系统生境质量变化趋势在区县间同样差异显著，除资源县、金秀瑶族自治县和富川瑶族自治区综合生境质量呈不显著增大外，其余14区县综合生态系统生境质量均以不同速率下降，其中江永县、灵川县和兴安县综合生境质量极显著降低($P<0.01$)，秀峰区、叠彩区、象山区、七星区、雁山区、阳朔县、荔浦市和钟山县综合生境质量显著降低($P<0.05$)，仅临桂区、平乐县和恭城瑶族自治县综合生态系统生境质量下降不显著。2000—2020年漓江流域区县尺度综合生态系统生境质量变化趋势及其显著性详见表7-10。

**表7-10　2000—2020年漓江流域区县尺度综合生态系统生境质量变化趋势及其显著性**

| 区县 | 2000年 | 2005年 | 2010年 | 2015年 | 2018年 | 2020年 | *Slope* |
|---|---|---|---|---|---|---|---|
| 江永县 | 0.8013 | 0.7996 | 0.7958 | 0.7954 | 0.7954 | 0.7949 | −3.21E−04** |
| 秀峰区 | 0.4352 | 0.4208 | 0.4197 | 0.4174 | 0.3911 | 0.3910 | −2.08E−03* |
| 叠彩区 | 0.4139 | 0.4002 | 0.3995 | 0.3998 | 0.3769 | 0.3769 | −1.69E−03* |
| 象山区 | 0.4296 | 0.4250 | 0.4250 | 0.4238 | 0.4045 | 0.4045 | −1.22E−03* |
| 七星区 | 0.4062 | 0.3962 | 0.4022 | 0.3914 | 0.3798 | 0.3642 | −1.73E−03* |
| 雁山区 | 0.5996 | 0.5991 | 0.6001 | 0.5916 | 0.5869 | 0.5827 | −8.52E−04* |
| 临桂区 | 0.7444 | 0.7431 | 0.7427 | 0.7425 | 0.7311 | 0.7374 | −4.81E−04 |
| 阳朔县 | 0.7041 | 0.7033 | 0.7034 | 0.7035 | 0.7018 | 0.7015 | −1.14E−04* |
| 灵川县 | 0.8174 | 0.8168 | 0.8162 | 0.8136 | 0.8118 | 0.8121 | −3.05E−04** |
| 兴安县 | 0.8344 | 0.8337 | 0.8335 | 0.8308 | 0.8306 | 0.8300 | −2.35E−04** |
| 资源县 | 0.9718 | 0.9715 | 0.9717 | 0.9721 | 0.9720 | 0.9720 | 2.08E−05 |
| 平乐县 | 0.6906 | 0.6889 | 0.6897 | 0.6897 | 0.6876 | 0.6863 | −1.64E−04 |
| 恭城瑶族自治县 | 0.8128 | 0.8107 | 0.8121 | 0.8117 | 0.8106 | 0.8102 | −8.85E−05 |
| 荔浦市 | 0.7586 | 0.7577 | 0.7584 | 0.7577 | 0.7555 | 0.7553 | −1.55E−04* |
| 钟山县 | 0.9657 | 0.9656 | 0.9518 | 0.9518 | 0.9518 | 0.9518 | −8.09E−04* |
| 富川瑶族自治县 | 0.7267 | 0.7246 | 0.7286 | 0.7287 | 0.7284 | 0.7284 | 1.47E−04 |
| 金秀瑶族自治县 | 0.9494 | 0.9491 | 0.9492 | 0.9493 | 0.9494 | 0.9494 | 5.88E−06 |

**注**　*和**分别表示在0.05和0.01水平上变化显著。

# 7.4　子流域尺度

## 7.4.1　格局

2020年漓江流域子流域生境质量因子流域和生态系统类型的不同而不同，

除桃花江外，子流域森林、水域与湿地和综合生态系统生境质量从漓江、恭城河或荔浦河源区→中游→下游递减的分布格局；而农田生境质量空间格局更为复杂，这是区域人类干扰强度、土地开发强度、自然资源禀赋等综合作用的结果，其中农田生境质量以漓江入桂江段最高，为 0.4738，兴坪河次之，为 0.4678，西岭河最低，仅为 0.3510。森林生境质量以甘棠江最高，为 0.9799，漓江上游次之，为 0.9792，随后为西岭河，为 0.9562，恭城河下游最低，仅为 0.7624。草地生境质量以兴坪河最高，为 0.6998，潮田河次之，为 0.6995，随后为遇龙河和势江河，分别为 0.6991 和 0.6989，漓江上游最低，为 0.6646。水域与湿地生境质量以马岭河最高，为 0.7999，甘棠江次之，为 0.7997，随后为兴坪河、荔浦河上游和西岭河，均约为 0.7996，桃花江最低，为 0.7975。综合生态系统生境质量以漓江上游最高，为 0.8788，甘棠江次之，为 0.8567，随后为西岭河和荔浦河上游，分别为 0.8126 和 0.8031，桃花江最低，仅为 0.5414，这可能与人类干扰强度大、聚落面积占比较高的桂林市主城区主要在桃花江流域内有关。2020 年漓江流域子流域尺度主要及综合生态系统生境质量详见表 7 - 11。

**表 7 - 11　2020 年漓江流域子流域尺度主要及综合生态系统生境质量**

| 分区 | 子流域 | 农田 | 森林 | 草地 | 水域与湿地 | 其他 | 综合 |
|---|---|---|---|---|---|---|---|
| 漓江上游 | 漓江上游 | 0.4290 | 0.9792 | 0.6646 | 0.7989 | 0.7971 | 0.8788 |
| | 甘棠江 | 0.4402 | 0.9799 | 0.6852 | 0.7997 | — | 0.8567 |
| | 灵渠 | 0.3963 | 0.9488 | 0.6828 | 0.7986 | — | 0.7597 |
| 漓江中游 | 桃花江 | 0.4535 | 0.9406 | 0.6814 | 0.7975 | — | 0.5414 |
| | 潮田河 | 0.4507 | 0.8832 | 0.6995 | 0.7986 | — | 0.7654 |
| | 良丰河 | 0.4407 | 0.8263 | 0.6660 | 0.7986 | — | 0.6254 |
| | 兴坪河 | 0.4678 | 0.8542 | 0.6998 | 0.7996 | — | 0.7429 |
| | 遇龙河 | 0.4201 | 0.8629 | 0.6991 | 0.7992 | — | 0.6950 |
| 三江下游 | 漓江入桂江段 | 0.4738 | 0.8026 | 0.6986 | 0.7991 | — | 0.6250 |
| | 恭城河下游 | 0.3731 | 0.7624 | 0.6984 | 0.7990 | — | 0.5466 |
| | 恭城河入桂江段 | 0.3609 | 0.8477 | 0.6981 | 0.7994 | — | 0.6765 |
| | 荔浦河入桂江段 | 0.4036 | 0.8965 | 0.6849 | 0.7994 | — | 0.7615 |
| 荔浦河 | 荔浦河上游 | 0.4652 | 0.9323 | 0.6756 | 0.7996 | 0.3000 | 0.8031 |
| | 马岭河 | 0.4373 | 0.9077 | 0.6932 | 0.7999 | — | 0.7580 |

续表

| 分区 | 子流域 | 农田 | 森林 | 草地 | 水域与湿地 | 其他 | 综合 |
|---|---|---|---|---|---|---|---|
| 恭城河区 | 恭城河上游 | 0.4548 | 0.9365 | 0.6941 | 0.7990 | 0.3000 | 0.7994 |
| | 西岭河 | 0.3510 | 0.9562 | 0.6951 | 0.7996 | — | 0.8126 |
| | 势江河 | 0.4119 | 0.9211 | 0.6989 | 0.7994 | — | 0.7747 |
| | 榕津河 | 0.4610 | 0.9280 | 0.6943 | 0.7990 | — | 0.7219 |

### 7.4.2 演变

2000—2020 年漓江流域子流域尺度农田生境质量变化趋势差异显著，其中灵渠、潮田河、遇龙河、漓江入桂江段和恭城河下游农田生境质量以不同速率下降，其中以遇龙河下降速率最大，约每年以 1.00E－04 的速率显著下降。其余子流域以不同速率增加，增速以桃花江最大，平均每年增加 1.72E－04。就农田生境质量增加显著性分析表明，甘棠江和西岭河极显著增加，增速每年分别增加 6.59E－05 和 1.72E－05，漓江上游、荔浦河入桂江段、马岭河和恭城河上游显著增加，其余子流域增加未达显著水平。2000—2020 年漓江流域子流域尺度农田生境质量变化趋势及其显著性详见表 7-12。

**表 7-12　2000—2020 年漓江流域子流域尺度农田生境质量变化趋势及其显著性**

| 子流域 | 2000 年 | 2005 年 | 2010 年 | 2015 年 | 2018 年 | 2020 年 | *Slpoe* |
|---|---|---|---|---|---|---|---|
| 漓江上游 | 0.4280 | 0.4279 | 0.4280 | 0.4282 | 0.4285 | 0.4290 | 4.35E－05* |
| 甘棠江 | 0.4391 | 0.4390 | 0.4397 | 0.4401 | 0.4402 | 0.4402 | 6.59E－05** |
| 灵渠 | 0.3967 | 0.3965 | 0.3968 | 0.3965 | 0.3964 | 0.3963 | －1.48E－05 |
| 桃花江 | 0.4488 | 0.4491 | 0.4492 | 0.4484 | 0.4512 | 0.4535 | 1.72E－04 |
| 潮田河 | 0.4511 | 0.4510 | 0.4512 | 0.4509 | 0.4506 | 0.4507 | －2.13E－05 |
| 良丰河 | 0.4400 | 0.4400 | 0.4398 | 0.4399 | 0.4408 | 0.4407 | 3.87E－05 |
| 兴坪河 | 0.4678 | 0.4677 | 0.4678 | 0.4679 | 0.4678 | 0.4678 | 3.43E－06 |
| 遇龙河 | 0.4223 | 0.4220 | 0.4219 | 0.4220 | 0.4204 | 0.4201 | －1.00E－04* |
| 漓江入桂江段 | 0.4740 | 0.4738 | 0.4740 | 0.4740 | 0.4738 | 0.4738 | －4.83E－06 |
| 恭城河下游 | 0.3744 | 0.3743 | 0.3743 | 0.3744 | 0.3731 | 0.3731 | －6.45E－05 |
| 恭城河入桂江段 | 0.3595 | 0.3594 | 0.3594 | 0.3594 | 0.3609 | 0.3609 | 7.04E－05 |
| 荔浦河入桂江段 | 0.4029 | 0.4032 | 0.4032 | 0.4031 | 0.4036 | 0.4036 | 2.99E－05* |
| 马岭河 | 0.4349 | 0.4348 | 0.4352 | 0.4352 | 0.4373 | 0.4373 | 1.24E－04* |
| 荔浦河上游 | 0.4651 | 0.4650 | 0.4651 | 0.4655 | 0.4651 | 0.4652 | 1.36E－05 |
| 西岭河 | 0.3507 | 0.3507 | 0.3507 | 0.3509 | 0.3510 | 0.3510 | 1.72E－05** |

续表

| 子流域 | 2000 年 | 2005 年 | 2010 年 | 2015 年 | 2018 年 | 2020 年 | *Slpoe* |
|---|---|---|---|---|---|---|---|
| 恭城河上游 | 0.4540 | 0.4539 | 0.4547 | 0.4550 | 0.4550 | 0.4548 | 5.70E−05* |
| 势江河 | 0.4119 | 0.4117 | 0.4118 | 0.4119 | 0.4119 | 0.4119 | 6.58E−07 |
| 榕津河 | 0.4612 | 0.4611 | 0.4613 | 0.4613 | 0.4613 | 0.4610 | 9.15E−07 |

**注** *和**分别表示在 0.05 和 0.01 水平上变化显著。

2000—2020 年漓江流域子流域尺度森林生境质量变化趋势同样差异显著，其中灵渠、良丰河、兴坪河、荔浦河入桂江段和马岭河森林生境质量呈增加态势，以良丰河增速最大，每年以 7.98E−05 的速率增加，灵渠次之，每年增加 6.47E−05；其余子流域以不同速率呈下降态势，降速以恭城河上游最大，平均每年后降低 1.67E−04。就森林生境质量变化显著性而言，灵渠每年以 6.47E−05 的增速极显著增加，漓江入桂江段每年以 7.26E−05 的速率极显著降低，遇龙河、恭城河入桂江段、恭城河上游和势江河分别每年以 9.54E−05、2.57E−05、1.67E−04 和 1.07E−04 的速率显著降低，其余子流域森林生境质量变化均不显著。2000—2020 年漓江流域子流域尺度森林生境质量变化趋势及其显著性详见表 7-13。

**表 7-13　2000—2020 年漓江流域子流域尺度森林生境质量变化趋势及其显著性**

| 子流域 | 2000 年 | 2005 年 | 2010 年 | 2015 年 | 2018 年 | 2020 年 | *Slpoe* |
|---|---|---|---|---|---|---|---|
| 漓江上游 | 0.9794 | 0.9789 | 0.9790 | 0.9792 | 0.9792 | 0.9792 | −3.12E−06 |
| 甘棠江 | 0.9800 | 0.9801 | 0.9797 | 0.9797 | 0.9799 | 0.9799 | −5.17E−06 |
| 灵渠 | 0.9478 | 0.9477 | 0.9479 | 0.9487 | 0.9489 | 0.9488 | 6.47E−05** |
| 桃花江 | 0.9434 | 0.9403 | 0.9391 | 0.9400 | 0.9394 | 0.9406 | −1.26E−04 |
| 潮田河 | 0.8832 | 0.8832 | 0.8831 | 0.8832 | 0.8832 | 0.8832 | −4.87E−07 |
| 良丰河 | 0.8254 | 0.8238 | 0.8241 | 0.8250 | 0.8263 | 0.8263 | 7.98E−05 |
| 兴坪河 | 0.8541 | 0.8538 | 0.8538 | 0.8538 | 0.8542 | 0.8542 | 1.19E−05 |
| 遇龙河 | 0.8650 | 0.8638 | 0.8631 | 0.8631 | 0.8629 | 0.8629 | −9.54E−05* |
| 漓江入桂江段 | 0.8040 | 0.8039 | 0.8032 | 0.8032 | 0.8027 | 0.8026 | −7.26E−05** |
| 恭城河下游 | 0.7632 | 0.7633 | 0.7632 | 0.7633 | 0.7624 | 0.7624 | −3.93E−05 |
| 恭城河入桂江段 | 0.8482 | 0.8482 | 0.8482 | 0.8481 | 0.8478 | 0.8477 | −2.57E−05* |
| 荔浦河入桂江段 | 0.8963 | 0.8960 | 0.8960 | 0.8961 | 0.8965 | 0.8965 | 1.26E−05 |
| 马岭河 | 0.9080 | 0.9061 | 0.9079 | 0.9079 | 0.9077 | 0.9077 | 2.62E−05 |
| 荔浦河上游 | 0.9329 | 0.9322 | 0.9321 | 0.9319 | 0.9323 | 0.9323 | −2.48E−05 |
| 西岭河 | 0.9586 | 0.9557 | 0.9558 | 0.9557 | 0.9562 | 0.9562 | −8.12E−05 |
| 恭城河上游 | 0.9404 | 0.9374 | 0.9365 | 0.9364 | 0.9364 | 0.9365 | −1.67E−04* |
| 势江河 | 0.9236 | 0.9218 | 0.9212 | 0.9212 | 0.9211 | 0.9211 | −1.07E−04* |
| 榕津河 | 0.9309 | 0.9266 | 0.9276 | 0.9277 | 0.9275 | 0.9280 | −9.26E−05 |

**注** *和**分别表示在 0.05 和 0.01 水平上变化显著。

2000—2020 年漓江流域子流域尺度草地生境质量变化趋势同样差异显著，其中漓江上游、马岭河、荔浦河上游、势江河和榕津河草地生境质量以不同速率增加，又以荔浦河上游增速最大，每年以 1.69E－05 的速率增加，榕津河次之，增速每年为 1.19E－05。其余子流域草地生境质量呈不断降低态势，降速以甘棠江最大，平均每年降低 1.13E－04。就子流域草地生境质量变化显著性而言，甘棠江、灵渠、桃花江、潮田河、西岭河和恭城河上游草地生境质量极显著降低，恭城河入桂江段每年以 3.84E－06 的速率显著下降，其余子流域草地生境质量变化均不显著。2000—2020 年漓江流域子流域尺度草地生境质量变化趋势及其显著性详见表 7－14。

**表 7－14　2000—2020 年漓江流域子流域尺度草地生境质量变化趋势及其显著性**

| 子流域 | 2000 年 | 2005 年 | 2010 年 | 2015 年 | 2018 年 | 2020 年 | *Slpoe* |
|---|---|---|---|---|---|---|---|
| 漓江上游 | 0.6646 | 0.6645 | 0.6641 | 0.6646 | 0.6648 | 0.6646 | 1.05E－05 |
| 甘棠江 | 0.6871 | 0.6870 | 0.6868 | 0.6856 | 0.6852 | 0.6852 | －1.13E－04** |
| 灵渠 | 0.6830 | 0.6829 | 0.6829 | 0.6829 | 0.6828 | 0.6828 | －8.77E－06** |
| 桃花江 | 0.6821 | 0.6819 | 0.6816 | 0.6814 | 0.6815 | 0.6814 | －3.76E－05** |
| 潮田河 | 0.6995 | 0.6995 | 0.6995 | 0.6995 | 0.6995 | 0.6995 | －1.45E－06** |
| 良丰河 | 0.6656 | 0.6656 | 0.6655 | 0.6647 | 0.6649 | 0.6660 | －1.55E－05 |
| 兴坪河 | 0.6998 | 0.6998 | 0.6998 | 0.6998 | 0.6998 | 0.6998 | －1.21E－07 |
| 遇龙河 | 0.6991 | 0.6991 | 0.6991 | 0.6991 | 0.6991 | 0.6991 | －8.71E－07 |
| 漓江入桂江段 | 0.6987 | 0.6987 | 0.6987 | 0.6987 | 0.6986 | 0.6986 | －1.13E－06 |
| 恭城河下游 | 0.6984 | 0.6984 | 0.6984 | 0.6984 | 0.6984 | 0.6984 | －1.33E－07 |
| 恭城河入桂江段 | 0.6982 | 0.6982 | 0.6982 | 0.6982 | 0.6981 | 0.6981 | －3.84E－06* |
| 荔浦河入桂江段 | 0.6851 | 0.6851 | 0.6851 | 0.6851 | 0.6849 | 0.6849 | －1.20E－05 |
| 马岭河 | 0.6931 | 0.6931 | 0.6931 | 0.6931 | 0.6932 | 0.6932 | 4.33E－06 |
| 荔浦河上游 | 0.6753 | 0.6752 | 0.6751 | 0.6754 | 0.6756 | 0.6756 | 1.69E－05 |
| 西岭河 | 0.6951 | 0.6951 | 0.6951 | 0.6951 | 0.6951 | 0.6951 | －3.97E－06** |
| 恭城河上游 | 0.6948 | 0.6947 | 0.6943 | 0.6943 | 0.6942 | 0.6941 | －3.43E－05** |
| 势江河 | 0.6989 | 0.6989 | 0.6989 | 0.6989 | 0.6990 | 0.6989 | 1.08E－06 |
| 榕津河 | 0.6941 | 0.6940 | 0.6940 | 0.6941 | 0.6943 | 0.6943 | 1.19E－05 |

**注**　* 和 ** 分别表示在 0.05 和 0.01 水平上变化显著。

2000—2020 年漓江流域子流域尺度水域与湿地生境质量变化趋势同样差异显著，其中甘棠江、桃花江、潮田河、恭城河下游、恭城河入桂江段和势江河水域与湿地生境质量呈降低态势，以桃花江减速最大，每年以 1.21E－05 的速率降低，潮田河次之，减速为 4.96E－06。其余子流域呈不断增加态势，增速以漓江上游最大，平均每年增加2.23E－05。就水域与湿地生境质量变化显著性而言，甘棠江和势江河呈极显著降低，桃花江、恭城河下游和恭城河入桂江段显著下降，遇龙河和荔浦河上游极显著增加，灵渠和恭城河上游显著增加。2000—2020年漓江流域子流域尺度水域与湿地生境质量变化趋势及其显著性详见表7－15。

**表7－15　2000—2020年漓江流域子流域尺度水域与湿地生境质量变化趋势及其显著性**

| 子流域 | 2000年 | 2005年 | 2010年 | 2015年 | 2018年 | 2020年 | *Slpoe* |
|---|---|---|---|---|---|---|---|
| 漓江上游 | 0.7984 | 0.7983 | 0.7983 | 0.7983 | 0.7986 | 0.7989 | 2.23E－05 |
| 甘棠江 | 0.7997 | 0.7997 | 0.7997 | 0.7997 | 0.7997 | 0.7997 | －2.30E－06** |
| 灵渠 | 0.7985 | 0.7985 | 0.7985 | 0.7986 | 0.7986 | 0.7986 | 4.77E－06* |
| 桃花江 | 0.7977 | 0.7977 | 0.7977 | 0.7976 | 0.7974 | 0.7975 | －1.21E－05* |
| 潮田河 | 0.7987 | 0.7987 | 0.7988 | 0.7987 | 0.7986 | 0.7986 | －4.96E－06 |
| 良丰河 | 0.7986 | 0.7986 | 0.7988 | 0.7987 | 0.7986 | 0.7986 | 9.65E－07 |
| 兴坪河 | 0.7996 | 0.7996 | 0.7996 | 0.7997 | 0.7996 | 0.7996 | 3.37E－07 |
| 遇龙河 | 0.7990 | 0.7991 | 0.7991 | 0.7991 | 0.7992 | 0.7992 | 8.09E－06** |
| 漓江入桂江段 | 0.7991 | 0.7991 | 0.7992 | 0.7992 | 0.7991 | 0.7991 | 7.49E－07 |
| 恭城河下游 | 0.7991 | 0.7991 | 0.7991 | 0.7990 | 0.7990 | 0.7990 | －1.87E－06* |
| 恭城河入桂江段 | 0.7994 | 0.7994 | 0.7994 | 0.7994 | 0.7994 | 0.7994 | －1.07E－06* |
| 荔浦河入桂江段 | 0.7994 | 0.7994 | 0.7994 | 0.7994 | 0.7994 | 0.7994 | 2.37E－06 |
| 马岭河 | 0.7997 | 0.7997 | 0.7997 | 0.7997 | 0.7999 | 0.7999 | 7.62E－06 |
| 荔浦河上游 | 0.7994 | 0.7994 | 0.7995 | 0.7995 | 0.7996 | 0.7996 | 7.71E－06** |
| 西岭河 | 0.7994 | 0.7994 | 0.7994 | 0.7994 | 0.7996 | 0.7996 | 8.40E－06 |
| 恭城河上游 | 0.7989 | 0.7989 | 0.7990 | 0.7990 | 0.7990 | 0.7990 | 1.86E－06* |
| 势江河 | 0.7995 | 0.7995 | 0.7994 | 0.7994 | 0.7994 | 0.7994 | －3.42E－06** |
| 榕津河 | 0.7990 | 0.7990 | 0.7991 | 0.7991 | 0.7991 | 0.7990 | 1.47E－06 |

**注**　*和**分别表示在0.05和0.01水平上变化显著。

2000—2020年漓江流域仅四条子流域有较多的其他类型分布，且有三条子流域其他生态系统生境质量呈增加态势，其中漓江上游和荔浦河上游增加趋势达显著水平。2000—2020年漓江流域子流域尺度其他生境质量变化趋势及其显著性详见表7－16。

表 7-16　2000—2020 年漓江流域子流域尺度其他生境质量变化趋势及其显著性

| 子流域 | 2000 年 | 2005 年 | 2010 年 | 2015 年 | 2018 年 | 2020 年 | *Slpoe* |
|---|---|---|---|---|---|---|---|
| 漓江上游 | — | — | 0.7985 | 0.4539 | 0.7971 | 0.7971 | 4.23E−02* |
| 甘棠江 | — | — | — | 0.3000 | — | — | — |
| 荔浦河上游 | — | — | — | 0.3000 | 0.3000 | 0.3000 | 1.88E−02* |
| 恭城河上游 | 0.3000 | 0.3000 | 0.3000 | 0.3000 | 0.3000 | 0.3000 | 1.08E−07 |

**注**　*表示在 0.05 水平上变化显著。

2000—2020 年漓江流域子流域尺度综合生境质量变化趋势差异显著，且各子流域综合生境质量均以不同速率下降，只是下降速率各不相同，这是区域土地开发建设和生态保护与建设工程等综合作用的结果。综合生境质量以桂林市主城区主要分布的子流域桃花江子流域下降速率最大，平均每年降低 1.68E−03，良丰河次之，平均每年降低 7.03E−04，兴坪河最低，平均每年降低 5.22E−06。就综合生境质量变化显著性而言，漓江上游、甘棠江和灵渠等子流域综合生境质量极显著降低，桃花江、潮田河、良丰河、遇龙河、荔浦河上游、西岭河和恭城河上游等子流域综合生境质量显著下降，其余子流域下降速率未达显著水平。2000—2020 年漓江流域子流域尺度综合生境质量变化趋势及其显著性详见表 7-17。

表 7-17　2000—2020 年漓江流域子流域尺度综合生境质量变化趋势及其显著性

| 子流域 | 2000 年 | 2005 年 | 2010 年 | 2015 年 | 2018 年 | 2020 年 | *Slpoe* |
|---|---|---|---|---|---|---|---|
| 漓江上游 | 0.8819 | 0.8812 | 0.8815 | 0.8792 | 0.8788 | 0.8788 | −1.72E−04** |
| 甘棠江 | 0.8609 | 0.8608 | 0.8599 | 0.8568 | 0.8566 | 0.8567 | −2.59E−04** |
| 灵渠 | 0.7652 | 0.7646 | 0.7639 | 0.7614 | 0.7607 | 0.7597 | −2.86E−04** |
| 桃花江 | 0.5737 | 0.5669 | 0.5658 | 0.5601 | 0.5385 | 0.5414 | −1.68E−03* |
| 潮田河 | 0.7675 | 0.7673 | 0.7677 | 0.7662 | 0.7655 | 0.7654 | −1.17E−04* |
| 良丰河 | 0.6395 | 0.6381 | 0.6384 | 0.6335 | 0.6276 | 0.6254 | −7.03E−04* |
| 兴坪河 | 0.7432 | 0.7429 | 0.7433 | 0.7434 | 0.7431 | 0.7429 | −5.22E−06 |
| 遇龙河 | 0.7004 | 0.6989 | 0.6986 | 0.6986 | 0.6955 | 0.6950 | −2.44E−04* |
| 漓江入桂江段 | 0.6258 | 0.6258 | 0.6262 | 0.6262 | 0.6250 | 0.6250 | −3.79E−05 |
| 恭城河下游 | 0.5483 | 0.5486 | 0.5485 | 0.5483 | 0.5466 | 0.5466 | −9.31E−05 |
| 恭城河入桂江段 | 0.6837 | 0.6836 | 0.6836 | 0.6835 | 0.6766 | 0.6765 | −3.63E−04 |
| 荔浦河入桂江段 | 0.7630 | 0.7626 | 0.7627 | 0.7630 | 0.7615 | 0.7615 | −6.65E−05 |
| 马岭河 | 0.7587 | 0.7575 | 0.7589 | 0.7589 | 0.7580 | 0.7580 | −9.60E−06 |
| 荔浦河上游 | 0.8068 | 0.8062 | 0.8063 | 0.8056 | 0.8033 | 0.8031 | −1.81E−04* |

续表

| 子流域 | 2000年 | 2005年 | 2010年 | 2015年 | 2018年 | 2020年 | *Slpoe* |
|---|---|---|---|---|---|---|---|
| 西岭河 | 0.8161 | 0.8143 | 0.8144 | 0.8144 | 0.8126 | 0.8126 | −1.54E−04* |
| 恭城河上游 | 0.8022 | 0.8002 | 0.8006 | 0.8001 | 0.8000 | 0.7994 | −1.06E−04* |
| 势江河 | 0.7775 | 0.7761 | 0.7765 | 0.7767 | 0.7747 | 0.7747 | −1.14E−04 |
| 榕津河 | 0.7270 | 0.7246 | 0.7255 | 0.7254 | 0.7237 | 0.7219 | −1.77E−04 |

**注** *和**分别表示在0.05和0.01水平上变化显著。

# 7.5 小　结

基于2000—2020年6期土地覆被数据和INVEST软件，从全域、区县和子流域尺度揭示漓江流域生境质量格局与演变趋势，得出以下主要结论：

(1) 漓江流域全域生境质量空间异质性显著，高值区主要分布于流域北部、中北部、东部、南部和西部等干流及支流源区/上游山地丘陵区，而低值区主要分布于流域干流、支流中下游诸如桂林市主城区及各区县县城所在地。

(2) 在快速城市化条件下，漓江流域生境质量呈极显著降低，但下降速率极其缓慢，说明漓江流域生态系统保护与建设成效显著。

(3) 就生态系统生境质量排序而言，生态系统类型间排序为：森林＞水域与湿地＞草地＞农田＞其他＞聚落。区县或子流域间生境质量排序为：干流或支流源区/上游区县或子流域＞中游区县或子流域＞下游区县或子流域，这是区域生态系统格局、地形地貌、生态保护与建设和城市化建设等综合作用的结果。

(4) 漓江流域生境质量及其演变速率在区县间、子流域间和生态系统间均存在显著差异，如全域生境质量每年以2.33E+04的速率极显著下降，而全域农田生境质量却每年以2.13E−05的速率显著增加。在生态保护与建设过程中，应根据区域生境质量演变特征，因地制宜，一区一策，重点对生境质量下降的区县、子流域及生态系统实施保护与修复工程。

# 第8章　水供给服务空间流动

漓江流域是世界岩溶地貌（喀斯特地貌）的典型代表之一，具有特殊的二元三维结构，发育有地表与地下两种岩溶形态（杨明德，1990），峰丛、峰林、洼地等岩溶地貌单元的发育极大地影响了流域产流与汇流过程（石朋等，2012）。同非岩溶地区相比，岩溶区地下水对降雨响应迅速，丰沛的降雨难以在地表汇集形成河流，大气降水和地表水会沿着岩石裂缝、漏斗和天坑等深入地下转化为地下水，并沿着纵横交错的洞穴、暗河移动至其他区域（王腊春，2006）。因此，岩溶地区水供给服务空间流动是一个横纵向结合的动态过程，服务依托水体的运动从供给区沿地表径流与地下径流到达不同的受益区，满足人类不同类型的用水需求（肖玉等，2016）。本章从生态系统服务供需格局出发，模拟水供给服务空间流动，建立供给区与受益区之间的空间联系。首先，根据岩溶地貌独特的水循环过程将产水量分割为地表产水量与地下产水量，基于地下水补径排过程对产水量进行空间校正，对比评估了校正前后漓江流域2000年、2005年、2010年、2015年和2020年水供给服务供给量的时空格局。其次，基于人口、GDP、用水量等社会经济统计数据计算水供给服务需求量，采用配额法实现需求量的空间化，从栅格、子流域、区县三个尺度分析漓江流域2000年、2005年、2010年、2015年和2020年水供给服务需水量的时空分布格局。再次，基于自然汇流过程构建地表水供给服务流动模型，模拟服务在供需单元间的流动，量化其在传输过程中的物质量转移情况，并基于静态与动态流动结果研究漓江流域2000年、2005年、2010年、2015年和2020年水供给服务供需平衡状况。最后，以栅格流动模型为基础，结合区域范围模拟水供给服务在县域、子流域间的流转过程，明确水供给服务跨界流动路径与流量并探讨区外受益方向和范围。本章可为漓江流域水资源管理、制订跨区域生态补偿方案等提供基础数据。

## 8.1　研究方法与数据来源

### 8.1.1　研究方法

#### 8.1.1.1　产水量

漓江流域拥有独特的地表、地下双层径流系统（袁道先，1988）。地表成为

本章执笔人：中国科学院地理科学与资源研究所刘佳、肖玉、张昌顺。

岩溶径流的形成场和分配场，地下则为岩溶径流的输移场和调蓄场（石朋等，2012）。区域产水量也随之发生明显的纵向分异，可分为地表产水量和地下产水量两部分。因此，分三步量化水供给服务供给量（图 8-1）。首先，利用 InVEST 模型计算区域产水量。值得注意的是，该模型不区分地表水或地下水，模拟结果为假设的最大产水量，代表了区域水供给服务最大潜力（Zhang et al.，2021）。其次，将产水量视为一个整体，依据产水量分割系数将 InVEST 结果划分为地表产水量与地下产水量。其中，地表产水量是存在于地表之上包括地表径

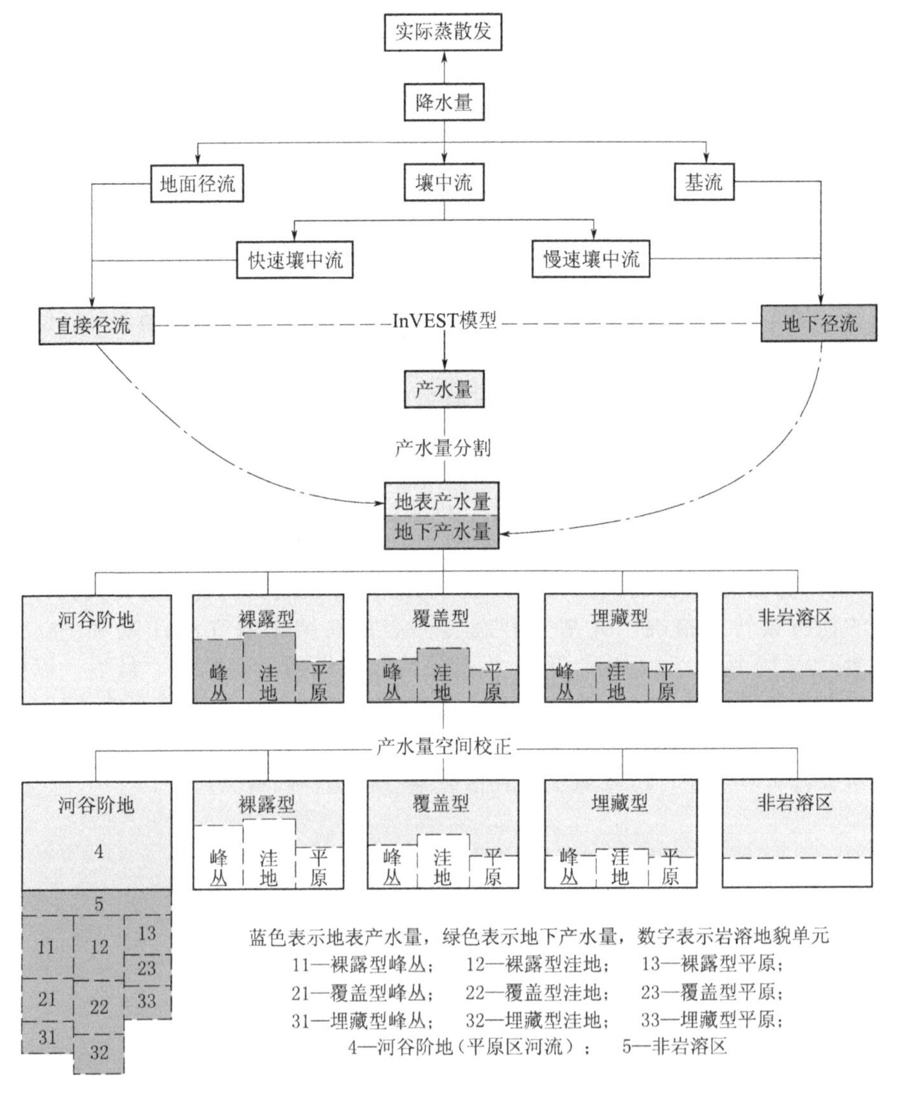


图 8-1 岩溶地区产水量空间校正模型示意图

流在内水量，相对容易在原位或子流域内被利用；而地下产水量是储存于岩溶裂隙、溶洞、暗河中的水量，可能会跨流域流动，很难在原位或子流域内被利用。最后，结合地下水补径排特征和水量平衡法建立产水量空间校正概念模型，并评估漓江流域2000—2020年水供给服务时空格局。

（1）InVEST模型。

InVEST模型water yield模块以水量平衡原理为基础，结合地形、气候、植被、土壤等因素，栅格尺度上用降水量（输入）减去实际蒸散发量（输出）来估算产水量。产水量结果不区分地表径流、壤中径流和基流，涵盖所有径流、土壤含水量、枯落物持水量和冠层截留量。模型算法如下：

$$Y_{xj} = P_x - AET_{xj} \tag{8-1}$$

$$AET_{xj} = \frac{1+\omega_x(PET_{xj}/P_x)}{1+\omega_x(PET_{xj}/P_x)+(PET_{xj}/P_x)^{-1}} \times P_x \tag{8-2}$$

$$PET_{xj} = Kc_{xj} \times ET_{0xj} \tag{8-3}$$

$$\omega_x = Z\frac{AWC_x}{P_x} + 1.25 \tag{8-4}$$

$$AWC(x) = min(Maxsoildepth, Rootdepth) \times PAWC \tag{8-5}$$

$$\begin{aligned} PAWC = {} & 54.509 - 0.132 \times sand\% - 0.003 \times (sand\%)^2 - 0.055 \times silt\% - \\ & 0.006 \times (silt\%)^2 - 0.738 \times clay\% + 0.007 \times (clay\%)^2 - \\ & 2.688 \times OM\% + 0.501 \times (OM\%)^2 \end{aligned} \tag{8-6}$$

式中：$Y_{xj}$为第$j$种土地利用类型像元$x$的年平均产水量，mm；$P_x$为像元$x$的年均降水量，mm；$AET_{xj}$为第$j$种土地利用类型像元$x$的年实际蒸散发量，mm；$PET_{xj}$为第$j$种土地利用类型像元$x$的潜在蒸散量，mm；$\omega_x$为一个经验参数；$ET_{0xj}$为第$j$种土地利用类型像元$x$的参考蒸散量，mm；$Kc_{xj}$为第$j$种土地利用类型像元$x$的植物蒸散系数；$Z$为经验常数；$AWC_x$为土壤有效含水量，mm；$Maxsoildepth$为土壤的最大根系埋藏深度；$Rootdepth$为植物根系深度；$PAWC$为植物可利用水含量；$sand\%$为土壤中砂粒比重；$silt\%$为土壤中粉砂比重；$clay\%$为土壤中黏粒比重；$OM\%$为土壤中有机质比重。

漓江流域2000年、2005年、2010年、2015年和2020年的降水和蒸散量栅格数据采用专业的气象插值软件ANUSPLIN批量插值得到。首先，提取漓江流域及周边地区21个国家级气象站的数据，分别计算21个站点1998—2020年的年降水量。其次，采用Penman—Monteith公式计算21个气象站1998—2018年蒸散发。最后，为避免因降水和蒸散发量年际变化大而导致单年数据不具代表性，采用五个时间段（1998—2002年、2003—2007年、2008—2012年、2013—2017年、2018—2020年）的平均值来替代2000年、2005年、2010年、2015年、2020年的降水和蒸散发量。需要指出的是，由于2019年数据不全，此处未考虑。

$$ET_0 = \frac{0.408\Delta(R_n - G) + \frac{900}{T + 273.3}U_2(e_s - e_a)}{\Delta + \gamma(1 + 0.34U_2)} \tag{8-7}$$

式中：$R_n$ 为参考作物表面净辐射，MJ/（$m^2$ · d）；$G$ 为土壤热通量密度，MJ/($m^2$ · d)；$T$ 为月平均温度，℃；$U_2$ 为 2m 处风速，m/s；$e_s$ 为饱和水汽压，kPa；$e_a$ 为实际水汽压，kPa；$\Delta$ 为饱和水汽压温度曲线的斜率，kPa/℃；$\gamma$ 为干湿表常数，kPa/℃。

（2）产水量分割与空间校正。

产水量分割系数指单位时间单位栅格面积地下产水量与总产水量的比值，其值取决于区域降雨入渗系数。将产水量视为一个整体，利用岩溶地貌类型特征和降雨入渗系数确定产水量分割系数，依据分割系数将 InVEST 模型产水量分为地表产水量和地下产水量两部分。具体公式如下：

$$GY_{xi} = \alpha_i Y_{xj} \tag{8-8}$$

$$SY_{xi} = (1 - \alpha_i)Y_{xj} \tag{8-9}$$

式中：$\alpha_i$ 为地貌单元 $i$ 的产水量分割系数；$GY_{xi}$ 为地貌单元 $i$ 上像元 $x$ 的地下产水量，mm；$SY_{xi}$ 为地貌单元 $i$ 上像元 $x$ 的地表产水量，mm。

（3）产水量空间校正。

结合地下水补径排特征和水量平衡法建立产水量空间校正概念模型，构建漓江流域补给区、径流区和排泄区的水量平衡方程式，完成产水量的空间校正。具体公式如下：

$$AY_{xi} = SY_{xi} \tag{8-10}$$

$$BY_{xi} = SY_{xi} \tag{8-11}$$

$$CY_x = SY_{4x} + \frac{\sum_i (GY_{ix} Area_i)}{Area_4} \tag{8-12}$$

式中：$GY_{xi}$ 为地貌单元 $i$ 上像元 $x$ 的地下产水量，mm；$SY_{xi}$ 为地貌单元 $i$ 上像元 $x$ 的地表产水量，mm；$AY_{xi}$ 为补给区中地貌单元 $i$ 上像元 $x$ 校正后的产水量，mm，其中 $i$＝11，12，13，21，22，23，31，32，33，5；$BY_{xi}$ 为径流区中平原地貌单元 $i$ 上像元 $x$ 校正后的产水量，mm，其中 $i$＝13，23，33；$CY_x$ 为排泄区中像元 $x$ 校正后的产水量，mm；$Area_i$ 为地貌单元 $i$ 的面积，$m^2$，其中 $i$＝11，12，13，21，22，23，31，32，33，5；$Area_4$ 是地貌单元 4 即平原区河流的面积，$m^2$。

#### 8.1.1.2 需水量

（1）需求量计算。

水供给服务的需求量等同于实际用水量，可以用流域内人类生产生活所消耗的水资源量来表示（Gao et al.，2014）。首先，基于广西水资源公报和湖南水资源公报，获取了桂林市、贺州市、来宾市和永州市2000—2020年各部门用水量数据，具体包括耕地灌溉用水、林牧渔用水、工业用水、居民生活用水、建筑业和服务业用水及生态环境用水。其次，将漓江流域用水类型合并为四大类：耕地灌溉用水、林牧渔用水、工业用水和生活用水。其中，生活用水包括居民生活用水、建筑业和服务业用水。特别地，计算水需求时未考虑生态用水，因为它不直接被人类生产生活所消费，而是用于枯水期河道补给以改善漓江自然景观和通航条件。最后，为与产水量计算保持一致，采用五个时间段（1998—2002年、2003—2007年、2008—2012年、2013—2017年、2018—2020年）的平均需水量来替代2000年、2005年、2010年、2015年、2020年的需水量，最终的需水量公式为

$$C_x = Irr_x + Oagr_x + Ind_x + Dom_x \tag{8-13}$$

式中：$C_x$为栅格$x$的需水量；$Irr_x$为栅格$x$的耕地灌溉需水量；$Oagr_x$为栅格$x$的农牧渔需水量；$Ind_x$为栅格$x$的工业需水量；$Dom_x$为栅格$x$的生活需水。

（2）需求量空间化。

流域内各类型需水的计算采用配额法。首先，将耕地灌溉、林牧渔、工业用水量与土地覆被类型建立联系（表8-1），实现耕地灌溉、林牧渔、工业用水数据的空间化。其次，以统计数据为基础计算每人每年生活用水量，将生活用水量与人口空间数据相结合，完成生活用水数据的空间化。最后，利用ArcGIS分别计算得到农业需水栅格层、工业需水栅格层、居民需水栅格层、林牧渔需水栅格层，合并后绘制水供给服务需求量的时空分布图。

$$Irr_x = Area_{\mathrm{Irr}} C_{\mathrm{Irr}} \tag{8-14}$$

$$Ind_x = Vol_{\mathrm{GDP}} C_{\mathrm{GDP}} \tag{8-15}$$

$$Dom_x = Num_{\mathrm{pop}} C_{\mathrm{pop}} \tag{8-16}$$

$$FGF_x = Area_{\mathrm{FGF}} C_{\mathrm{FGF}} \tag{8-17}$$

式中：$Area_{\mathrm{Irr}}$为流域内耕地面积，包括水田和旱地；$C_{\mathrm{Irr}}$为单位栅格耕地灌溉年均用水量；$Vol_{\mathrm{GDP}}$为单位栅格工业GDP总量；$C_{\mathrm{GDP}}$为单位栅格生产每万元GDP所消耗的年均用水量；$Num_{\mathrm{pop}}$为单位栅格$x$人口的数量；$C_{\mathrm{pop}}$为每个人的年均用水量；$Area_{\mathrm{FGF}}$为林牧渔面积；$C_{\mathrm{FGF}}$为单位面积林牧渔用水量。

**表8-1　不同土地覆被类型对应的用水类别**

| 不同土地覆被类型 | 用水类别 |
|---|---|
| 水田、旱地 | 农田灌溉用水 |
| 其他林地、农村居民点 | 林牧渔用水 |
| 城镇用地、其他建设用地 | 工业用水 |

#### 8.1.1.3 水供给服务流动模型

（1）模型原理。

水供给服务空间流动是由生态系统单元组成，每个单元是一个栅格。当供给单元提供的水供给服务依托物理水体运动到需求单元，单元间就会形成生态联系，供给和需求发生耦合（Sun et al.，2023）。假设水供给服务遵循一定的路径在满足沿途需求后继续向下游移动，需求的满足按照当地产水、自然汇流、人为调控的顺序来进行。根据上述顺序将水供给服务需求的满足过程分为 3 个阶段（图 8－2）：第一阶段为原位满足，即供需单元在同一位置，需求可通过当地自然产水来满足；第二阶段为定向满足，自然降水无法满足本单元对水服务的需求，但可以通过水的自然汇流来满足；第三阶段为远距离满足，当地产水和自然汇流均无法满足区域对水供给服务的需求，此时需要寻求远距离的地下水供应或河道水才能满足需求。根据以上流动规则，通过编程方法来模拟水供给服务在地表与地下的双层流动过程。整个流动过程充分捕捉了服务供需的空间动态特征，当供给量大于需求量时，就会出现水盈余（丰水）；当供给量不能满足需求量时（包括满足生态系统有效运行的需求），就会出现水短缺（缺水）。不同流动阶段具有不同的供需平衡格局，不同阶段供需平衡格局将影响当地水资源的评价和决策。

（2）地表水流动模拟过程。

地表水流动模拟基于具有相同行数和列数的 3 个矩阵，表示在相同地理范围内 3 个变量供给、需求和流向的连续空间分布，假设剩余的淡水（如果存在）在满足当地单元的需求后都进入下游单元（Qin et al.，2019）。首先，每个需求单元都优先使用当地的地表产水量来平衡自己的需求，当地表供给可以满足需求时，剩余潜在服务量才会沿地表水流动路径流向下一个单元。该阶段基于地表水供给和需求计算静态剩余水量，得到静态供需矩阵。其中，需求可以被原位满足的单元记为静态正平衡区域，反之为静态负平衡区域。其次，静态剩余水量按照一定的流动规律，在满足上游需求后向下游流动，是一个边流动边满足的过程。在流经用水需求的单元时，流动剩余水量会减少，反之，流动剩余水量会不断累积，继续向下游流动，直到达到流域出水口或流域边界，最终得到流动之后的动态剩余水量。动态剩余水量为 0，表示区域需求得到满足并将剩余服务量全部传递给下游。其中，仅由当地产水就完全满足需求的区域为静态正平衡区域，由当地产水和水流动共同满足的区域为动态正平衡区域。动态剩余水量小于 0，表示区域产水和自然汇流无法完全满足区域需求，存在动态缺水量，记为动态负平衡区域。最后，动态负平衡区域的缺水量无法通过自然汇流过程得到完全满足，需求单元将接受来自人为调动的水量，包括地下水和河道水。根据上述流动原理，将各数据层需要转换为投影相同且空间分辨率相同的栅格形式，在 Python 中编

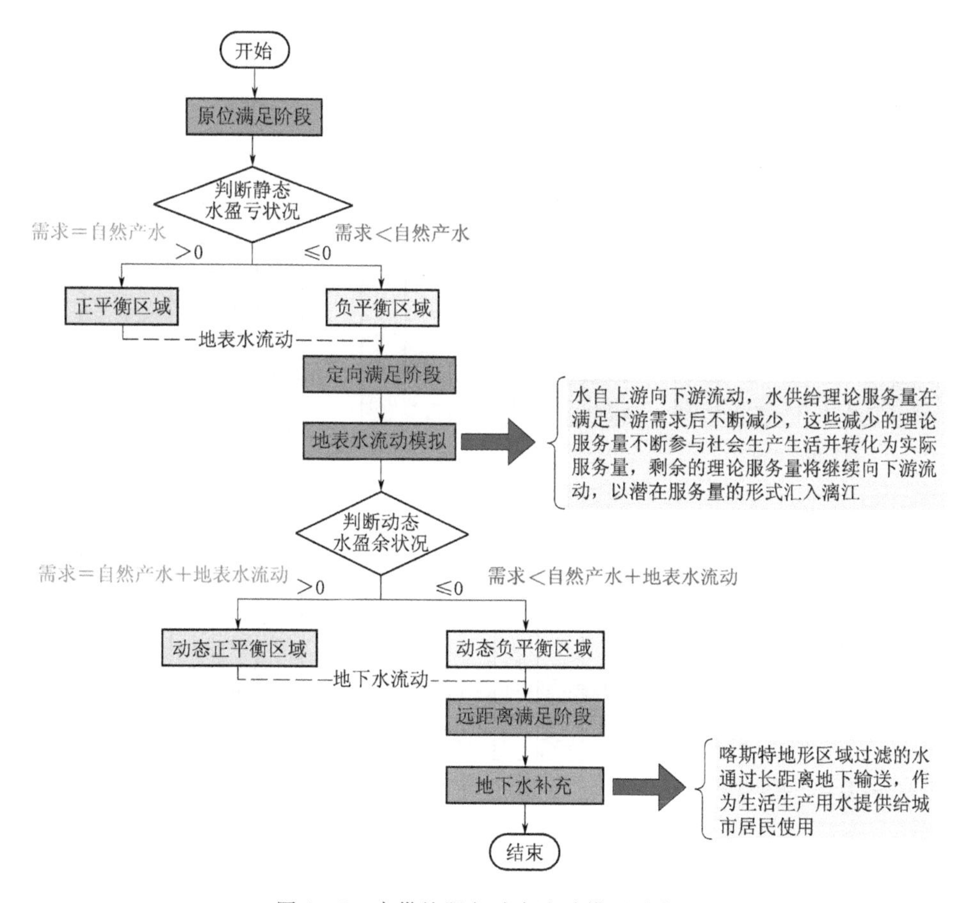


图 8-2　水供给服务动态流动模型示意图

写算法进行模拟。地表水流动模型示意如图 8-3 所示。首先，计算供给矩阵与需求矩阵之差，得到静态剩余矩阵。其次，以静态剩余水量为正值的像元为索引，根据 D8 流动方向计算下一个像元的坐标，如果当前像元值大于 0 且下一个像元值未超出流域边界，则将当前像元值加到下一个像元上，并将当前像元值置为 0，否则就停止递归。最后，循环遍历静态剩余水量为正值的像元，直至动态剩余水量为 0 或达到一级流域边界。模型模拟中各矩阵含义如下：

供给矩阵［图 8-3（a)］：每个栅格的地表年产水量。

需求矩阵［图 8-3（b)］：每个栅格的年需水量。

流向矩阵［图 8-3（c)］：每个栅格内地表剩余水量的流动方向。流向可利用 ArcGIS 软件水文分析工具 D8 单向流［图 8-3（d)］模拟，8 个数字（1，2，4，8，16，32，64，128）分别代表一个特定方向。

静态剩余矩阵［图 8-3（e)］：供应矩阵与需求矩阵之差，即当地地表产水量满足当地需求后的静态剩余水量，反映水供给服务的原位满足情况。

动态剩余矩阵 [图 8 - 3 (f)]：地表水流动模拟结果，表示为动态剩余水量，反映水供给服务的定向满足情况。

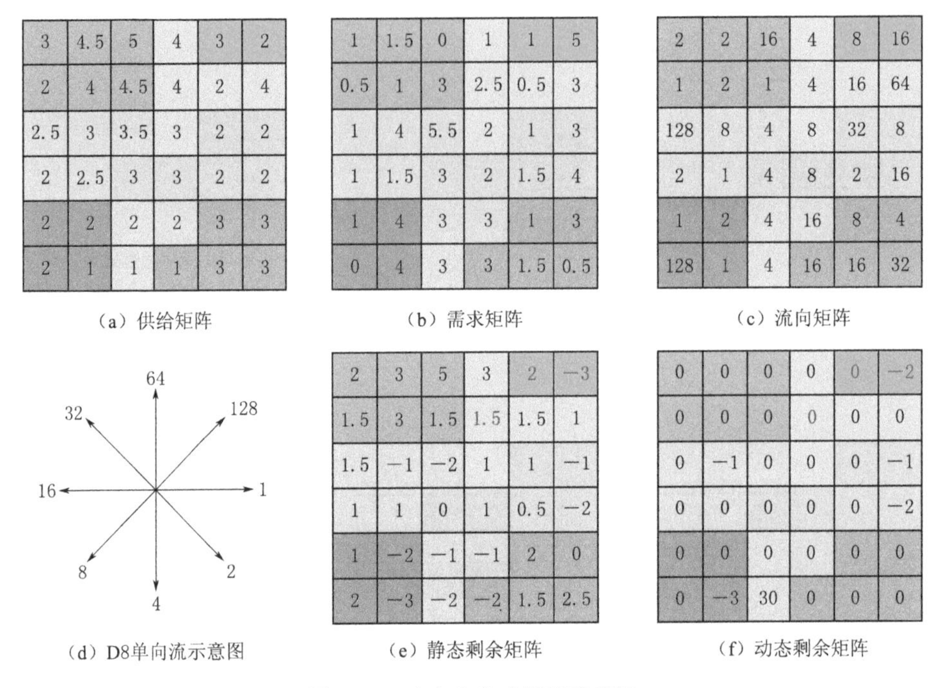


(a) 供给矩阵　(b) 需求矩阵　(c) 流向矩阵

(d) D8单向流示意图　(e) 静态剩余矩阵　(f) 动态剩余矩阵

图 8 - 3　地表水流动模型示意图

#### 8.1.1.4　跨界流动

(1) 模拟原理。漓江流域作为一个较为完善的水文地质单元，水供给服务不仅可以就地满足用水需求，还可以在地形因素和重力影响下使下游地区的居民受益。换言之，研究区内水供给服务依托于地表河流在区域之间流转，每个区域会接受到相邻区域的服务输入，同时，它也会将服务按照输送路径输出到相邻区域（Zhu et al.，2022）。因此，基于地表水流动模型，编写 Python 程序从跨区域角度探讨水供给服务在区域间的流转情况并明晰水供给服务区外受益方向和数量（图 8 - 4）。首先，利用区域矩阵定义了区县行政区域和子流域区域，每个区域根据区县或子流域名称被赋予一个唯一的编号。然后，以静态剩余水量为正值的像元为索引，遍历区域数据与流向数据，判断当前流向栅格指向的下一个栅格的区域代码是否与本栅格的区域代码相同，如果不同，则将当前栅格的索引及流动值加入到列表中。最后，循环遍历直至动态剩余水量为 0 或达到一级流域边界，输出流动结果。

(2) 可视化方法。跨界流动结果是一个具有源汇（Origin－Destination，

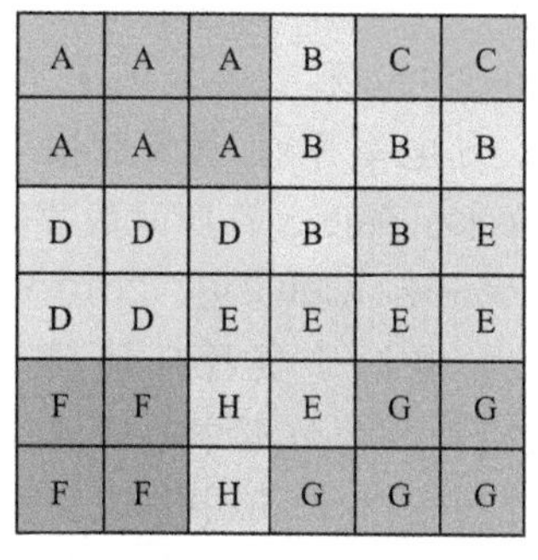


（a）区域矩阵

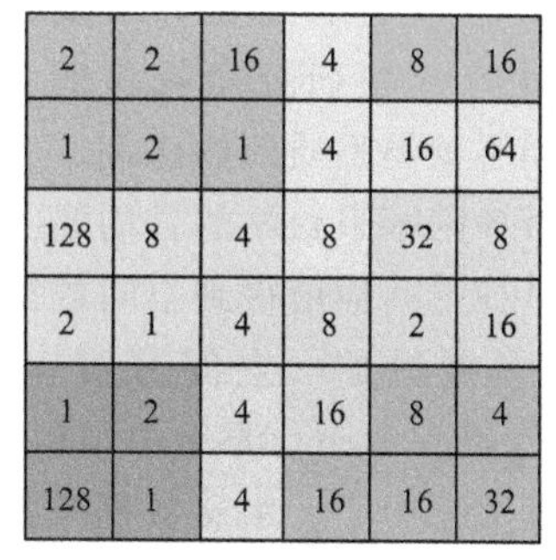


（b）流向矩阵

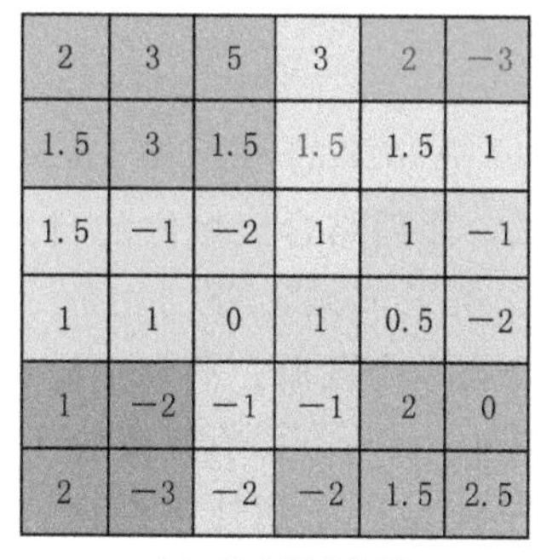


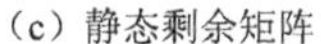
（c）静态剩余矩阵

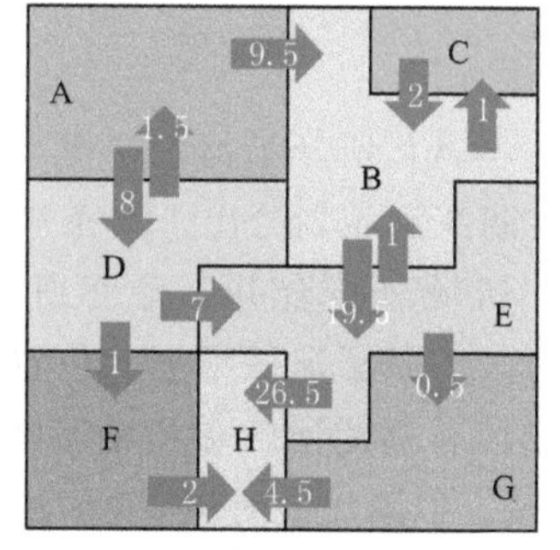


（d）跨界动态流动

图 8－4　地表水跨界流动示意图

OD）特性的流数据，包含流动轨迹的起点、目的地和流量。采用弦图对流动结果进行可视化，分析水供给服务在区域间的流转过程。弦图圆环外的文字代表不同区域的名称，圆环的宽度代表该区域服务流转总量的相对大小，圆环上的条带表示服务从起点到终点的流动，条带的宽度表示流量的大小。考虑到区域地理空间位置不同，基于节点、边构建了水供给服务空间流动网络图，用于映射水供给服务在区域间的净流量和流动路径（Wang et al.，2020b）。其中，子流域的中心点为水供给服务流动网络的节点，每个节点的权重用对应子流域的静态剩余水量表示，节点的大小和颜色来表示淡水服务盈余和不足的状态。用网络边来映射水供给服务在节点间的流动路径，边的方向即为服务流动方向，边的容量即为该流向的净流量。

## 8.1.2　数据来源及处理

### 8.1.2.1　数据来源

所需数据主要包括气象、河流、土壤、土地覆被、DEM、用水量、岩溶分布类型、水文数据。土壤数据来源于联合国粮农组织（FAO）、国际应用系统分析研究所（IIASA）构建的世界土壤数据库（HWSD），其中中国境内的数据为中国科学院南京土壤研究所提供的 1∶1000000 第二次全国土地调查土壤数据（包括不同土壤类型质地的比例、容重、导电率等）。气象数据为中国气象科学数据共享服务网国家台站的日均温度、降水、湿度、日照时数等数据，利用反距离权重法进行空间插值得到空间数据。2000 年、2005 年、2010 年、2018 年和 2020 年土地覆被数据（空间分辨率 30m）来源于资源环境科学数据中心。DEM（空间分辨率 30m）源于中国科学院资源环境数据中心。河流数据来源于资源环境科学数据中心。水文数据来源于 2006—2019 年中华人民共和国水文年鉴。漓江流域涉及区县的用水量数据来源于 1999—2020 年各区县发布的水资源公报。

#### 8.1.2.2 数据处理

（1）ArcSWAT 划分子流域。基于 30m 分辨率的 SRTM DEM 数据，利用 ArcSWAT 在漓江流域划分出 142 条小流域，而后结合流域内的自然地理特征和水系分布对小流域进行合并，最终得到 18 条子流域，分别用数字 1～18 来标记（表 8-2）。18 条子流域根据其位置被分为 5 个区域：漓江上游区、漓江中游区、漓江下游区、荔浦河区和恭城河区。其中，1～3 号子流域位于漓江上游区，4～8 号子流域位于漓江中游区，9～12 号子流域位于漓江下游区，13～14 号子流域位于荔浦河区，15～18 号子流域位于恭城河区。

表 8-2　漓江流域子流域情况表

| 分区 | 编号 | 子流域名称 | 平均海拔/m | 面积/km² | 耕地/林地/草地占比/% | 河流及水库 |
|---|---|---|---|---|---|---|
| 漓江上游区 | 1 | 漓江上游 | 536.14 | 1474.11 | 12/80/6 | 六峒河、黄柏江、川江、灵渠、小溶江、榕江、小溶江水库、川江水库 |
| | 2 | 甘棠江 | 451.92 | 771.02 | 16/76/1 | 甘棠江、青狮潭水库 |
| | 3 | 灵渠 | 510.64 | 975.97 | 23/61/12 | 灵渠、湘江（部分） |
| 漓江中游区 | 4 | 桃花江 | 199.95 | 555.80 | 33/38/5 | 桃花江 |
| | 5 | 潮田河 | 428.54 | 1241.70 | 18/69/9 | 花江、潮田河、思安江库 |
| | 6 | 良丰河 | 227.11 | 499.08 | 37/47/12 | 良丰河（又名相思江东段） |
| | 7 | 兴坪河 | 416.91 | 422.56 | 18/59/21 | 兴坪河、大源河 |
| | 8 | 遇龙河 | 269.67 | 666.03 | 29/57/11 | 遇龙河、金宝河 |
| 漓江下游区 | 9 | 漓江入桂江段 | 180.00 | 263.38 | 39/35/21 | 三江汇合之漓江（漓江下游） |
| | 10 | 恭城河下游 | 197.35 | 79.97 | 42/18/33 | 恭城河沙子镇河段 |

续表

| 分区 | 编号 | 子流域名称 | 平均海拔/m | 面积/km² | 耕地/林地/草地占比/% | 河流及水库 |
|---|---|---|---|---|---|---|
| 漓江下游区 | 11 | 恭城河入桂江段 | 202.43 | 90.64 | 26/52/18 | 三江汇合之荼江（恭城河下游） |
| | 12 | 荔浦河入桂江段 | 216.61 | 144.30 | 20/66/12 | 三江汇合之荔江（荔浦河下游） |
| 荔浦河区 | 13 | 马岭河 | 351.07 | 610.98 | 22/63/12 | 马岭河 |
| | 14 | 荔浦河上游 | 469.10 | 1266.54 | 18/70/9 | 荔浦河主源干流 |
| 恭城河区 | 15 | 西岭河 | 549.09 | 626.68 | 14/67/16 | 西岭河 |
| | 16 | 恭城河上游 | 519.34 | 1926.89 | 23/70/5 | 恭城河主源干流 |
| | 17 | 势江河 | 518.99 | 498.77 | 22/67/8 | 恭城河支流一势江河、莲花河 |
| | 18 | 榕津河 | 305.02 | 888.37 | 34/55/8 | 榕津河 |

（2）基于DEM划分地貌形态。以30m DEM为基础信息源，结合数字地形分析方法实现了岩溶地貌峰丛区、洼地区和平原区边界的准确提取（宋晓猛等，2013）。首先，基于正负地形分析方法将复杂多样的岩溶地貌降维简化成正负地形，有效突出岩溶地貌形态差异，采用趋势面分析方法构建平原趋势面，确定流域峰丛与平原的边界（毕奔腾等，2022）。其次，采用GIS水文分析方法提取流域山脊线与山谷线，根据山脊线和山谷线的交点确定地形特征点并通过地形坡度变率筛选出地形鞍部点（杨先武，2019）。最后，基于峰丛洼地的分型维特性采用反距离权重插值方法构建鞍部趋势面，进而确定洼地的边界（Yang et al.，2018）。漓江流域内岩溶地貌呈南北向展布，从横向上来看，自两侧向中部体现非岩溶→峰丛→洼地→平原的展布序列；从纵向来看，峰丛、洼地、平原并非只发育在某个岩溶区之中，而是不均衡地发育在裸露型、覆盖型和埋藏型岩溶区之上。从地貌组合类型的分布位置来看，峰丛、洼地分布于盆地谷地和非岩溶斜坡地带，小部分呈岛状散布在峰林平原中。平原平行发育于峰丛和洼地附近，连片展布于漓江两侧，少部分平原呈条带状穿插于峰丛和洼地中。

（3）产水量分割系数。大气降水入渗系数是岩溶地下水系统最基础的水文地质参数，它反映了水资源在地表与地下的分配方式（易连兴等，2017）。利用降雨入渗系数可以简单有效地区分不同岩溶地貌单元地表与地下产水量。基于前人对岩溶地区降雨入渗系数的研究成果（易连兴等，2017；吴志强等，2022；任梦梦等，2020；李炜轩，2020；任智丽等，2020），确定不同地貌类型产水量分割系数。非岩溶区以碎屑岩为主，产水量分割系数为0.15～0.2。裸露型岩溶区地下水以灌式补给为主，分割系数为0.5～0.6。覆盖型岩溶区地下水以面状入渗补给为主，分割系数为0.2～0.4。埋藏型岩溶区地下水以其他相邻含水层补给为主，分割系数为0.2～0.3。由于同一岩溶区内地表岩溶形态各异，涵盖峰丛、洼地、平原谷地和河流阶地4个地貌单元，降雨下渗系数表现为河流阶地<平原<峰丛<洼地。据此进一步对分割系数进行调整以提高产水量分割精度。对于没有研究结果的区域，通过类比得到条件类似的地貌单元，最终得到11个地貌单元的产水量分割系数，见表8-3。

**表8-3　　产水量分割系数**

| 岩溶分区 | 地貌单元 | 地貌单元编码 | 产水量分割系数 $\alpha$ |
|---|---|---|---|
| 裸露型 | 裸露型峰丛区 | 11 | 0.6 |
| | 裸露型洼地区 | 12 | 0.65 |
| | 裸露型平原区 | 13 | 0.4 |
| 覆盖型 | 覆盖型峰丛区 | 21 | 0.4 |
| | 覆盖型洼地区 | 22 | 0.5 |
| | 覆盖型平原区 | 23 | 0.3 |
| 埋藏型 | 埋藏型峰丛区 | 31 | 0.3 |
| | 埋藏型洼地区 | 32 | 0.35 |
| | 埋藏型平原区 | 33 | 0.2 |
| 河流阶地 | 平原区河流 | 4 | 0 |
| 非岩溶区 | 非岩溶区 | 5 | 0.15 |

（4）地下水补给、径流和排泄边界。岩溶地貌的形成与演化多聚焦于水，不同的地貌形态可以反映出地下水的补给、径流和排泄特征（罗书文等，2021）。根据地貌单元与地下水补径排特征确定地下水补给区、径流区和排泄区边界（刘绍华等，2015）。地下水主要补给来源为降雨入渗，补给区涵盖整个流域。降落到非岩溶区的大部分雨水以山前径流、地表河流等外源水形式进入岩溶区，仅有一小部分入渗形成基岩裂隙水，侧向移动补给相邻岩溶区（王朋辉等，2019）。岩溶区地下水获得补充后沿洞穴、地下河网开始流动，其径流方向受到地形倾向、构造分布方向和地表水系展布的制约，大体上自四周碎屑岩山区、峰丛洼地向中部平原流动，最终汇入漓江河谷进行集中排泄（陈余道等，2003）。由于峰林洼地地表之上没有明显的排水系统，大多数降水通过落水洞、竖井、漏斗等灌入地下，然后在平原上或裸露的峰林山脚下以泉或地下河的形式排泄，因此将平原划分为主要径流区，峰丛洼地为重要补给区。径流区汇集流域地下水补给后，最终都会汇入最低排泄基准面即漓江进行集中排泄，漓江及其支流恭城河、良丰河、潮田河等是其主要排泄通道（江思义等，2019），据此划定平原区的漓江及其支流作为集中排泄区。地下水补给区、径流区和排泄区类型见表8-4。

表 8-4 地下水补给区、径流区和排泄区类型

| 分　区 | 地貌单元 | 地貌单元代码 | 所属地下水区域类型 |
|---|---|---|---|
| 峰丛区 | 裸露型峰丛区 | 11 | 重要补给区 |
| | 覆盖型峰丛区 | 21 | 重要补给区 |
| | 埋藏型峰丛区 | 31 | 重要补给区 |
| 洼地区 | 裸露型洼地区 | 12 | 重要补给区 |
| | 覆盖型洼地区 | 22 | 重要补给区 |
| | 埋藏型洼地区 | 32 | 重要补给区 |
| 平原区 | 裸露型平原区 | 13 | 补给区+径流区 |
| | 覆盖型平原区 | 23 | 补给区+径流区 |
| | 埋藏型平原区 | 33 | 补给区+径流区 |
| 河流阶地 | 平原区河流 | 4 | 排泄区 |
| 非岩溶区 | 非岩溶区 | 5 | 补给区 |

# 8.2 水供给时空演变

## 8.2.1 全域尺度

### 8.2.1.1 分割校正前产水量

InVEST 模型产水量代表该区域水供给服务的理论最大潜力供给量。2000 年、2005 年、2010 年、2015 年和 2020 年漓江流域平均产水深度分别为 1069.11mm、1024.98mm、859.95mm、1512.55mm 和 1174.01mm，多年平均产水深度为 1128.12mm（图 8-5）。产水深度年际波动较大且不同时期的变化趋势有明显差异：2000—2010 年流域产水深度呈轻微下降趋势，年降速为 20.92mm/年；2010—2015 年上升趋势较明显，年增速为 130.52mm/年；2015—2020 年又出现明显下降趋势，下降速率为 67.71mm/年。从供水总量来看，2000—2020 年漓江流域多年平均供水量为 $146.81\times10^8m^3$，年际供水量为 $111.91\times10^8\sim196.94\times10^8m^3$，呈现先减后增再减的变化趋势，2015 年供水量最高，2010 年最低。从水量平衡角度来看，降水和实际蒸散发是决定水供给服务供给水平的两个关键因素。从图 8-5 可以看出，同期年均降水量呈先减后增再减趋势，基本维持在 1400～2100mm，2015 年平均降水量最多，2010 年降水量最少。年均实际蒸散发量整体呈下降趋势，2005 年、2010 年、2015 年和 2020 年均实际蒸散发量在 2000 年的水平上分别下降了 1.41%、2.27%、4.30%和 5.87%。从空间分布来看，InVEST 模型产水量大致呈“北高南低”的空间分布格局，产水深度从西北向东南逐渐递减，梯度变化明显（图 8-6）。流域北部产

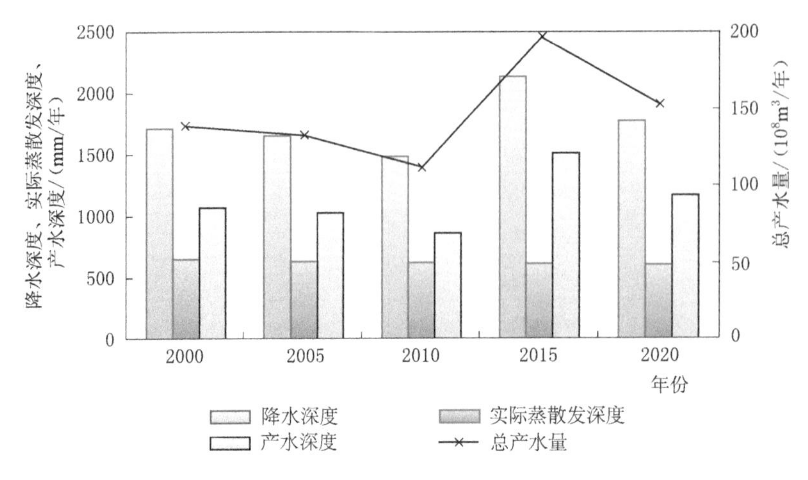


图 8-5 2000—2020 年漓江流域单位栅格降水深度、实际蒸散发深度、产水深度和总产水量

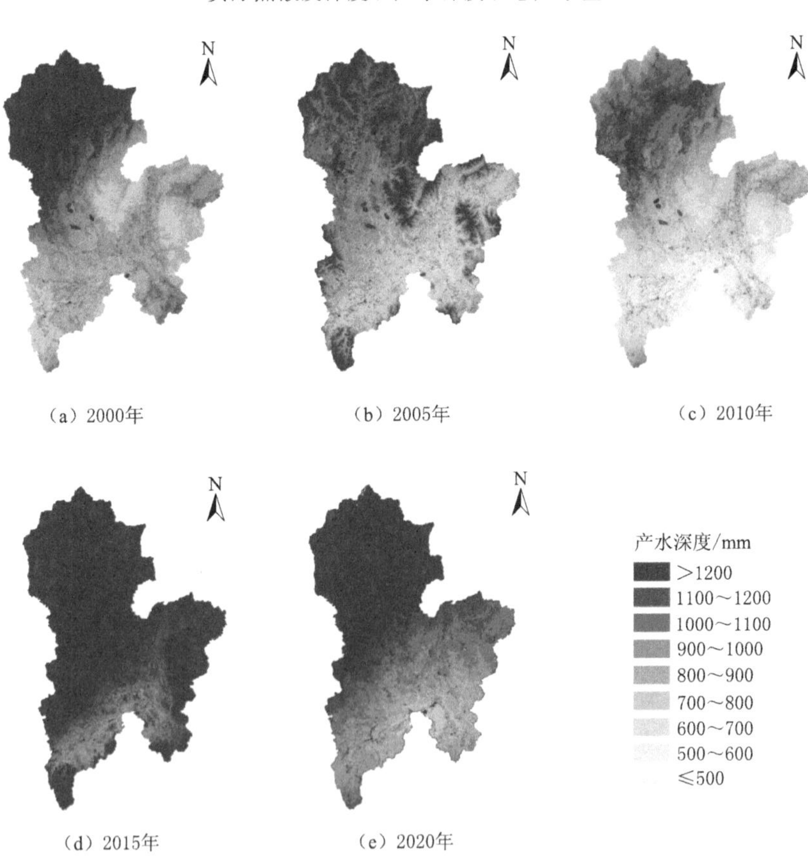


图 8-6 2000—2020 年漓江流域基于 InVEST 模型产水深度空间分布图

水深度普遍高于南部是因为北部的猫儿山阻挡了南来气流，迫使气团抬升形成暴雨，使得北部的水分输入远高于南部（图 214）。对于北部地区，又以西北尤其是桂林市区和兴安县等区域产水能力相对较强，主要因为这些区域地处平原地带，建设用地和农业耕地较为集中，蒸散量较低，在降水相同的情况下由于水分输出少表现出较强的产水能力。

InVEST 模型输出结果包括单位栅格年产水深度和流域年总产水量的预测值，不同的 $Z$ 系数对应不同的产水量预测值。$Z$ 系数是一个表征地区降水和水文地质特征的经验常数，数值范围为 1～30。在其他参数确定的情况下，通过调节 $Z$ 系数来校验模型模拟结果，与流域水文站实测径流量误差最小的产水量预测值对应的 $Z$ 系数即为模型最优系数。使用流域出水口平乐站的多年平均径流量作为 InVEST 模型产水量结果的参考。结合 2006—2019 年水文数据与以往文献资源，计算出 1990—2019 年平乐站的多年平均径流量约为 $1.46\times10^{10}\,m^3$，当 $Z$ 系数取 3.5 时，模拟产水量相对误差为 0.31%，模拟效果较优。此外，荣检（2017）基于 InVEST 模型评估了 2000 年、2005 年、2010 年和 2015 年广西西江流域的产水功能，其中漓江流域所在地区产水深度在 900～1600mm 之间变化。Wang 等（2020a）基于 InVEST 模型计算了西南岩溶地区产水量，其中桂西北地区多年产水深度超过 900mm。徐洁等（2016）基于 InVEST 模型对 1995—2010 年东江湖流域的平均产水深度进行了分析，在 1100～1600mm 之间变化。东江湖流域与漓江流域同属亚热带湿润季风气候，二者降水量相近但漓江流域实际蒸散发高于东江湖流域。本章结果与荣检（2017）和 Wang 等（2020a）的漓江区域结果较为一致，与徐洁等（2016）结果具有可比性，证明本章 InVEST 模型模拟的产水量较为可信。

#### 8.2.1.2 分割校正后产水量

基于分割系数将 InVEST 产水量分为地表产水量与地下产水量。在研究区不同位置选取了 7 个集水面积不等的水文站，基于实测数据和模拟结果分别计算 2005 年、2010 年和 2015 年校正前后的年产水深度与实测年径流深度的均方根误差（RMSE）。结果显示，2005 年、2010 年和 2015 年校正后 7 个站点的年产水深度 RMSE 均小于校正前的（表 8-5），表明校正后模拟值与实测值之间的偏差更小。

**表 8-5 地表水与地下水分割校正后产水量验证结果**

| 水文站 | 2005 年 | | | 2010 年 | | | 2015 年 | | |
|---|---|---|---|---|---|---|---|---|---|
| | A1 | A2 | A3 | A1 | A2 | A3 | A1 | A2 | A3 |
| 灵渠站 | 1551.95 | 1219.57 | 1315.87 | 1415.00 | 1196.29 | 1239.23 | 1461.68 | 1649.52 | 1834.22 |
| 桂林站 | 1153.80 | 1122.10 | 1175.15 | 1361.48 | 1005.37 | 1039.10 | 1739.40 | 1633.17 | 1709.83 |
| 潮田河站 | 1075.05 | 1134.42 | 1024.30 | 878.36 | 866.33 | 791.13 | 1209.02 | 1855.48 | 1640.51 |

续表

| 水文站 | 2005 年 | | | 2010 年 | | | 2015 年 | | |
|---|---|---|---|---|---|---|---|---|---|
| | A1 | A2 | A3 | A1 | A2 | A3 | A1 | A2 | A3 |
| 阳朔站 | 1013.70 | 1149.55 | 1172.62 | 1085.44 | 1018.34 | 1027.14 | 1507.52 | 1692.84 | 1723.60 |
| 荔浦站 | 944.40 | 935.88 | 898.63 | 1072.86 | 672.77 | 666.47 | 1345.62 | 1290.95 | 1262.26 |
| 恭城站 | 958.75 | 907.18 | 904.45 | 922.76 | 736.67 | 736.13 | 1320.74 | 1427.30 | 1407.32 |
| 平乐站 | 945.30 | 1032.20 | 1046.88 | 943.42 | 874.17 | 886.33 | 1407.68 | 1514.46 | 1538.01 |
| RMSE | — | 143.30 | 119.15 | — | 232.62 | 223.31 | — | 273.75 | 240.23 |

**注** A1 为年径流深度，mm；A2 为校正前年产水深度，mm；A3 为校正后年产水深度，mm。

2000—2020 年漓江流域地表平均供水量为 $1.09\times10^{10}\,m^3$，占总供水量的 74.13%；另外 25.87%为地下产水量，常年储存于地下。这些地表产水量与地下产水量分别沿不同的路径汇入漓江，最终到达流域出口。漓江是整个流域的最低排泄基准面，也是境内地表水和地下水的最终排泄通道，流域地下产水量只在流域内部进行重新分配，不发生跨境流动。因此，基于地表与地下产水量分割系数的产水量校正只对产水空间分布进行了校正，流域所有年份平均产水深度和供水总量并未发生改变。从空间分布来看，校正后的漓江流域产水量总体上表现为“西北部高于东南部，四周高于中部”的空间分布格局（图 8-7）。高值区主要分布在非岩溶区，以流域北部、东南部和西南部的高海拔地区最为集中。原因在于该区域对雨水汇集作用较强，大部分降雨可以迅速转化为地表径流进而得以保存于地表。低值区分布在流域中部岩溶地区，尤其是漓江桂林—阳朔段两侧。该段以全岩溶地貌为主，流水岩溶作用强烈，水资源呈现地表水贫乏、地下水丰富的分配格局。可见，校正后的产水量分布格局与水资源分配格局具有较好的一致性。

#### 8.2.1.3 分割校正前后对比

与 InVEST 模型模拟结果相比，2000 年、2005 年、2010 年、2015 年和 2020 年漓江流域每年均有 96.63%区域产水深度在校正后下降，仅 3.37%区域产水深度高于校正前。产水深度下降幅度可以反映产水量分割程度，即降幅越大，地下产水量越多。每年产水深度下降幅度及其时空分布具有明显差异（图 8-8）。2000—2010 年，产水深度降幅低于 200mm 区域所占面积最大，从 48.40%稳步增长至 56.24%，覆盖面积逐渐扩散至整个非岩溶地区。即 2000—2010 年研究区有近一半区域的地下水下渗量不超过 200mm，地下产水量呈减少趋势。2010—2020 年，降幅 200～500mm 的区域面积比重上升，于 2015 年达到峰值（61.23%）。表明地下水下渗量在 200～500mm 的区域面积逐渐增大，研究区地下产水量逐渐增加。从空间分布来看，产水深度降幅程度表现出明显的圈

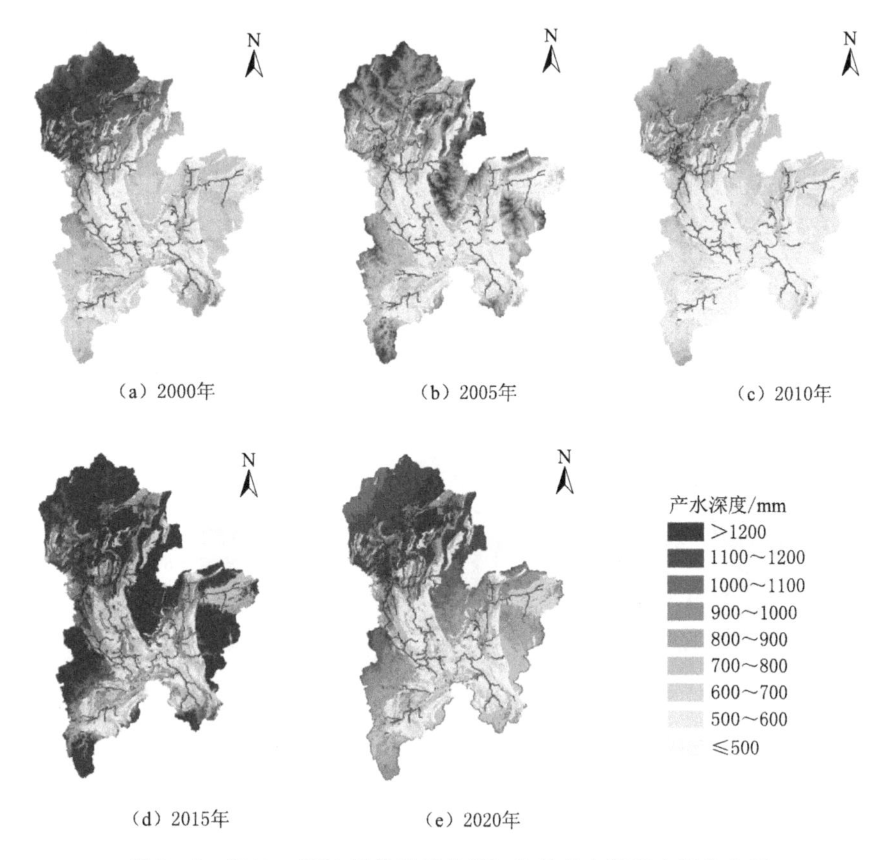


图 8-7 2000—2020 年校正后的漓江流域产水深度空间分布图

层结构，以桂林雁山区和阳朔县交界地带为轴线，产水深度降幅呈带状向南北两侧逐渐减少。

## 8.2.2 地貌尺度

### 8.2.2.1 分割校正前产水量

地貌是岩溶生态系统得以存在和发展的物质基础，不同地貌组合方式决定了该区域生态系统服务的供给和维持（高江波等，2019）。研究结果显示，非岩溶区单位栅格多年平均产水深度略高于岩溶区，但仅高 57.05mm（表 8-6）。可见，岩溶区和非岩溶区的产水能力在 InVEST 模型中没有明显差异，这与 Zhang 等（2021）的研究结论一致。深入探究岩溶区产水量差异发现，随着不同岩溶区含水岩层出露情况的变化，裸露型、覆盖型、埋藏型岩溶区的平均产水深度依次降低，说明裸露型岩溶区产水能力要高于覆盖型和埋藏型。随着地貌形态的变化，平原、非岩溶、河流阶地、洼地、峰丛的平均产水深度依次降低，表明平原

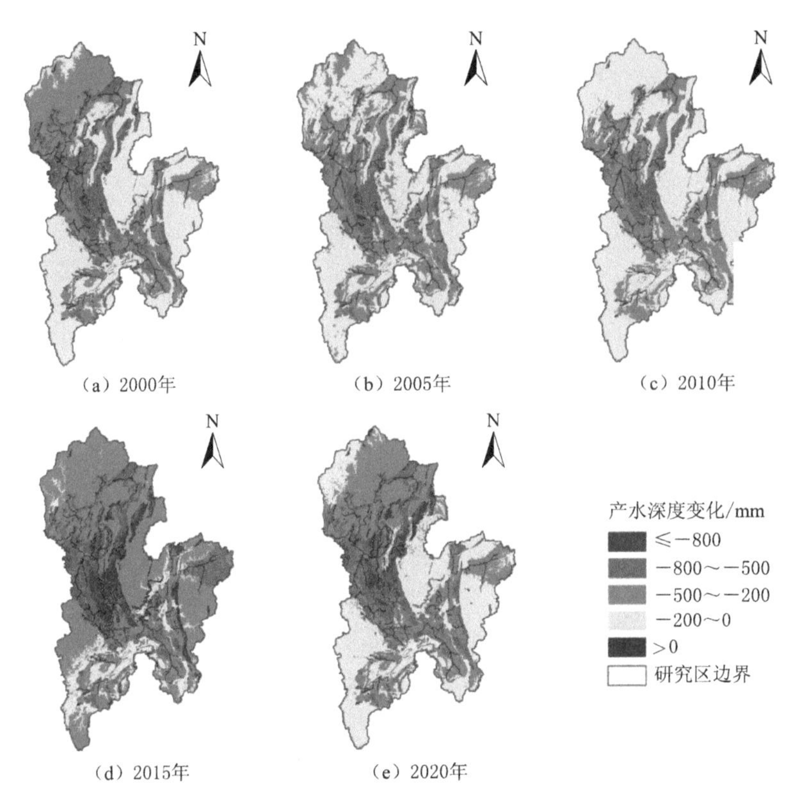


图 8-8　2000—2020 年研究区校正前后产水深度变化量空间分布

产水能力最高，峰丛产水能力最低。具体到细化后的地貌单元，裸露型平原区平均产水深度最高，覆盖型平原区次之，埋藏型洼地区最低。从供水总量来看，非岩溶区供水总量最大，多年平均供水总量高达 $80.26\times10^8\,m^3$，其次是裸露型平原区（$28.37\times10^8\,m^3$）、覆盖型平原区（$11.01\times10^8\,m^3$）和裸露型洼地区（$11.06\times10^8\,m^3$），覆盖型峰丛区、埋藏型峰丛区供水总量最低。供水总量可以从数量上反映区域的供水能力，但该结果受岩溶区面积影响较大。

**表 8-6　分割校正前不同地貌单元产水量结果**

| 地貌单元代码 | 面积/km² | 产水深度/mm | | | | | 供水总量/(10⁸m³) | | | | |
|---|---|---|---|---|---|---|---|---|---|---|---|
| | | 2000 年 | 2005 年 | 2010 年 | 2015 年 | 2020 年 | 2000 年 | 2005 年 | 2010 年 | 2015 年 | 2020 年 |
| 11 | 301.9 | 950.16 | 1006.04 | 748.51 | 1572.81 | 1099.14 | 2.88 | 3.04 | 2.27 | 4.76 | 3.33 |
| 12 | 1018.6 | 987.81 | 976.11 | 804.56 | 1506.12 | 1134.12 | 10.06 | 9.94 | 8.19 | 15.34 | 11.55 |
| 13 | 2641.7 | 1086.07 | 908.03 | 881.14 | 2168.47 | 1156.72 | 28.67 | 23.97 | 23.26 | 35.43 | 30.54 |
| 21 | 31.5 | 963.13 | 910.58 | 717.97 | 1368.27 | 1011.56 | 0.30 | 0.29 | 0.23 | 0.43 | 0.32 |

续表

| 地貌单元代码 | 面积/km² | 产水深度/mm | | | | | 供水总量/($10^8 m^3$) | | | | |
|---|---|---|---|---|---|---|---|---|---|---|---|
| | | 2000年 | 2005年 | 2010年 | 2015年 | 2020年 | 2000年 | 2005年 | 2010年 | 2015年 | 2020年 |
| 22 | 74.7 | 1005.84 | 1592.79 | 771.13 | 1300.49 | 1042.81 | 0.75 | 0.66 | 0.58 | 0.97 | 0.78 |
| 23 | 939.8 | 1232.29 | 988.25 | 998.57 | 1392.27 | 1273.08 | 11.58 | 9.28 | 9.38 | 13.08 | 11.96 |
| 31 | 32.8 | 920.33 | 943.02 | 687.31 | 1418.46 | 1015.29 | 0.30 | 0.31 | 0.23 | 0.47 | 0.33 |
| 32 | 93.6 | 958.25 | 900.09 | 705.06 | 1326.85 | 1007.95 | 0.90 | 0.84 | 0.66 | 1.24 | 0.94 |
| 33 | 471.5 | 1237.08 | 994.56 | 986.82 | 1382.26 | 1277.31 | 5.83 | 4.69 | 4.65 | 6.52 | 6.02 |
| 4 | 438.0 | 1148.40 | 932.45 | 931.99 | 1357.50 | 1211.10 | 5.03 | 4.09 | 4.08 | 5.95 | 5.31 |
| 5 | 6969.4 | 1044.72 | 1094.19 | 837.54 | 1616.23 | 1172.09 | 72.76 | 76.21 | 58.33 | 112.57 | 81.44 |

**注** 11、12和13分别为裸露型峰丛区、洼地区和平原区，21、22和23分别为覆盖型峰丛区、洼地区和平原区，31、32和33分别为埋藏型峰丛区、洼地区和平原区。

#### 8.2.2.2 分割校正后产水量

岩溶区是流域重要的地下水补给区，校正后的地貌单元产水深度更多反映其地表产水能力。从岩溶地貌和非岩溶地貌对比来看，非岩溶区单位栅格多年平均校正后产水深度比岩溶区高352.27mm，表明非岩溶区地表蓄水能力强于岩溶区。与InVEST模型结果相比，这个结论与实际情况更为相符。从不同岩溶地貌单元产水量来看（表8-7），随着岩溶含水岩层出露情况变化，裸露型、埋藏型、覆盖型岩溶区的产水深度依次升高，反映出裸露型岩溶区地表产水能力相对最高，相同面积情况下该岩溶区地下供水总量低于其他岩溶区。随地貌形态变化，平原、峰丛、洼地校正后的产水深度依次降低，代表平原、峰丛和洼地的地表产水能力逐渐降低，但单位面积地下供水总量逐渐增多。具体到细化后的地貌单元，河流沿岸平均产水深度最高，非岩溶区、埋藏型平原区、覆盖型平原区地表产水深度次之，裸露型峰丛区、覆盖型洼地区地表产水深度最低。

**表8-7　分割校正后不同地貌单元产水量结果**

| 地貌单元代码 | 产水深度/mm | | | | | 校正前后产水深度变化/mm | | | | |
|---|---|---|---|---|---|---|---|---|---|---|
| | 2000年 | 2005年 | 2010年 | 2015年 | 2020年 | 2000年 | 2005年 | 2010年 | 2015年 | 2020年 |
| 11 | 380.06 | 402.41 | 299.40 | 629.12 | 439.66 | −570.10 | −603.63 | −449.11 | −943.69 | −719.08 |
| 12 | 345.73 | 341.64 | 281.60 | 527.14 | 396.94 | −642.08 | −634.47 | −522.96 | −978.98 | −788.39 |
| 13 | 651.64 | 544.82 | 528.68 | 805.14 | 694.03 | −434.43 | −363.21 | −352.46 | −1363.33 | −505.08 |
| 21 | 577.88 | 546.35 | 430.78 | 820.95 | 606.93 | −385.25 | −364.23 | −287.19 | −547.32 | −433.68 |

续表

| 地貌单元代码 | 产水深度/mm | | | | | 校正前后产水深度变化/mm | | | | |
|---|---|---|---|---|---|---|---|---|---|---|
| | 2000 年 | 2005 年 | 2010 年 | 2015 年 | 2020 年 | 2000 年 | 2005 年 | 2010 年 | 2015 年 | 2020 年 |
| 22 | 502.92 | 443.07 | 385.56 | 650.24 | 521.41 | −502.92 | −1149.72 | −385.57 | −650.25 | −539.89 |
| 23 | 862.62 | 691.78 | 699.01 | 974.60 | 891.17 | −369.67 | −296.47 | −299.56 | −417.67 | −410.46 |
| 31 | 644.22 | 660.10 | 481.11 | 992.91 | 710.69 | −276.11 | −282.92 | −206.20 | −425.55 | −371.07 |
| 32 | 622.86 | 585.06 | 458.29 | 862.45 | 655.16 | −335.39 | −315.03 | −246.77 | −464.40 | −385.09 |
| 33 | 989.67 | 795.65 | 789.45 | 1105.80 | 1021.85 | −247.41 | −198.91 | −197.37 | −276.46 | −287.64 |
| 4 | 9404.68 | 8658.61 | 7585.15 | 12842.65 | 10262.55 | 8256.28 | 7726.16 | 6653.16 | 11485.15 | 8193.58 |
| 5 | 888.01 | 930.07 | 711.91 | 1373.80 | 996.28 | −156.71 | −164.12 | −125.63 | −242.43 | −284.08 |

#### 8.2.2.3 分割校正前后对比

就岩溶区和非岩溶区水供给能力而言，校正前岩溶区与非岩溶区的水供给服务能力没有明显差异，校正后的非岩溶区水供给服务能力明显强于岩溶区。事实上，岩溶发育地区，地表河流稀少但地下水资源十分丰富，而 InVEST 模型只考虑降水（水分输入）和实际蒸散发（水分输出），忽略了地下水下渗过程，一定程度上掩盖了岩溶区与非岩溶区的产水量差异（Zhang et al.，2021）。本章的分割校正模型在此基础上充分考虑了不同地貌类型的地下水补径排特征，校正后的水供给服务能力更贴近实际。就不同岩溶区水供给能力而言，校正前裸露型岩溶区水供给能力最高，校正后其水供给能力降为最低。变化原因在于裸露型岩溶区地表没有明显排水系统，大多数降水通过落水洞、竖井、漏斗等灌入地下形成丰富的地下产水量，而地下产水量又会迅速沿着地下河网移动至平原上或裸露的峰林山脚下并以泉或地下河的形式注入漓江，最终导致裸露型岩溶供水能力在校正后发生大幅度下降。结合校正前后的地貌单元产水深度（图 8-8）不难发现，产水深度降幅最大的轴线地带是裸露型洼地区的主要分布区，从轴线向南北方向延伸分布有裸露型峰丛区和裸露型平原区。作为典型的岩溶地貌区，该区域通常因降水大量下渗而导致地表干旱缺水，出现不同程度的水土流失（王腊春等，2006），也印证了校正后的产水深度更能反映不同地貌的实际供水能力。

### 8.2.3 子流域尺度

#### 8.2.3.1 分割校正前产水量

分割校正前产水深度（图 8-9），子流域多年平均产水深度为 1076.42mm，其中漓江上游区（1343.66mm）＞漓江中游区（1207.70mm）＞恭城河区（982.52mm）＞荔浦河区（962.10mm）＞漓江下游区（862.97mm）。可见，流

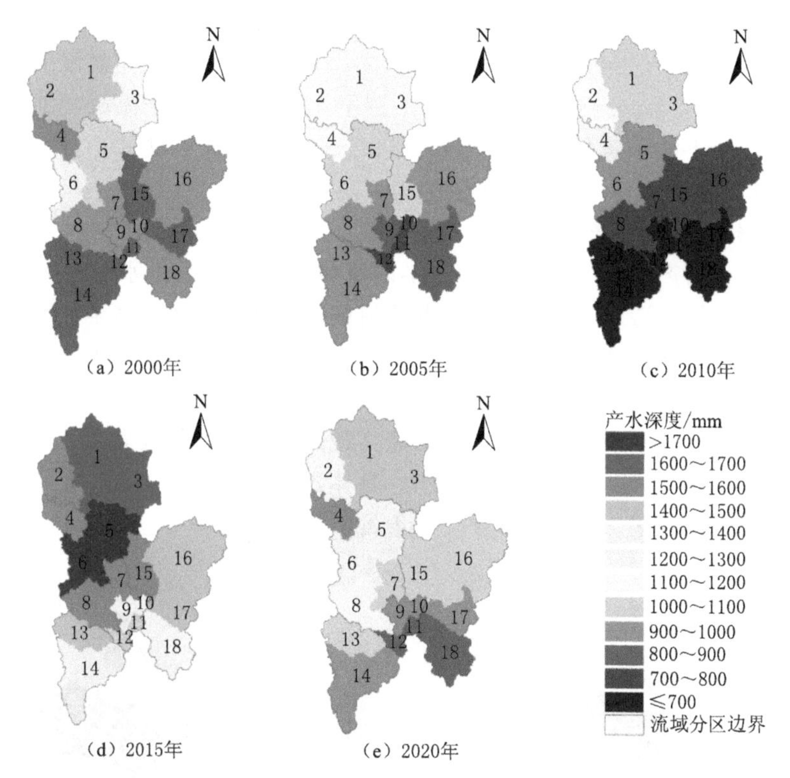


图 8-9 2000—2020 年子流域 InVEST 模型产水深度空间分布

1—漓江上游子流域；2—甘棠江子流域；3—灵渠子流域；4—桃花江子流域；5—潮田河子流域；6—良丰河子流域；7—兴坪河子流域；8—遇龙河子流域；9—漓江入桂江段子流域；10—恭城河下游子流域；11—恭城河入桂江段子流域；12—荔浦河入桂江段子流域；13—马岭河子流域；14—荔浦河上游子流域；15—西岭河子流域；16—恭城河上游子流域；17—势江河子流域；18—榕津河子流域

域产水能力从上游至下游逐渐减弱。具体到各子流域产水深度，4 条子流域属于高值区（>1300mm），6 条属于中值区（1000～1300mm），8 条属于低值区（≤1000mm）。高值区包括漓江上游子流域、甘棠江子流域、灵渠子流域和桃花江子流域，其中桃花江子流域产水能力又高于其他 3 条子流域。这是因为桃花江子流域海拔较低，耕地和林地并重，而漓江上游子流域、甘棠江子流域、灵渠子流域的海拔较高且以林地为主，林地植被蒸腾作用高于耕地，造成水分输出多，产水深度相对较小。中值区涵盖潮田河子流域、良丰河子流域、兴坪河子流域、遇龙河子流域、西泠河子流域和恭城河上游子流域。剩余子流域为低值区，其中又以恭城河入桂江段子流域和荔浦河入桂江段子流域产水深度最低。从供水总量来看，流域分区供水总量排序为：漓江上游区>漓江中游区>恭城河区>荔浦河区>漓江下游区。这是因为汇水面积不同导致供水总量产生较大的空间变程，漓江中游区、恭城河区、漓江上游区、荔浦河区和漓江下游区的面积依次递减，供水总量也依次递减。其中，漓江上游子流域、恭城河上游子流域的供水总量以绝对优势占据前两位，潮田河子流域居第三位，多年平均供水量是漓江上游子流域的近 3/4。其后是灵渠子流域、荔浦河上游子流域、甘棠江子流域，供水总量最低的是恭城河下游子流域、恭城河入桂江段子流域，每年供水总量均低于 $1\times10^8m^3$，不足漓江上游子流域供水量的 1/10。

#### 8.2.3.2 分割校正后产水量

分割校正后产水量（图 8－10），不同流域分区校正后供水总量排序为：漓江中游区＞漓江上游区＞恭城河区＞荔浦河区＞漓江下游区。多年平均校正后产水深度排序为：漓江中游区（1308.61mm）＞漓江上游区（1254.74mm）＞恭城河区（974.65mm）＞荔浦河区（941.37mm）＞漓江下游区（929.06mm），说明五大流域分区中，漓江中游区产水能力最高，供水总量也最大。相应的，漓江下游区产水能力最弱，供水总量最小。具体到各子流域，校正后有 3 条子流域产水深度属于高值区（＞1300mm），9 条属于中值区（1000～1300mm），6 条属

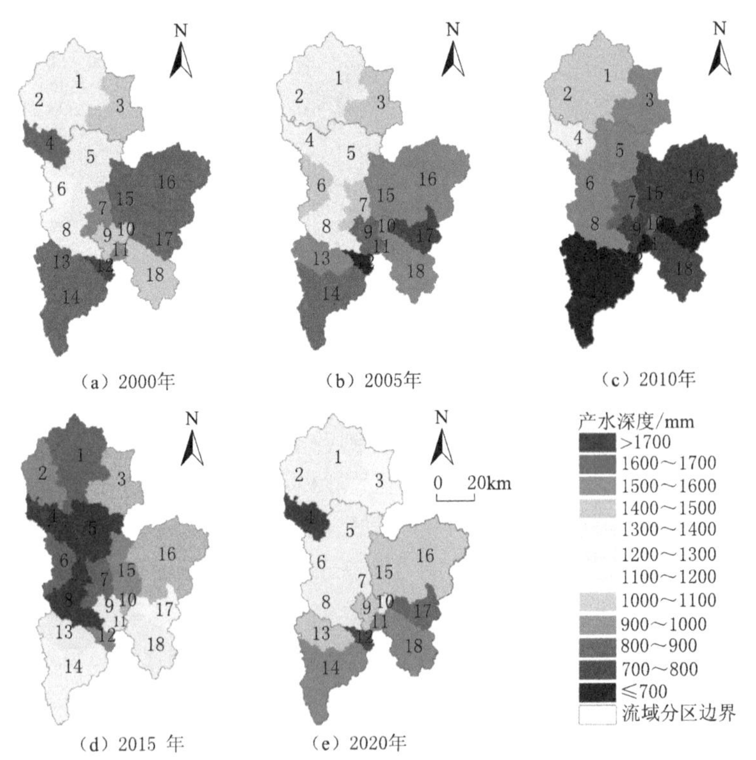


图 8－10 2000—2020 年校正后子流域产水深度空间分布

1—漓江上游子流域；2—甘棠江子流域；3—灵渠子流域；4—桃花江子流域；5—潮田河子流域；6—良丰河子流域；7—兴坪河子流域；8—遇龙河子流域；9—漓江入桂江段子流域；10—恭城河下游子流域；11—恭城河入桂江段子流域；12—荔浦河入桂江段子流域；13—马岭河子流域；14—荔浦河上游子流域；15—西岭河子流域；16—恭城河上游子流域；17—势江河子流域；18—榕津河子流域

于低值区（＜1000mm），说明研究区有2/3子流域拥有较强的产水能力，每年平均产水量可以稳定在1000mm以上。

#### 8.2.3.3 分割校正前后对比

对比校正前后子流域产水深度（图8-11）发现，漓江上游区、荔浦河区、恭城河区的子流域校正后的产水深度低于InVEST模型模拟结果，其中又以灵渠子流域、荔浦河入桂江段子流域、势江河子流域和漓江上游子流域产水深度降幅较大。这是因为区域平均海拔较高导致地下水排泄区分布相对少，区域地下产水量以跨区补给为主。相对而言，漓江中游区和漓江下游区校正后的产水深度高于校正前，其中校正后产水深度涨幅较大的子流域是遇龙河子流域、桃花江子流域、恭城河下游子流域和漓江入桂江段子流域，主要分布在桂林—阳朔—平乐河段。由前文分析可知，桂林—阳朔河段产水深度在校正前后降幅最大，导致校正后地表产水能力相对较弱。但该区地处流域谷地腹中，兼备地下水补给区与排泄区，区域水循环交替频繁且强烈（江思义等，2019），校正后不但获得了该区地下产水量的补给，还获得了来自其他地区的补给，因此，校正后的产水深度高于校正前。值得注意的是，这也是导致校正后漓江中游区产水能力高于上游区产水能力的重要原因。

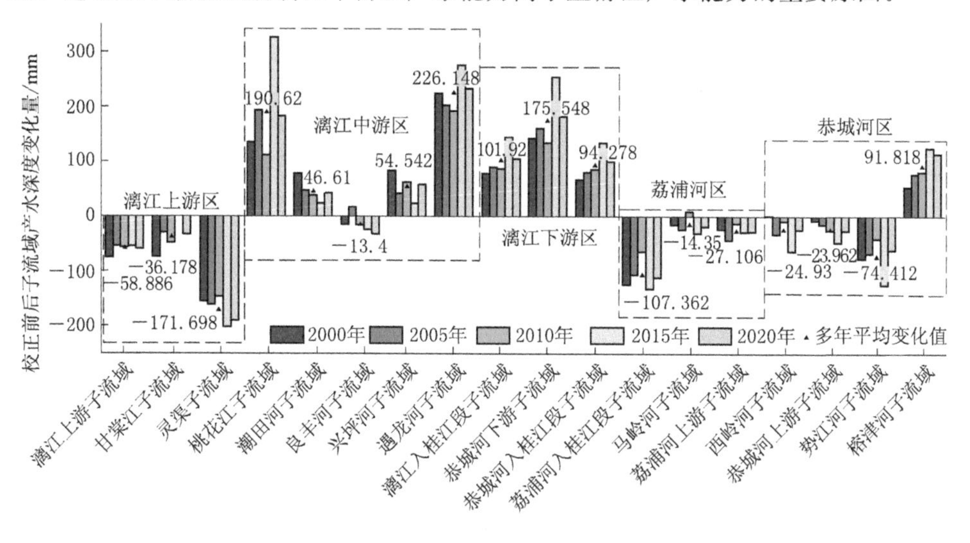


图8-11 2000—2020年校正前后子流域产水深度变化

## 8.3 需水量时空演变

### 8.3.1 全域尺度

2000年、2005年、2010年、2015年和2020年漓江流域单位栅格需水深度分别为 217.85mm、236.01mm、187.23mm、170.80mm、155.43mm，呈先升后降的变化过程，变化分界点出现在 2005 年（图 8-12）。2000—2005 年单位栅格需水深度明显增加，2005—2020 持续减少。总体来看，2000—2020 年漓江流域单位栅格需水深度变化呈现下降趋势，年减少量约为 3.8mm。从需水总量来看，2000—2020 年漓江流域水供给服务需求量变化范围为 $19.37\times10^8\sim30.71\times10^8m^3$，经历了先增后减的过程，最大值与最小值分别出现在 2005 年和 2020 年。2000—2005 年，漓江流域需水总量明显增加，年增加量为 $0.47\times10^8m^3$。2005—2020 年需水总量持续减少，以 2005 年为基准，2010 年、2015 年、2020 年需水总量分别降低了 20.64%、27.65%、36.93%。

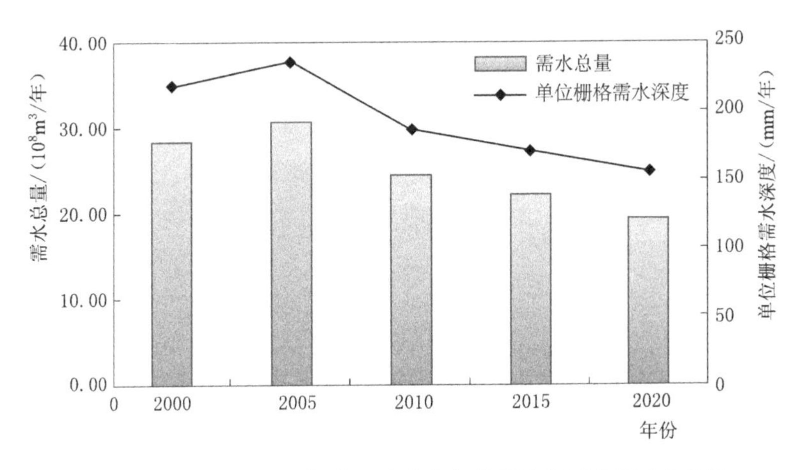


图 8-12 2000—2020 年漓江流域单位栅格需水深度与需水总量

从用水结构来看（表 8-7），漓江流域以灌溉用水为主，其次是工业用水和林牧渔用水，最后是生活用水。灌溉用水量总体呈先稳后降趋势，用水比例呈先升后降趋势，且趋势变化分界点出现年份不同。灌溉用水量趋势变化分界点出现在 2005 年，2000—2005 年灌溉用水量波动性较小，整体保持平稳，年均灌溉量为 $20.66\times10^8m^3$；2005—2020 年显著下降，年均灌溉量为 $14.64\times10^8m^3$。灌溉用水比例趋势变化分界点出现在 2010 年，2000—2010 年灌溉用水比例从 72.10%下降至 60.86%；2010—2020 年又从 60.86%升高至 72.12%。工业用水量和用水比例整体上都呈先升后降趋势，趋势变化分界点都出现在 2005 年。2000—2005 年，工业用水量增加了 $1.37\times10^8m^3$，用水比例从 13.79%升高至 17.19%；2005—2020 年，用水量减少了 $3.50\times10^8m^3$，用水比例从 17.19%下降至 9.19%。林牧渔用水量和用水比例变化趋势同工业用水一致，呈先升后降趋势，不同的是趋势变化分界点，分别出现在 2010 年和 2015 年。2000—2010 年，林牧渔用水量从 $2.03\times10^8m^3$ 持续增长至 $3.84\times10^8m^3$，用水比例提高了

8.6 个百分点；2010—2015 年，用水量平均每年下降 $0.39\times10^8m^3$，用水比例从 15.76%下降至 8.46%；2015—2020 年，用水量基本保持平稳，用水比例变化幅度也较小。生活用水量和用水比例的趋势同其他用水类型相反，大致呈先降后增趋势，但整体变化幅度不大，用水量基本在 $1.84\times10^8m^3$ 上下浮动，用水比例在 5.18%～9.50%内变化。

**表 8-8　　2000—2020 年漓江流域不同类型用水量　　单位：$10^8m^3$**

| 年份 | 工业用水量 | 灌溉用水量 | 林牧渔用水量 | 生活用水量 | 总用水量 |
|---|---|---|---|---|---|
| 2000 | 3.91 | 20.44 | 2.03 | 1.97 | 28.35 |
| 2005 | 5.28 | 20.87 | 2.97 | 1.59 | 30.71 |
| 2010 | 3.84 | 14.83 | 3.84 | 1.86 | 24.37 |
| 2015 | 3.25 | 15.13 | 1.88 | 1.96 | 22.22 |
| 2020 | 1.78 | 13.97 | 1.78 | 1.84 | 19.37 |

从岩溶分区来看（表 8-9），漓江流域单元栅格需水深度大致可分为 3 个层次：高需水层以漓江两岸河流阶地为主，2000—2020 年需水深度变化范围为 396.35～654.78mm，多年平均需水深度高于 500mm。中需水层为峰林平原，需水深度在 324.89～508.17mm 之间，多年平均需水深度略高于 400mm。低需水层为非岩溶区和峰丛洼地区，需水深度常年低于 100mm。由于地貌单元面积不同，不同地貌单元的需水总量较单位栅格需水深度有较大差异。具体地，峰林平原需水总量最高，多年平均需水量为 $16.76\times10^8m^3$，年际间呈先升后降趋势，2005 年需水量最高，2020 年需水量最低，二者相差 $7.43\times10^8m^3$。非岩溶区需水总量次之，每年需水总量不足峰林平原需水总量的 1/3，年际间变化趋势同峰林平原需水总量保持一致，但波动幅度小于峰林平原，极差为 $1.69\times10^8m^3$。漓江两岸河流阶地和峰丛洼地的需水量最少，前者多年平均需水量为 $2.30\times10^8m^3$，后者需水量在 $0.94\times10^8m^3$ 上下浮动，年际波动较小。

**表 8-9　　2000—2020 年漓江流域岩溶分区用水量**

| 岩溶分区 | 单位栅格平均需水深度/mm | | | | | 总需水量/($10^8m^3$) | | | | |
|---|---|---|---|---|---|---|---|---|---|---|
| | 2000 年 | 2005 年 | 2010 年 | 2015 年 | 2020 年 | 2000 年 | 2005 年 | 2010 年 | 2015 年 | 2020 年 |
| 非岩溶区 | 82.59 | 88.36 | 63.28 | 66.03 | 64.17 | 5.75 | 6.16 | 4.90 | 4.60 | 4.47 |
| 河流阶地 | 599.45 | 654.78 | 460.76 | 461.21 | 396.35 | 2.63 | 2.87 | 2.24 | 2.02 | 1.74 |
| 峰丛洼地 | 69.37 | 70.56 | 49.65 | 52.46 | 55.00 | 1.08 | 1.10 | 0.86 | 0.82 | 0.86 |
| 峰林平原 | 466.21 | 508.17 | 363.50 | 365.01 | 324.89 | 18.89 | 20.59 | 16.36 | 14.79 | 13.16 |

2000—2020 年漓江流域需水量（不含植被蒸散发）空间分布格局非常接近（图 8-13）。从空间上看，漓江流域需水量表现出明显的空间异质性。低值

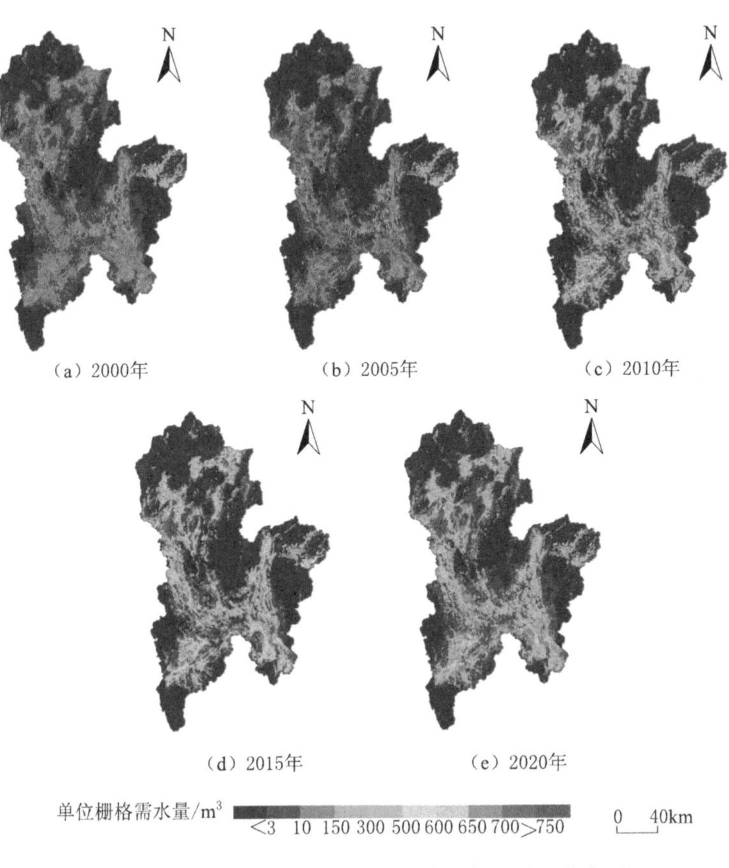


图 8-13 2000—2020 年漓江流域需水量时空分布图

区主要分布在海拔较高的非岩溶区，高值区多集中在峰林平原地区，尤其是漓江沿岸两侧，明显高于其他区域。这是因为河流两侧地形平坦，农田、城市和人口多集聚于此。因此，水需求也呈现较明显的城乡梯度变化，城镇中心的需水量最高，需水量从中心向四周逐步降低。从不同年份来看，2005 年全域需水量高于其他年份，而 2010 年、2015 年和 2020 年需水量相对较低。需要特别指出的是，2005 年需水量代表漓江流域 2003—2007 年的多年平均年需水量，而漓江流域单位栅格需水深度和需水总量都以 2005 年为分界点发生显著变化，主要原因为桂林市实施了一系列节水措施，同时实施了退耕还林还草还湿工程，大量农田转化为林地和草地，致使农田灌溉用水大幅度降低。自 1987 年，桂林市开始推进节水工作。截至 2006 年，市区工业用水重复利用率较 1987 年提高了 3 倍，生活污水集中处理后的中水可以做到一水两用，一部分用于灌溉和绿化，另一部分作为景观用水补给“两江四湖”。2007 年，桂林市成为“全国节水型城市”，此后不断优化产业结构，大力发展高效节水农业，建设漓江流域现代化生态农业示范区，区域用水量大幅下降。因此，2005 年成为趋势变化分界点，此后漓江流域需水深度和需水总量开始显著下降。

### 8.3.2 区县尺度

2000—2020 年，漓江流域不同区县单位栅格需水深度变化范围为 2.42～2275.03mm，最低值出现在 2010 年来宾市金秀瑶族自治县，最高值出现在 2005 年桂林市秀峰区［图 8-14（a）］。单位栅格需水深度在不同区县之间存在较大差异：桂林市秀峰区的单位栅格需水深度在各年份中均为最高，变化范围为 903.21～2275.03mm，呈先增后减的变化过程，2005 年需水深度最高，2020 年最低。此外，桂林市七星区、象山区、叠彩区的需水深度仅次于秀峰区，这 4 个区县多年平均需水深度均高于 1000mm。由于以上 4 个区县是漓江

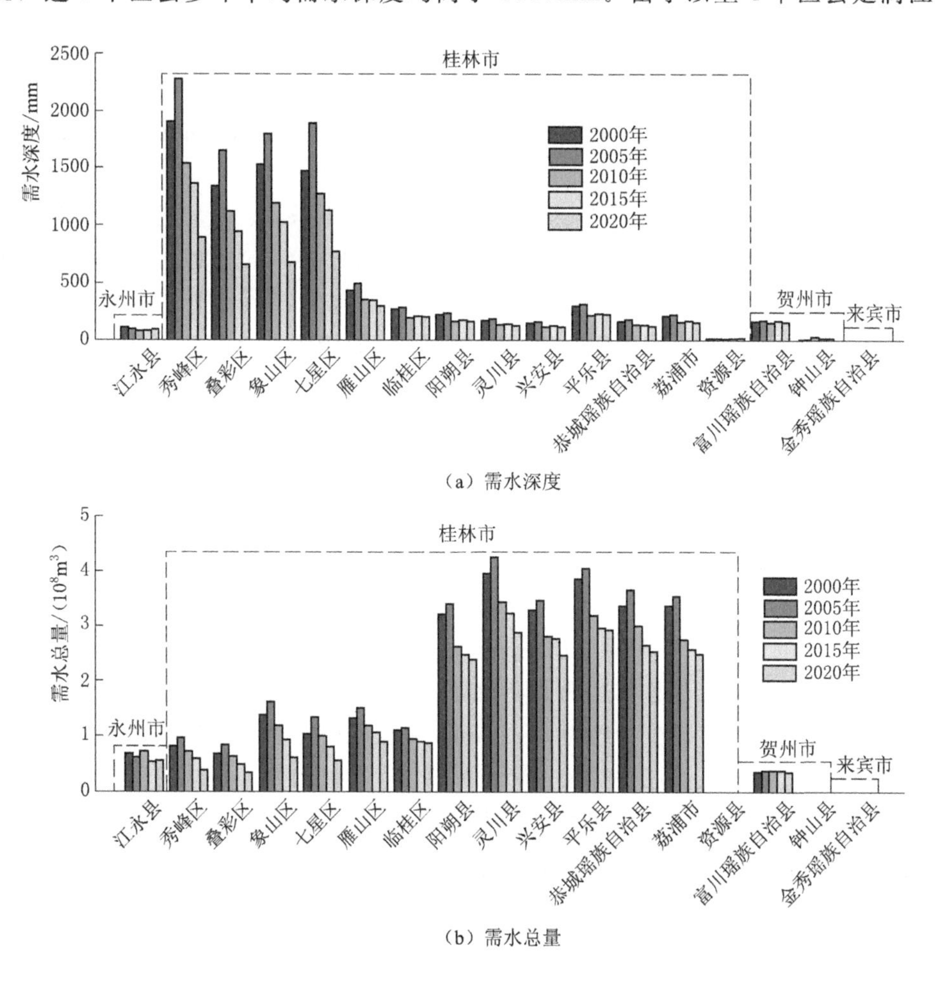

（a）需水深度


（b）需水总量

图 8-14　2000—2020 年漓江流域不同区县需水深度与需水总量

流域重要城市发展区，工业发达，人口稠密，因此各类用水需求均高于其他区县。从变化趋势来看，2000—2020年，贺州市钟山县的单位栅格需水深度总体呈增长趋势，但年增加量不足1mm；来宾市金秀瑶族自治县的单位栅格需水深度呈平稳趋势，每年需水深度浮动在2.5mm；剩余区县单位栅格需水深度总体呈下降趋势，其中秀峰区的下降趋势最明显，单位栅格需水深度年减少量超过58mm，这是区域生态建设工程、节水工程与水资源利用效率等综合作用的结果。

漓江流域不同区县水供给服务需求总量变化范围为$0.14\times10^6\sim4.24\times10^8$ $m^3$，其中最低值出现在2005年贺州市钟山县，最高值出现在2005年桂林市灵川县［图8-14（b）］。2000—2020年钟山县和金秀瑶族自治县需水总量总体呈增长趋势，其中钟山县年增加量为$0.02\times10^6m^3$，金秀瑶族自治县需水总量年增加量低于$22.64\times10^6m^3$；金秀瑶族自治县需水总量呈平稳趋势，每年需水总量不足$1\times10^6m^3$；剩余区县需水总量总体呈下降趋势，其中灵川县的下降趋势最明显，需水总量年减少量超过$6\times10^6m^3$。不同区县需水总量存在较大差异：灵川县的需水总量在各市县中最高，变化范围为$2.9\times10^8\sim4.24\times10^8m^3$，最高值和最低值分别出现在2005年和2020年。其次是平乐县、恭城瑶族自治县、兴安县、荔浦县和阳朔县，每年需水总量均超过$2.39\times10^8m^3$。以上6个市县区各年份需水量之和在当年漓江流域需水总量中占比均在72%以上。一方面是因为部分区县单位栅格需水深度相对较高，更主要的是因为5个区县在流域内的面积相对较大，致使其需水总量显著高于其他区县。

### 8.3.3 子流域尺度

18条子流域根据所处位置可以分为5个区域（图8-15）。2000—2020年，漓江流域不同子流域分区单位栅格需水深度变化范围为120.82～441.30mm，最低值出现在2020年漓江上游区，最高值出现在2005年漓江中游区。单位栅格需水深度在2000—2005年明显增加，2005—2020年持续减少。2000—2020年，子流域分区需水深度变化总体呈现下降趋势，其中漓江中游区的下降趋势最明显，单位栅格需水深度年减少量约为8.64mm。单位栅格需水深度在不同子流域分区之间存在较大差异：漓江中游区、漓江下游区、恭城河区、荔浦河区和漓江上游区等子流域单位栅格需水深度依次降低。从需水总量来看，2000—2020年，漓江流域不同子流域分区需水总量变化范围为$1.23\times10^8\sim12.46\times10^8m^3$，最低值出现在2020年漓江下游区，最高值出现在2005年漓江中游区。需水总量在2000—2005年明显增加，2005—2020年持续减少。2000—2020年，子流域分区需水总量变化总体呈现下降趋势，其中漓江中游区下降趋势最明显，需水总量年

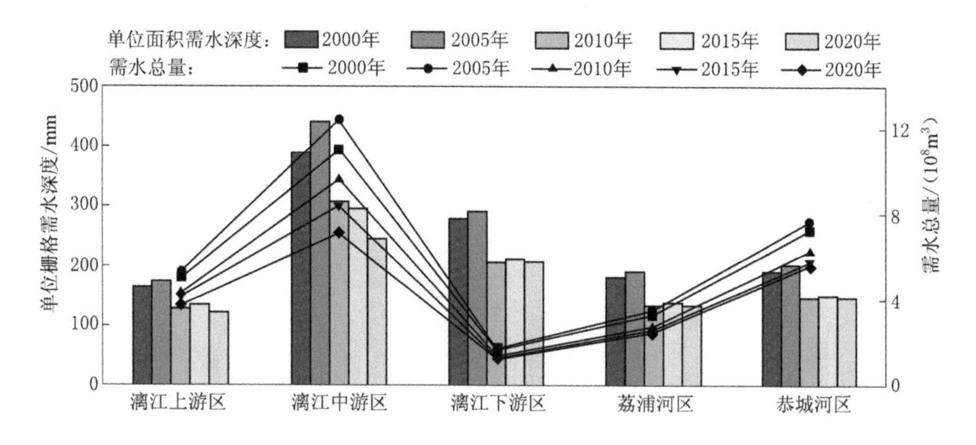


图 8-15 2000—2020 年子流域分区单位栅格需水深度与需水总量

减少量约为 $0.1\times10^8m^3$。需水总量在不同子流域分区之间存在较大差异，各分区需水总量降序为：漓江中游区＞恭城河区＞漓江上游区＞荔浦河区＞漓江下游区。其中，漓江中游区 2000—2020 年需水量占总需水量的 35.36%～40.57%，年际间变化过程表现为先增后减，最大值（$11.05\times10^8m^3$）与最小值（$7.15\times10^8m^3$）分别出现在 2005 年和 2020 年。漓江下游区需水量最少，年际间波动幅度也最小。

具体到各子流域，2000—2020 年，漓江流域 18 条子流域需水深度变化范围为 78.57～1211.96mm，其中 2005 年桃花江子流域需水深度最高，2010 年漓江上游子流域最低（图 8-16）。不同子流域需水深度在年际间的变化趋势较为一致，大致表现为先升后降，变化分界点出现在 2005 年，2000—2005 年需水深度呈增加趋势，2005—2020 年呈减少趋势。总体来看，2000—2020 年漓江子流域单位栅格需水深度呈下降趋势，其中桃花江子流域单位栅格需水深度的年下降量最高（28.91mm），漓江上游子流域年下降量最低（1.42mm）。不同子流域需水深度表现出较大差异。桃花江子流域单位栅格需水深度以绝对优势占据第一位，多年平均需水深度为 865.72mm，是需水深度最小的漓江上游子流域的 9.4 倍。需水深度居第二位和第三位的分别是良丰河子流域和恭城河下游子流域，多年平均需水深度不足第一位的 2/5。需水深度最小的子流域包括漓江上游子流域和西岭河子流域，前者多年平均需水深度仅为 92.15mm，后者为 110.72mm。这是因为漓江上游子流域和西岭河子流域土地覆被以林地占主导，域内耕地和建设用地占比低，人口密度低，故工业、农林牧渔及生活用水量均少。

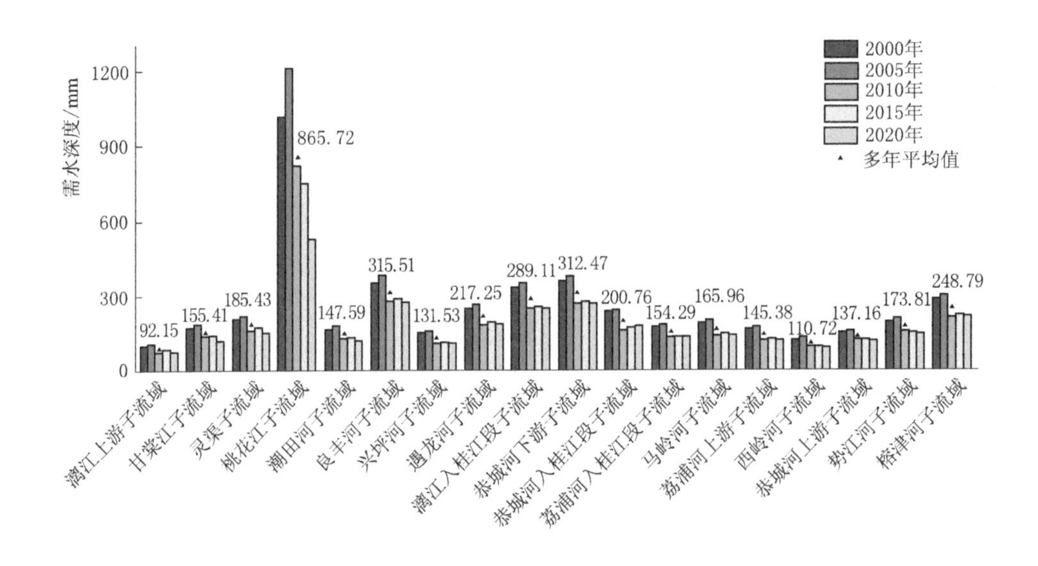


图 8-16 2000—2020 年漓江流域不同子流域需水深度

2000—2020 年，漓江流域不同子流域需水总量变化范围为 $15.87\times10^6\sim5.81\times10^8\,m^3$，其中最低值出现在 2015 年恭城河入桂江段子流域，最高值出现在 2005 年桃花江子流域（图 8-17）。2000—2020 年漓江子流域子流域需水总量总体呈下降趋势，其中桃花江子流域的下降趋势最明显，需水总量年减少量超过 $13\times10^6\,m^3$。不同子流域水供给服务需求总量存在较大差异：桃花江子流域需水总量最大，2000 年、2005 年、2010 年、2015 年和 2020 年需水总量分别占全年需水总量的 17.2%、18.9%、18%、16.1%和 12.5%，这是因为该子流域是桂林市主城区分布区，人口密度高、工业发达，58.61%的水用于工业生产，27.29%用于农业发展，14.1%用于日常生活（图 8-18）。恭城河上游子流域和榕津河子流域需水总量次之，多年平均需水量分别为 $2.70\times10^8\,m^3$ 和 $2.25\times10^8\,m^3$，用水类型以灌溉用水为主。需水总量居第 4 至第 7 位的子流域包括荔浦河上游子流域、潮田河子流域、灵渠子流域和良丰河子流域，2000—2020 年需水总量变化范围为 $1.37\times10^8\sim2.25\times10^8\,m^3$，用水类型均以耕地灌溉为主。需水总量小的子流域涉及恭城河下游子流域、恭城河入桂江段子流域和荔浦河入桂江段子流域，三者均位于漓江下游，多年平均需水总量在 $0.18\times10^8\sim0.25\times10^8\,m^3$。

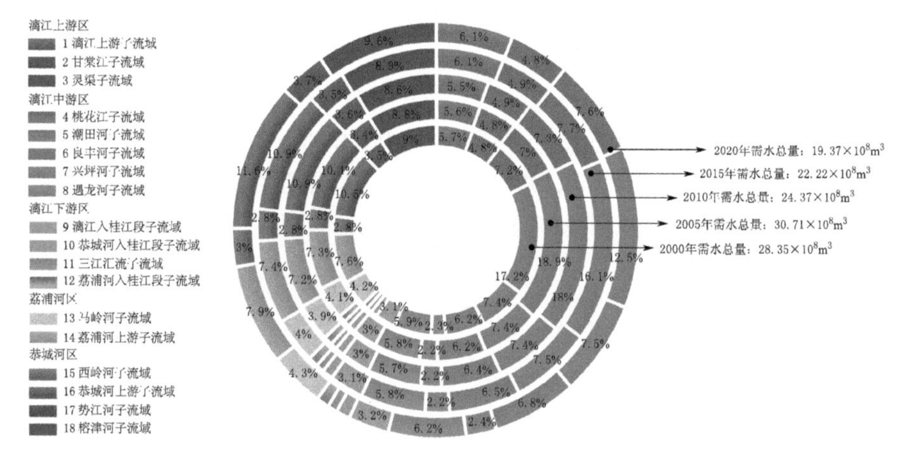


图 8-17 2000—2020 年漓江流域不同子流域需水总量比重图
（未标注的，表示比重小于 2%）

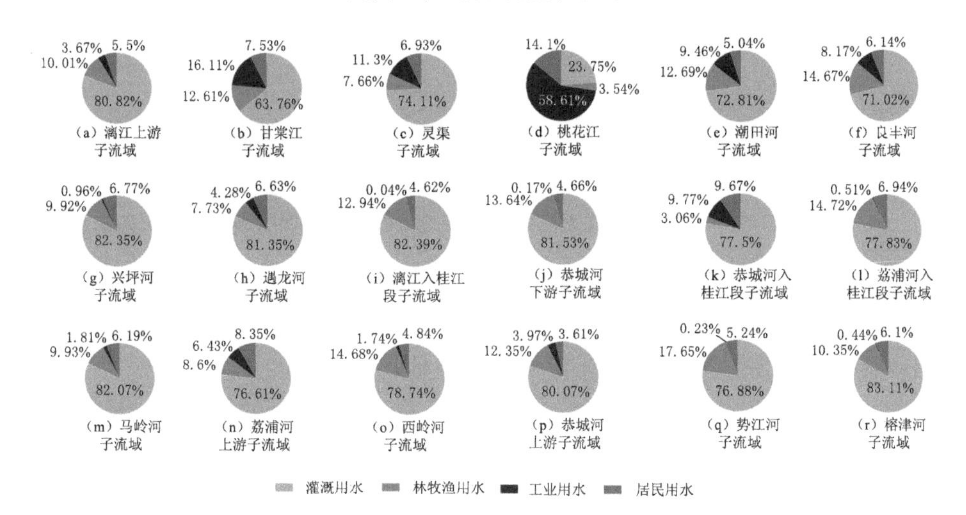


图 8-18 2000—2020 年漓江流域不同子流域需水结构图

# 8.4 静态水供给供需关系演变

## 8.4.1 全域尺度

静态剩余量是衡量当地地表水供给服务潜在供给量是否能够满足人类需求的重要指标，可用地表水供给与需求的差值表示。2000—2020 年漓江流域单位栅格静态剩余深度变化范围为 422.91～859.21mm，呈现先降后升再降的变化过程，2010 年静态剩余深度最低，2015 年最高（图 8-19）。2000—2010 年，单位栅格静态剩余深度持续下降，年降速为 10.31mm/年；2010—2015 年，单位栅格静态剩余深度以 96.96mm/年的速度显著增加；2015—2020 年，静态剩余深度明显减少，年降速为 48.35mm/年。从剩余总量来看，2000 年、2005 年、2010 年、2015 年和 2020 漓江流域单位栅格静态剩余总量分别为 $74.53\times10^8m^3$、$68.75\times10^8m^3$、$61.12\times10^8m^3$、$124.18\times10^8m^3$、$92.62\times10^8m^3$，整体上为水供给服务供给区。从年际变化来看，静态剩余总量总体呈增加趋势，年增量为 $1.83\times10^8m^3$。

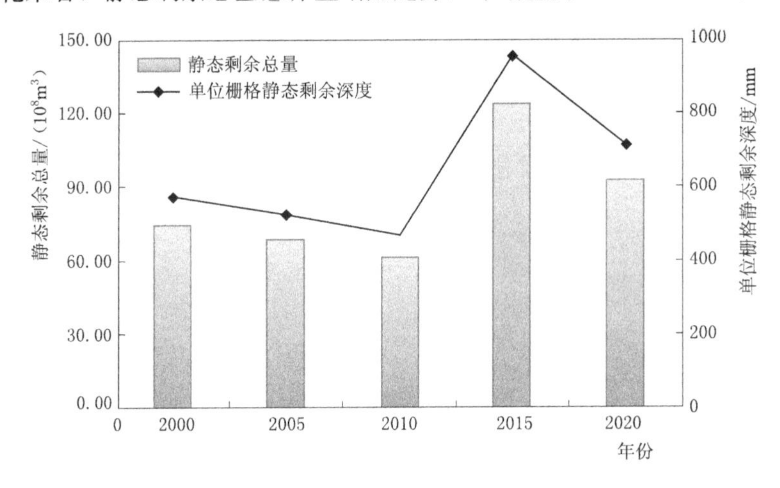


图 8-19 2000—2020 年漓江流域地表单位栅格静态剩余深度和静态剩余总量

静态剩余总量的正负反映了每个栅格水供给服务自身供需平衡状态。静态剩余总量为正表示区域供给大于需求，自然产水能够满足自身用水量，且有盈余服务量可以传递给下游，标记为静态正平衡（丰沛）区域。2000 年、2005 年、2010 年、2015 年和 2020 年漓江流域分别有 89.59%、82.78%、89.10%、98.20%和 96.80%的地区水供给服务供给量大于需求量，属于正平衡区域（表8-10）。2000—2020 年正平衡区域潜在水供给服务盈余总量总计 $63.25\times10^8\sim125.95\times10^8m^3$，2015 年剩余量最多，2010 年剩余量最少。盈余的服务量可以依托自然水系或人工调水到达服务受益区。与其他年份相比，2015 年正平衡区域面积最大且单位栅格平均盈余水量最多（$871.44m^3$）。这是因为在漓江流域需水量呈下降趋势的情况下，2015 年降水量远高于其他年份，而降水量和产水深度之间存在着显著正相关关系（$R^2=0.997$，t 检验的 $P<0.05$）。降水量越大，单位面积输入水分越多，盈余水量越充足。当静态剩余水量为负值，表示供给小于需求，区域自然产水难以满足自身用水量，需要依靠地表水的自然流动或人工取水的方式获取其他地区的水供给服务来满足剩余需求，对应栅格记录为静态负平衡（缺水）区域。2000 年、2005 年、2010 年、2015 年和 2020 年漓江流域分别有 10.41%、17.22%、10.9%、1.8%和 3.2%的区域无法做到自给自足，需要使用正平衡区域的水供给服务来满

足需求，这些区域每年缺水总量分别为 $4.94\times10^8$ m³、$8.38\times10^8$ m³、$2.12\times10^8$ m³、$1.77\times10^8$ m³、$0.58\times10^8$ m³。与其他年份相比，2005 年静态负平衡区域面积最大且单位栅格平均缺水量最多（12.24m³）。这是因为 2005 年需水量远高于其他年份，而其产水量因降水量减少而降低，所以导致缺水面积大，缺水数量高。

**表 8-10　2000—2020 年漓江流域静态剩余水量与正负平衡区域面积**

| 年份 | 静态剩余总量/($10^8$ m³) | | 面积/km² | |
|---|---|---|---|---|
| | 盈余总量 | 缺水总量 | 静态正平衡区域 | 静态负平衡区域 |
| 2000 | 79.47 | −4.94 | 11653.55 | 1354.16 |
| 2005 | 77.13 | −8.38 | 10768.24 | 2239.47 |
| 2010 | 63.25 | −2.12 | 11589.71 | 1418.00 |
| 2015 | 125.95 | −1.77 | 12774.09 | 233.62 |
| 2020 | 93.20 | −0.58 | 12575.27 | 416.30 |

从空间分布来看（图 8-20），正平衡区域多集中在以山地和丘陵为主的非

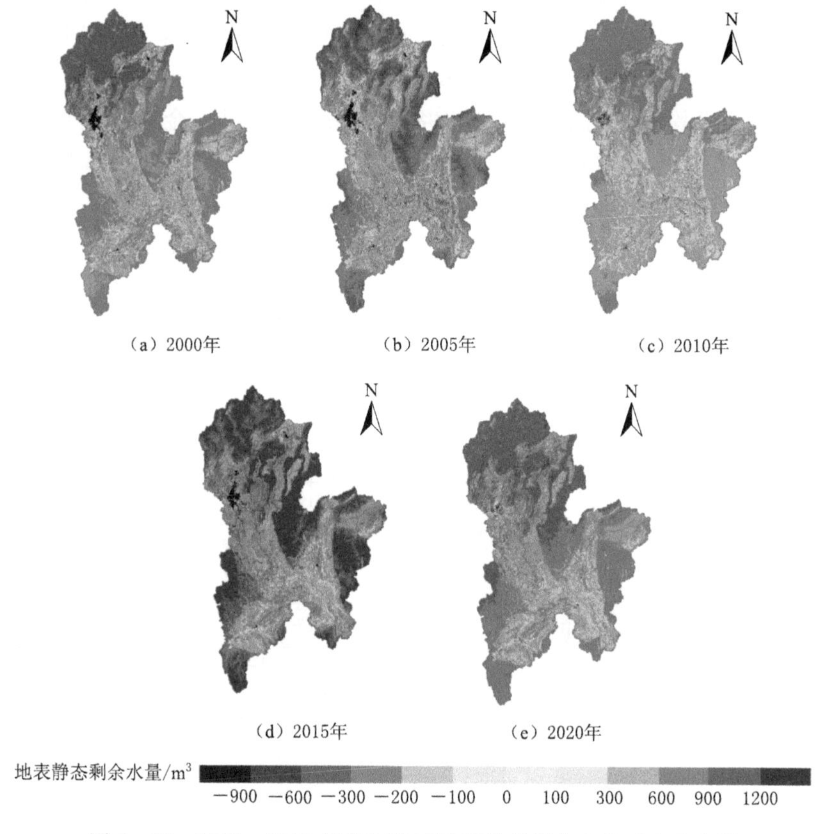


图 8-20　2000—2020 年漓江流域地表静态剩余水量时空分布图

岩溶地区，暗示着这些区域的潜在水供给服务可能遵循水的流动规律向低海拔地区移动。负平衡区域主要分布在岩溶平原上，在年际上表现出向中心城市聚集的趋势。2000—2010年，缺水区以各城市为中心，连点成线在河流两侧平原成片分布，并且中心城市单位栅格的供需差随年份的增加先升高后降低。2015年静态供给区剩余水量明显增加，这与当年降水异常丰富有关，但缺水区仍有较为明显的点线分布。直到2020年，缺水区表现出稳定的点状分布，主要以漓江流域城市群为中心，其中桂林市主城区负平衡区域最为集中。

## 8.4.2 区县尺度

2000—2020年，漓江流域不同区县地表水供给服务静态剩余深度变化范围为−1406.82～1661.17mm，其中最低值出现在2005年秀峰区，最高值出现在2015年资源县（图8-21）。总体来看，20年间漓江不同区县单位栅格静态剩余深度呈增加趋势，其中秀峰区单位栅格静态剩余深度的年增加量最高（65.82mm），钟山县年增加量最低（7.39mm）。单位栅格静态剩余深度在不同区县之间存在较大差异：桂林市资源县的单位栅格静态剩余深度在各年份中均为最高，变化范围为821.04～1661.17mm，最小值和最大值分别出现在2010年和2015年，多年平均静态剩余深度为1198.15mm。兴安县、金秀瑶族自治县和灵川县单个栅格静态剩余深度次之，多年平均静态剩余深度在800mm以上。相对而言，桂林市秀峰区、叠彩区、象山区和七星区单位栅格静态剩余深度都远低于其他区县。其中，秀峰区单位栅格静态剩余深度变化范围为−1406.82～233.53mm，2000年、2005年和2015年静态剩余深度为负值，2010年与2020年为正值，最小值和最高值分别出现在2005年和2020年。2000—2020年桂林

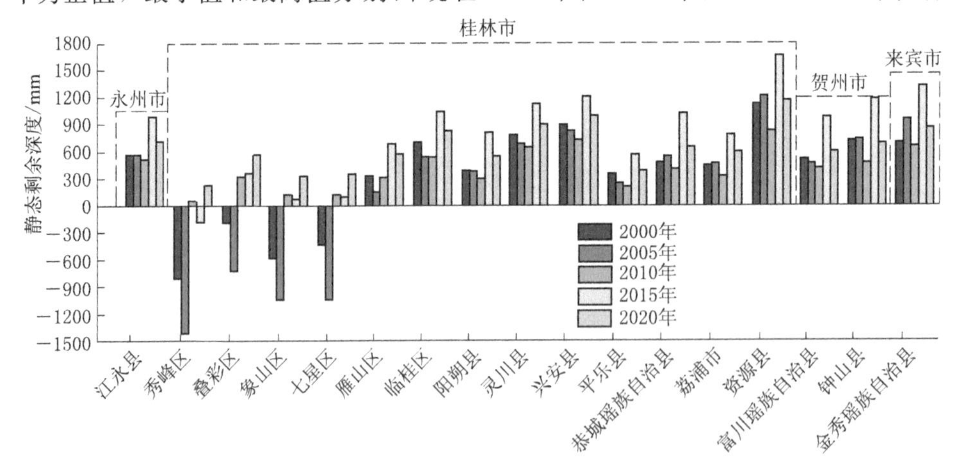


图8-21 2000—2020年漓江流域不同区县地表静态剩余深度

市叠彩区、象山区和七星区单位栅格静态剩余深度变化范围为－1039.18～562.64mm，2000年和2005年静态剩余深度为负值，2010年、2010年与2020年为正值，最小值和最高值分别出现在2005年和2020年。单位栅格静态剩余深度为负值的县域整体上属于水供给服务受益区，缺水具有典型性，需要依靠自然汇流过程或人为调水过程从其他区域获取服务以满足其用水需求。

2000—2020年，漓江流域不同区县地表水供给服务静态水盈亏总量为$-0.93\times10^8\sim26.25\times10^8m^3$，2005年桂林市象山区缺水总量最多，2015年桂林市兴安县盈余水量最多（图8－22）。总体来看，2000—2020年间漓江不同区县静态水盈亏总量呈增加趋势，其中桂林市恭城瑶族自治县静态水盈亏总量的年增加量最高（$0.33\times10^8m^3$），贺州市钟山县年增加量最低（$0.2\times10^6m^3$）。静态水盈亏总量在不同区县之间存在较大差异：2000—2020年兴安县、灵川县静态盈余水量位居前列，二者盈余水量之和为$30.63\times10^8\sim52.24\times10^8m^3$，占漓江流域各年静态盈余水量总量的42.07%～50.12%。这主要是因为这两个区县面积大，单位栅格静态剩余深度也较高，所以盈余总量相对较高。其次是恭城瑶族自治县，静态盈余水量为$8.10\times10^8\sim20.58\times10^8m^3$，多年平均盈余水量为$12.47\times10^8m^3$。相比之下，资源县、钟山县、叠彩区、七星区、秀峰区和象山区的静态盈余水量较少，其中前三者多年平均静态盈余水量为正值，后三者为负值。主要因为七星区、秀峰区和象山区属于城市发展区，区域面积很小但用水需求大，水供给服务供不应求，因此面临较严重的缺水问题。

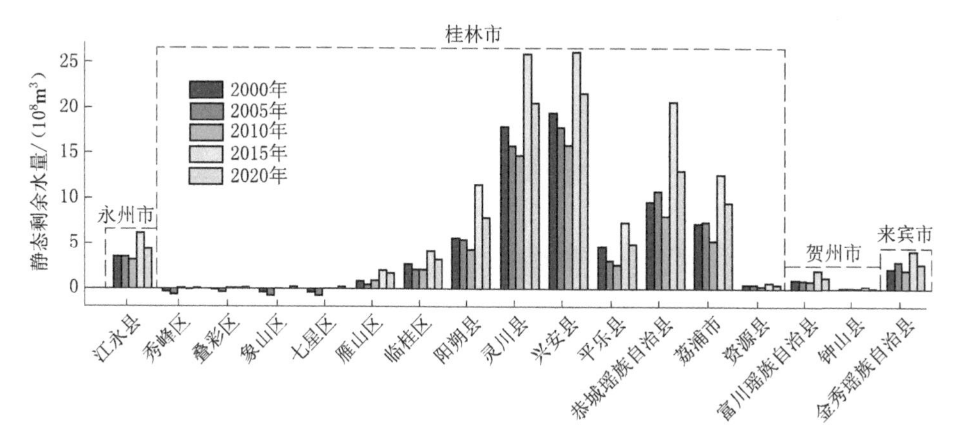


图8－22　2000—2020年漓江流域不同区县地表静态剩余水量

静态正平衡区域供给大于需求，属于水供给服务供给区；静态负平衡区域供给小于需求，属于水供给服务潜在受益区，明晰不同区县静态正平衡区域与负平衡区域分布情况有助于提高区县水资源管理水平，实现水资源优化配置和可持续利用。综合来看，资源县和金秀瑶族自治县静态正平衡区域面积在各年份中所占的比重均为 100%，表明这两个区县在漓江流域有足够的基础和空间实现本区域水供给服务的供需平衡，属于水供给服务的完全供给区（图 8-23）。江永县、钟山县、富川瑶族自治县和兴安县的静态正平衡区域面积所占的比重在 97%以上，盈余水量可以输送至其他区域，是漓江流域重要的供给区。相较而言，秀峰区、七星区、象山区、叠彩区和平乐县的静态负平衡区域面积所占比重较大，说明这些区县缺水面积广，需要重点关注与其他区县之间的水供给服务空间调度，不断优化水资源空间配置，提高当地水资源管理水平。

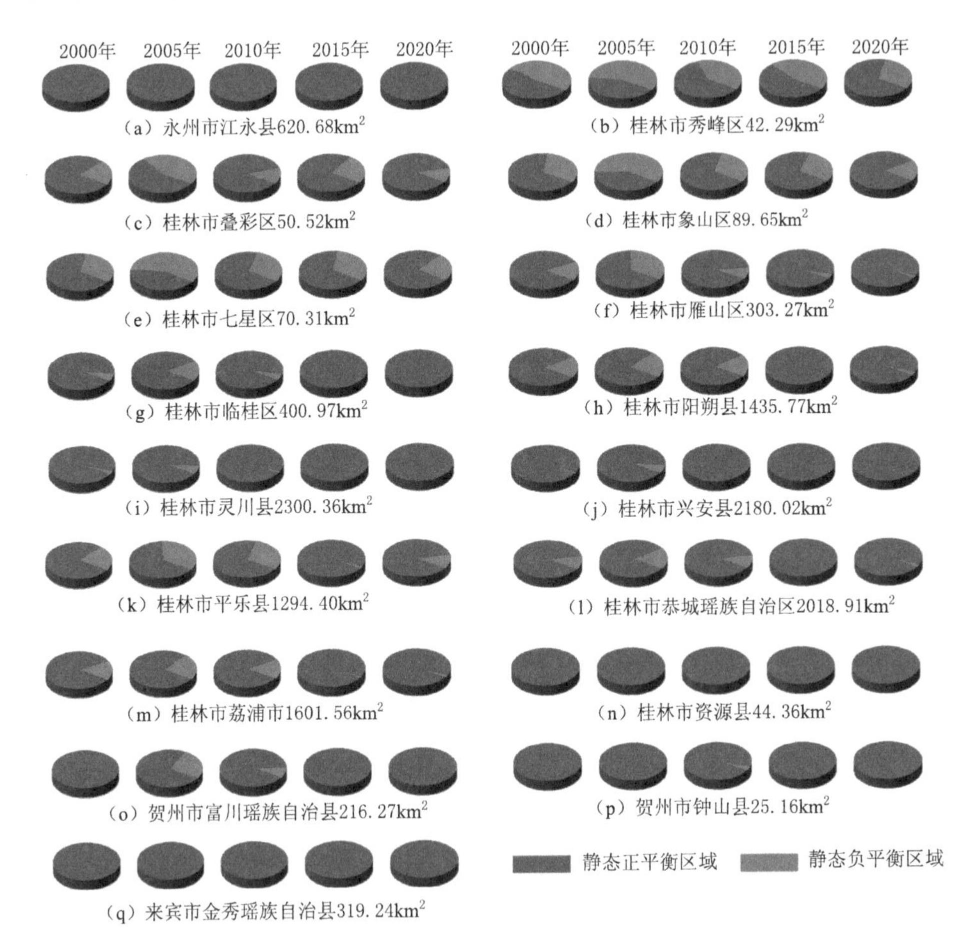


图 8-23　2000—2020 年漓江流域不同区县静态正负平衡区域面积比例

### 8.4.3　子流域尺度

2000—2020 年，漓江流域不同子流域地表水供给服务静态剩余深度在 −335.33～1316.37mm 之间，其中最低值出现在 2005 年桃花江子流域，最高值出现在2015年漓江上游子流域（图8-24）。不同子流域静态剩余深度在年际间的变化过程差异较大，大致可分为三类：第一类静态剩余深度呈现先降后升再降的变化过程，极小值和极大值分别出现在2010年和2015年。该类趋势变化涉及11条子流域，其中以漓江上游子流域和甘棠江子流域最为典型。漓江上游子流域的静态剩余深度在各年份各子流域中均为最高，平均单位栅格静态剩余深度在820.55～1316.37mm之间，极差为495.82mm。甘棠江子流域的静态剩余深度次之，平均单位栅格静态剩余深度在758.60～1114.11mm之间，极差为355.51mm。第二类静态剩余深度呈现先升后降再升的变化过程，涉及灵渠、兴坪河、马岭河、荔浦河上游、西岭河、恭城河上游这6条子流域。这些子流域静态剩余深度最高值均出现在2015年，这是因为2015年的需水量与其他年份差异不大，但产水量因当年降水量大而远高于其他年份。第三类静态剩余深度呈现先降后升趋势，仅出现在桃花江子流域。该类趋势变化分界点出现在2005年，2000—2005年静态剩余深度呈减少趋势，2005—2020年呈增加趋势。值得注意的是，桃花江子流域静态剩余深度在2005年出现负值，其余年份均为正值。单位栅格静态剩余深度为正值的子流域才具有向下游提供水供给服务的能力，因此，桃花江子流域在2005年属于水供给服务的实际受益区，需要依靠上游水供给服务流动满足其用水需求。总体来看，2000—2020年漓江各子流域单位栅格静态剩余深度呈增加趋势，其中桃花江子流域单位栅格静态剩余深度的年增加量最高（35.28mm），甘棠江子流域年增加量最低（5.43mm）。

子流域静态剩余水量表示该子流域理论供给量在原位满足当地需求量后的剩

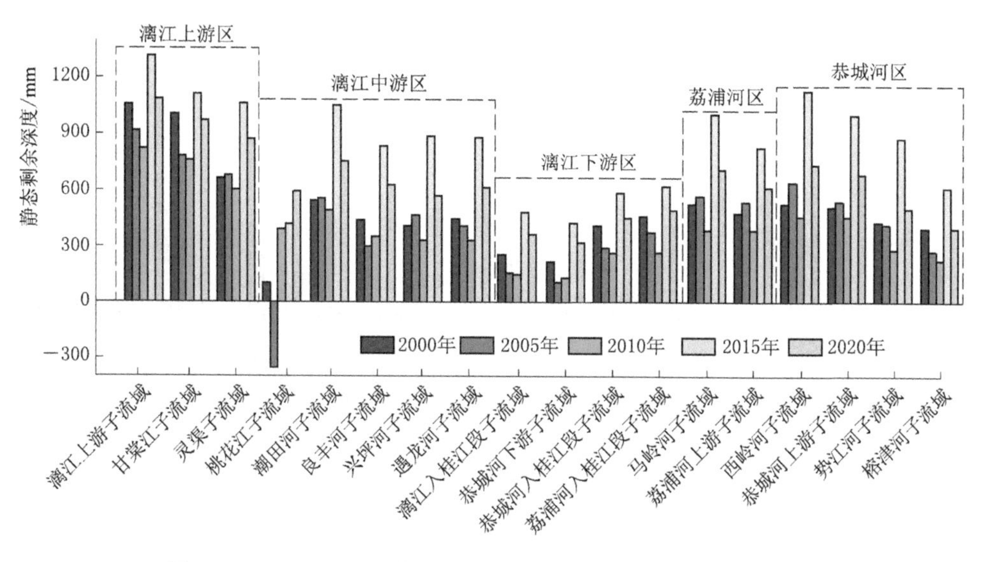


图8-24　2000—2020年漓江流域不同子流域地表静态剩余深度

余潜在服务量。2000—2020 年，漓江流域不同子流域地表静态剩余总量在 $-1.70\times10^8\sim20.40\times10^8\ m^3$ 之间，最低值出现在 2005 年桃花江子流域，最高值出现在 2015 年漓江上游子流域（图 8-25）。总体来看，2000—2020 年漓江不同子流域静态剩余总量呈增加趋势，其中恭城河上游子流域静态剩余总量的年增加量最高（$0.31\times10^8\ m^3$），恭城河下游子流域年增加量最低（$0.2\times10^6\ m^3$）。从子流分区尺度来看，静态剩余水量按照降序排列为：漓江上游区＞恭城河区＞漓江中游区＞荔浦河区＞漓江下游区。静态剩余总量在不同子流域之间存在较大差异：2000—2020 年漓江上游子流域盈余水量在各年份各子流域中均为最高，其次是恭城河上游子流域，二者静态剩余水量之和在 $21.43\times10^8\sim39.75\times10^8\ m^3$ 之间，占漓江流域各年静态剩余水量总量的 32.04%～35.74%。再次为潮田河子流域、灵渠子流域、荔浦河上游子流域和甘棠江子流域，它们的剩余水量之和占漓江流域各年静态剩余水量总量的 34.23%～38.35%。静态剩余水量最少的是漓江入桂江段子流域、荔浦河入桂江段子流域、恭城河入桂江段子流域和恭城河下游子流域，这 4 条子流域静态剩余水量依次降低，多年平均静态剩余水量不足 $0.1\times10^8\ m^3$。需要特别指出的是，只有 2005 年桃花江子流域出现水短缺现象，其他年份其他子流域都处于水盈余状态。这是因为桃花江子流域涉及桂林市叠彩区、秀峰区、七星区等主城区，历年需水量都远高于其他子流域，且以 2005 年需水量最高，但其 2005 年产水量较低，导致桃花江子流域在 2005 年出现需水缺口，需要使用上游的盈余水量来补足。

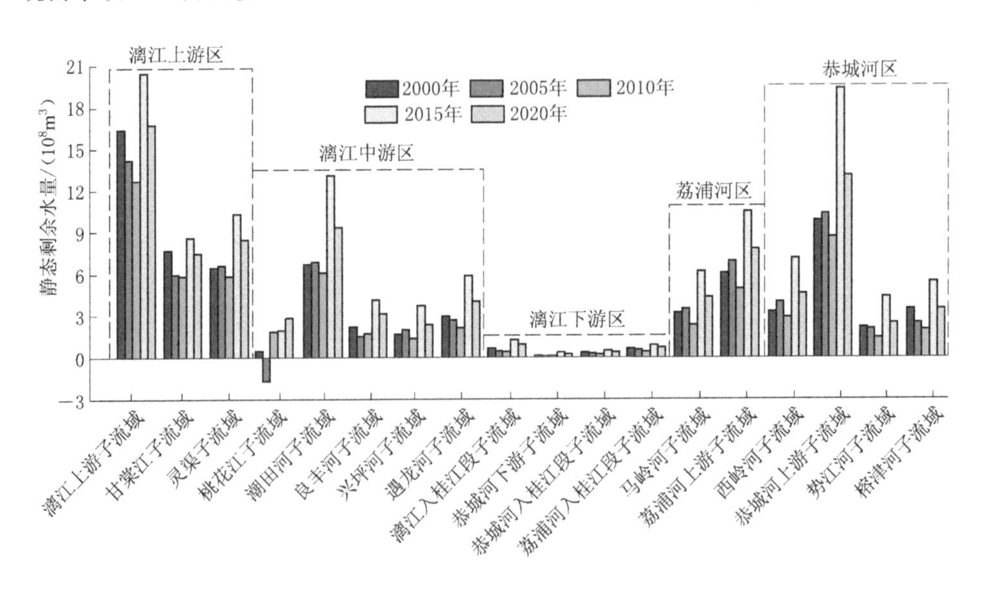


图 8-25 2000—2020 年漓江流域不同子流域地表静态剩余水量

静态正平衡区域供给大于需求，属于水供给服务供给区；静态负平衡区域供给小于需求，属于水供给服务潜在受益区。综合来看，漓江上游子流域、甘棠江子流域、灵渠子流域、潮田河子流域和恭城河上游子流域的静态正平衡区域面积所占比重较大，表明上述子流域对流域实现供需平衡有较好的基础（图 8-26）。这几条子流域位于干流或支流上游，可为下游地区水供给服务提供补充，是全流域重要的水供给服务供给区。相较而言，恭城河入桂江段子流域、榕津河子流域、桃花江子流域、漓江入桂江子流域、恭城河下游子流域的静态负平衡区域面积所占比重较大，说明这些子流域缺水范围广，缺水问题较为典型，需通过自然或人为的方式接收其他子流域盈余的水量满足需求，是全流域水供给服务潜在受益区。明晰子流域内静态正平衡区域与负平衡区域的分布格局可为跨流域调水提供科学依据，有助于提升子流域水资源管理水平，实现流域水资源的优化配置和可持续利用。

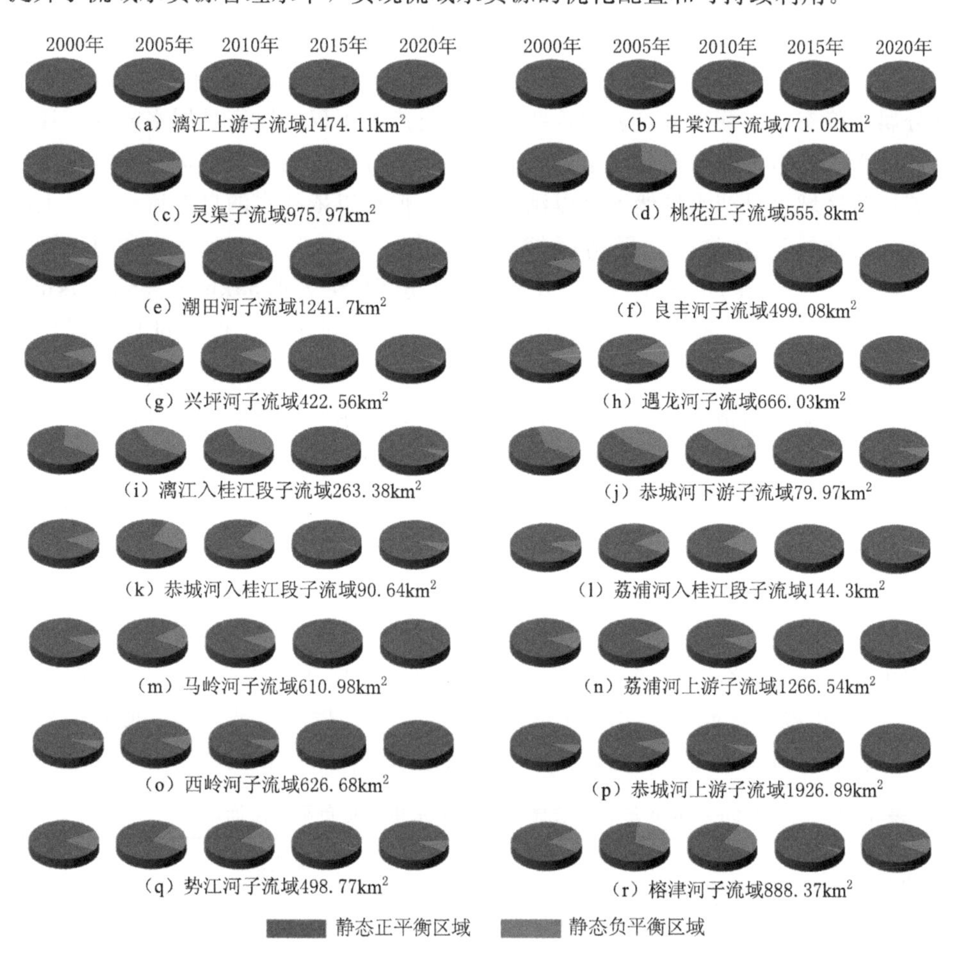


图 8-26　2000—2020 年漓江流域不同子流域静态正负平衡区域面积比例

# 8.5 水供给服务动态流动

## 8.5.1 全域尺度

静态供需格局表明漓江流域水供给服务供需存在明显的空间异质性和空间错位特征，然而，仅依据静态水盈亏的研究结论可能无法满足和改善当前生态建设工作施策不精确、治理效率低下的现实问题。动态剩余水量是栅格尺度水供给服务流动模拟的结果，可以分为平衡、短缺和盈余 3 种状态，用以表征自然汇流后的水供给服务剩余量。平衡指栅格动态水盈亏结果为 0，表示区域自身需求已满足，并将剩余潜在服务量通过自然汇流过程全部传递给下游。2000 年、2005 年、2010 年、2015 年和 2020 年漓江流域分别有 92.20%、86.81%、91.55%、98.30%和 97.55%的栅格处于平衡状态（表 8-11）。特别地，这些栅格中有一部分属于静态正平衡区域，表明这些区域自身产水不仅可以满足用水需求，还有足够的水量作为潜在服务传递给下游；另外一部分栅格属于静态负平衡区域，暗示着这些区域自身产水虽然不足以满足需求，但可以依托水的自然流动获取上游服务，将其标记为动态正平衡区域。2000 年、2005 年、2010 年、2015 年和 2020 年漓江流域动态正平衡区域面积分别为 371.59km$^2$、555.40km$^2$、350.21km$^2$、44.37km$^2$和 128.60km$^2$，这些区域分别在各年份通过自然汇流过程缓解了 27.44%、24.80%、24.70%、18.99%和 30.89%的静态负平衡区域缺水压力。短缺指栅格动态水盈亏结果仍为负值，表示经过自然汇流过程后，区域仍存在需水缺口，标记为动态负平衡区域。2000 年、2005 年、2010 年、2015 年和 2020 年漓江流域动态负平衡区域占比分别为 7.56%、12.95%、8.21%、1.46%和 2.21%，对应水量缺口为 $4.26\times10^8$ m$^3$、$7.25\times10^8$ m$^3$、$1.67\times$ 108m$^3$、$1.62\times10^8$ m$^3$、$0.45\times10^8$ m$^3$。该种情况下的缺水量不能通过地表水流动得以满足，需要采取人工取水、引水等形式的补充。盈余指栅格动态水盈亏结果为正值，2000—2020 年漓江流域动态盈余水量总计 $62.80\times10^8\sim125.63\times10^8$ m$^3$，2015 年盈余量最多，2010 年盈余量最少。需要指出的是，由于地表水流动模拟仅在漓江流域内进行，所以流动后的盈余水量都集中在流域出水口或边界。

**表 8-11　2000—2020 年漓江流域动态剩余水量与正负平衡区面积**

| 年份 | 面积/km$^2$ | | | 动态缺水量/($10^8$m$^3$) | 动态盈余量/($10^8$m$^3$) |
|---|---|---|---|---|---|
| | 静态正平衡 | 动态正平衡 | 动态负平衡 | | |
| 2000 | 11653.55 | 371.59 | 982.57 | −4.26 | 78.64 |
| 2005 | 10768.24 | 555.40 | 1684.08 | −7.25 | 75.99 |

续表

| 年份 | 面积/km² | | | 动态缺水量/($10^8 m^3$) | 动态盈余量/($10^8 m^3$) |
|---|---|---|---|---|---|
| | 静态正平衡 | 动态正平衡 | 动态负平衡 | | |
| 2010 | 11589.71 | 350.21 | 1067.80 | −1.67 | 62.80 |
| 2015 | 12774.09 | 44.37 | 189.24 | −1.62 | 125.63 |
| 2020 | 12575.27 | 128.60 | 287.70 | −0.45 | 93.37 |

从空间分布来看（图8-27），静态正平衡区域主要分布在高海拔地区，这些区域位于河流上游，承担着流域主要供水功能。动态正平衡区域零散相间分布在流域中部的岩溶地区，2000年分布面积最大，2015年分布面积最小。该区域是静态正平衡区域与动态负平衡区域的过渡区，上游剩余潜在供给量是影响区域分布特征的重要因素之一。动态负平衡区域成片分布在流域平原地区，2000—2010年以城市区和三江下游最为集中，2015年和2020年以城市集中区最为明

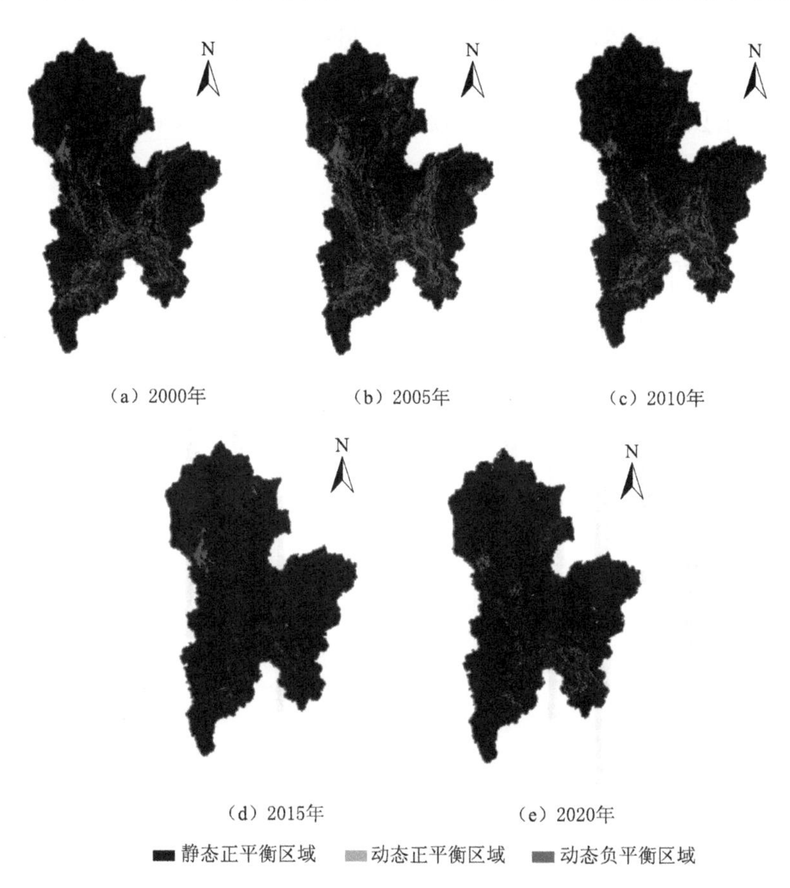


图8-27 2000—2020年漓江流域动态平衡区时空分布图

显。可以看出城市水供给服务流量较为稀缺。上游的水供给潜在服务量只能弥补部分下游需求，城市地区的水需求严重依赖人为调水。造成这一现象的主要原因是桂林市主城区人口分布高度聚集，进而造成用水量的集聚分布。

## 8.5.2 区县尺度

区域经过地表水流动后被满足的需求量即为供给服务受益量，标记为流动满足量。流动满足量可以消除区域部分缺水区域缺水问题，消除的缺水区域即为完全受益区，标记为动态正平衡区域。还有一些地区获取流动服务量后仍缺水，是水供给服务流动的不完全受益区，标记为动态负平衡区域，缺少的水量记为动态缺水量。从流动满足量来看（图 8-28），秀峰区、七星区、象山区、叠彩区和平乐县的流动满足量最多，平均每年接受上游服务量为 $38.5\times10^6\,m^3$、$31.87\times10^6\,m^3$、$30.75\times10^6\,m^3$、$21.66\times10^6\,m^3$ 和 $15.17\times10^6\,m^3$。从正态平衡区域面积来看（图 8-29），平乐县、阳朔县、荔浦市、恭城瑶族自治县和灵川县的动态正平衡面积较大，每年平均可消除 $68.29km^2$、$59.75km^2$、$50.95km^2$、$43.94km^2$ 和 $22.20km^2$ 的静态缺水面积。从消除缺水面积比重来看（图 8-29），秀峰区、平乐县、阳朔县、雁山区和荔浦市的动态正平衡区域面积比重较大，平

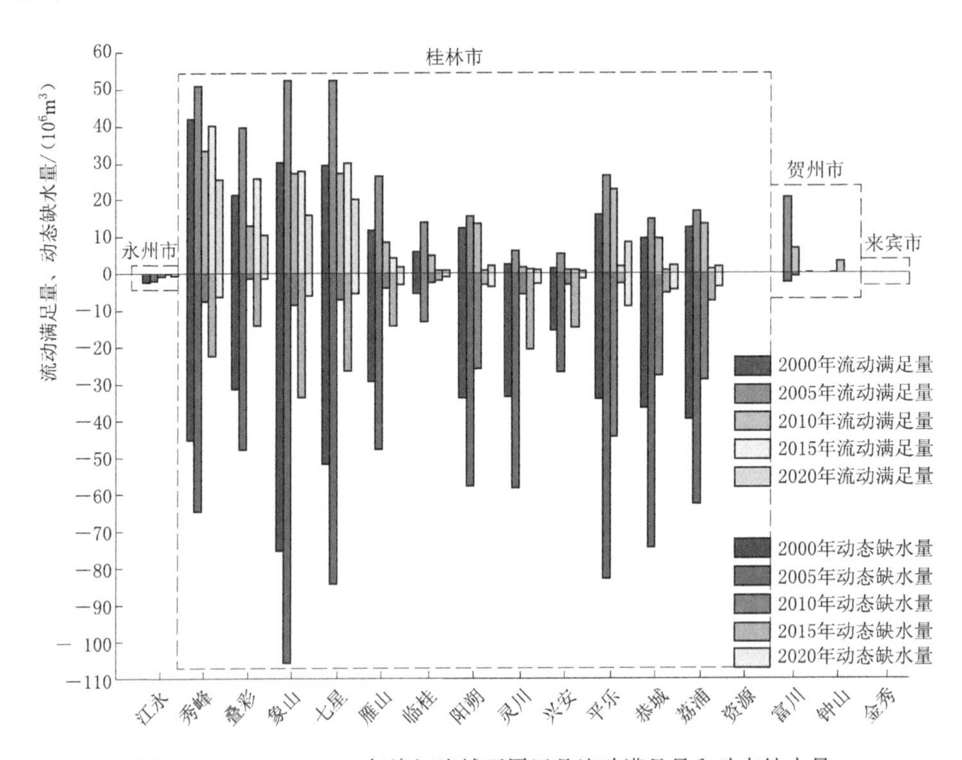


图 8-28 2000—2020 年漓江流域不同区县流动满足量和动态缺水量

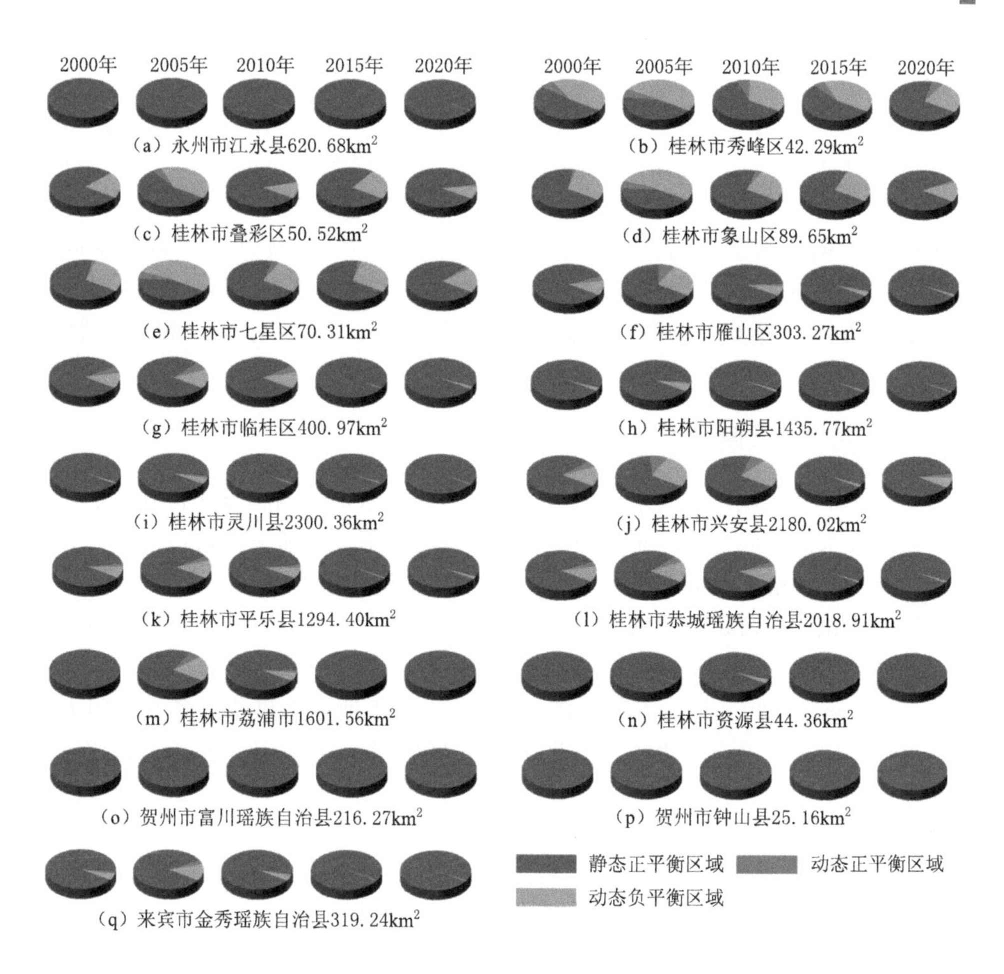


图 8-29　2000—2020年漓江流域不同区县动态流动后平衡区域面积比例

均每年消除的缺水面积占区域总面积的5.72%、5.28%、4.16%、3.27%和3.18%。从静态缺水压力缓解程度来看（图8-28），阳朔县、平乐县、兴安县、恭城瑶族自治县和灵川县的流动受益量平均每年可缓解29.8%、25.42%、21.81%、21.80%和20.95%的静态缺水压力。然而，基于自然汇流过程流动的服务量虽然可以缓解部分地区的静态缺水压力，但各区县仍存在较大水需求缺口，还需通过其他方式获得补给。从动态负平衡面积（动态缺水面积）来看，平乐县、恭城瑶族自治县、荔浦市、阳朔县和灵川县的动态负平衡面积较大，平均每年有196.23km²、145.77km²、144.80km²、124.28km²和52.28km²的区域仍处于缺水状态。从动态缺水量来看，象山区、七星区、平乐县、恭城瑶族自治县和秀峰区的动态缺水量较高，平均每年缺水量高达45.86×10⁶m³、34.93×10⁶m³、34.55×10⁶m³、29.69×

$10^6 m^3$和$29.26\times10^6 m^3$。综上所述，经过地表流动后，平乐县、恭城瑶族自治县、阳朔县、灵川县消除了部分缺水面积，在很大程度上缓解了区域缺水压力。然而，这些区县仍有较大面积地区面临水短缺问题，未来应在水资源管理方面重点关注这些区域，不断优化区域水资源的空间配置，发挥有限的水资源潜力。此外，秀峰区、七星区、象山区、叠彩区和平乐县的受益总量虽然高，但缺水量也高，再加上区域总面积较小，导致这些区域缺水问题较为严重。因此，这些区域一方面要注重有效利用当地水资源，提高用水效率；另一方面可考虑远距离引水或跨流域调水，并建立水库和雨水储留系统。

### 8.5.3 子流域尺度

动态正平衡区域的水需求可由当地产水和地表水流动两种方式得到满足，其中经由地表水流动满足的需求量即为流动受益量，流动的服务量可以消除部分静态缺水面积，缓解区域静态缺水压力。从流动满足量来看（图 8 - 30），榕津河子流域、桃花江子流域、荔浦河上游子流域、潮田河子流域和遇龙河子流域的流动受益量较高，平均每年接受上游服务量为$6.21\times10^6 m^3$、$5.23\times10^6 m^3$、$4.78\times10^6 m^3$、$4.30\times10^6 m^3$和$4.15\times10^6 m^3$。由于地表水供给服务在空间上的流动可以缓解区域静态缺水压力，此处用流动满足量在静态缺水量中所占比重来表征缺水缓解程度。漓江上游子流域、漓江入桂江段子流域、兴坪河子流域、潮田河子流域和马岭河子流域静态缺水压力缓解程度最高，流动的服务量平均每年可缓解本区域 37.67%、33.74%、31.63%、28.11%和 27.92%的静态缺水量。从动态正平衡区域面积来看（图 8 - 31），榕津河子流域、荔浦河上游子流域、恭城河上游子流域、潮田河子流域和遇龙河子流域动态正平衡面积较大，意味着流动的服务量平均每年可消除$41.55km^2$、$33.73km^2$、$26.03km^2$、$24.24km^2$和$23.52km^2$的静态缺水面积。由于子流域面积不同，用动态正平衡区域面积占子流域总面积的百分比来表征地表水供给服务空间流动对子流域静态缺水面积的缓解程度。漓江入桂江段子流域、恭城河下游子流域、恭城河入桂江段子流域、榕津河子流域和荔浦河入桂江段子流域的动态正平衡区域面积比重较大，平均每年可缓解子流域 7.47%、7.37%、5.38%、4.68%和 4.05%的缺水面积。然而，还有一些地区获取流动服务量后仍存在需求缺口。从动态负平衡区域面积来看，榕津河子流域、荔浦河上游子流域、恭城河上游子流域、桃花江子流域和势江河子流域动态负平衡面积较大，意味着平均每年有$128.35km^2$、$96.89km^2$、$86.95km^2$、$86.44km^2$和$58.51km^2$的区域仍处于缺水状态。从动态缺水量来看，桃花江子流域动态缺水量最高，平均每年缺水量高达$141.76\times10^6 m^3$。其次是榕津河子流域、荔浦河上游子流域、势江河子流域和潮田河子流域，平均每年缺水

量为 $21.13\times10^6\,m^3$、$20.60\times10^6\,m^3$、$17.40\times10^6\,m^3$ 和 $13.47\times10^6\,m^3$。综合来看，漓江下游区子流域消除缺水面积比重较大，静态缺水压力缓解程度较高，但仍存在缺水问题，未来应提高区域水资源利用效率，充分利用有限的水资源。恭城河区、荔浦河区和漓江中游区子流域动态缺水面积广大，动态缺水量较大，应重点关注关注水资源的空间规划，优化水资源的空间配置。值得注意的是，桃花江子流域和榕津河子流域虽然通过地表水流动补足了一些需水缺口，但缺水问题依然典型，动态缺水面积比例较高且缺水量极大，可考虑抽取地下水或河道水等人工手段来补足缺口。

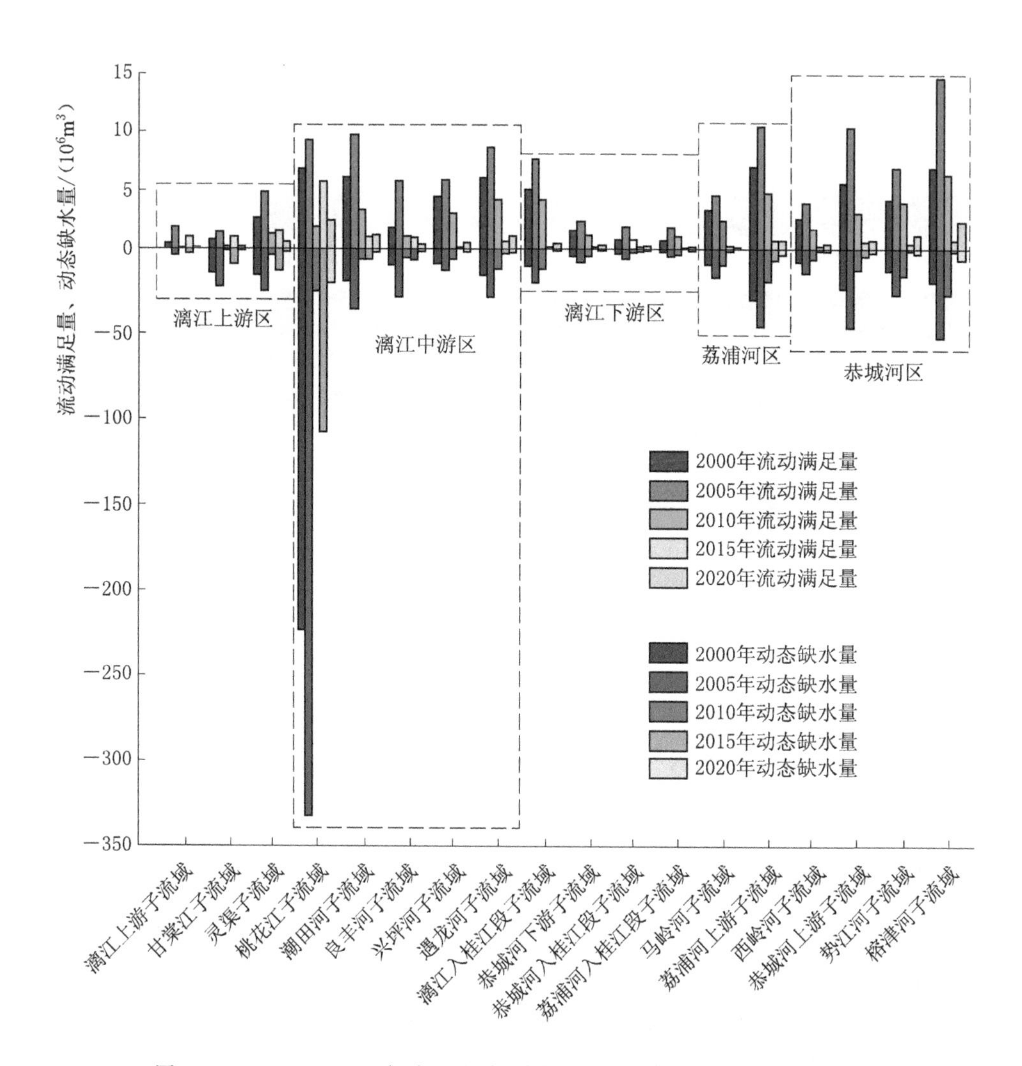


图 8-30　2000—2020 年漓江流域不同子流域流动满足量和动态缺水量

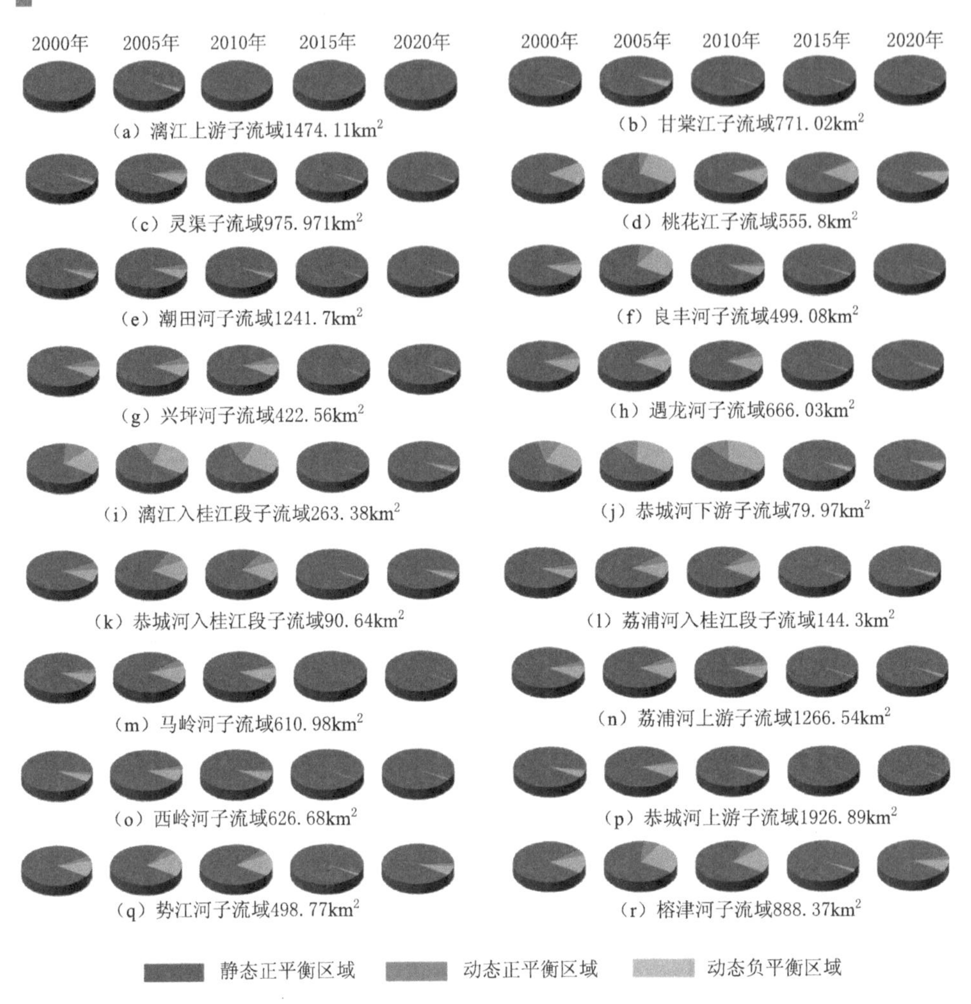


图 8－31　2000—2020 年漓江流域不同子流域动态流动后平衡区域面积比例

# 8.6　水供给服务空间流动

## 8.6.1　区县尺度

水供给服务空间流动具有起点（供给区）和终点（受益区），流向和流量是模拟和评价空间流动的关键要素。当一个地区经过自身消费后生态系统服务仍有剩余时，将优先依托流动介质补给邻近地区的需求。同样，当一个地区的生态系统服务的供应不能满足其自身的需求时，它就更有可能向附近的地区寻求补给。2000—2020 年漓江流域水供给服务跨区县流转过程如图 8－32 所示。整体来看，剩余潜在服务流出量较高的区县包括恭城瑶族自治县、灵川县、雁山区、平乐县和象山区。流入量较高的区县依次为雁山区、平乐县、恭城瑶族自治县、象山区和灵川县。可见，剩余潜在水供给服务在以上区县内流转较为频繁，服务交换量高。从服务净流量服务来看，净流量较高的区县有灵川县、兴安县、恭城瑶族自治县、荔浦市和阳朔县，而平乐县和雁山区的净流量为负值，说明全流域内流转的剩余潜在水供给服务将从平乐县和雁山区输送至流域外。其中，雁山区平均每年输出的服务量约 $27.57\times10^8\,m^3$，平乐县平均每年输出的服务量约 $34.05\times10^8\,m^3$。

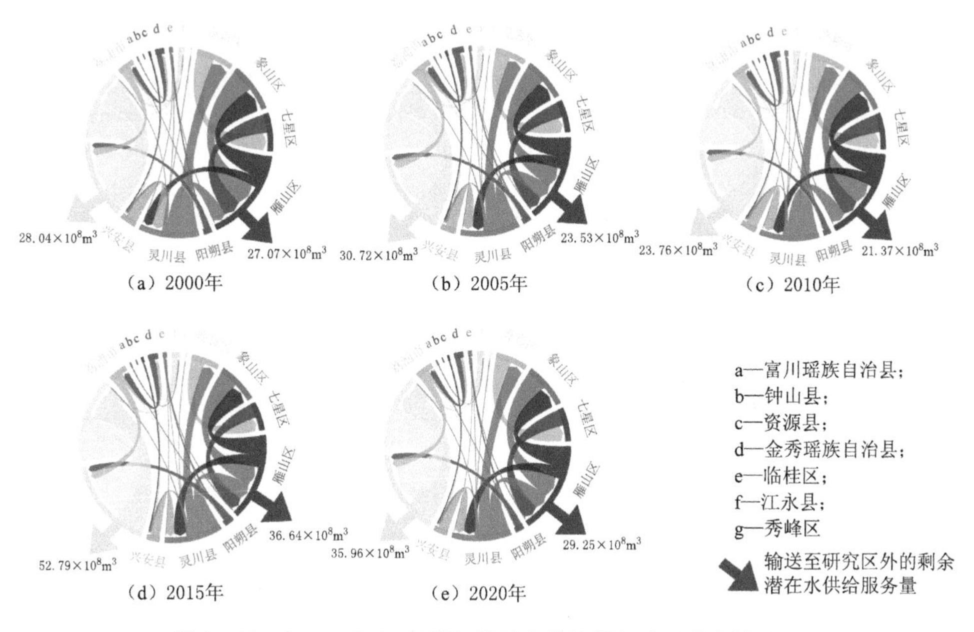


图 8-32 2000—2020 年漓江流域水供给服务跨区县流转过程

## 8.6.2 子流域尺度

2000—2020 年漓江流域水供给服务跨子流域流转过程如图 8-33 所示。整体来看，剩余潜在服务流出量较高的子流域包括漓江上游子流域、甘棠江子流域、桃花江子流域、潮田河子流域和荔浦河入桂江段子流域。流入量较高的子流域包括甘棠江子流域、桃花江子流域、潮田河子流域、恭城河入桂江段子流域和荔浦河入桂江段子流域。可见，剩余潜在水供给服务在甘棠江子流域、潮田河子流域和荔浦河入桂江段子流域内流转较为频繁，服务交换量高。这是因为甘棠江子流域连接了漓江上游区和漓江中游区，承上启下的作用导致服务流转量较大。潮田河子流域本身是漓江中游区静态剩余水量最高的子流域，再加上汇集了由桃花江子流域传来的服务量，因而服务流转较为频繁。荔浦河入桂江段子流域是漓江和荔浦河的汇合处，两江汇合使得服务跨界流动量较大，盈余的服务量将传送至流域出水口，即恭城河入桂江段子流域所在地。子流域间的水供给服务流转结果可以指导区域水资源管理，并为跨区域调水提供支撑。例如，桃花江子流域动态缺水量较高，一方面可考虑修建水库截留部分剩余服务量，另一方面考虑从潮田河子流域调水满足需求。

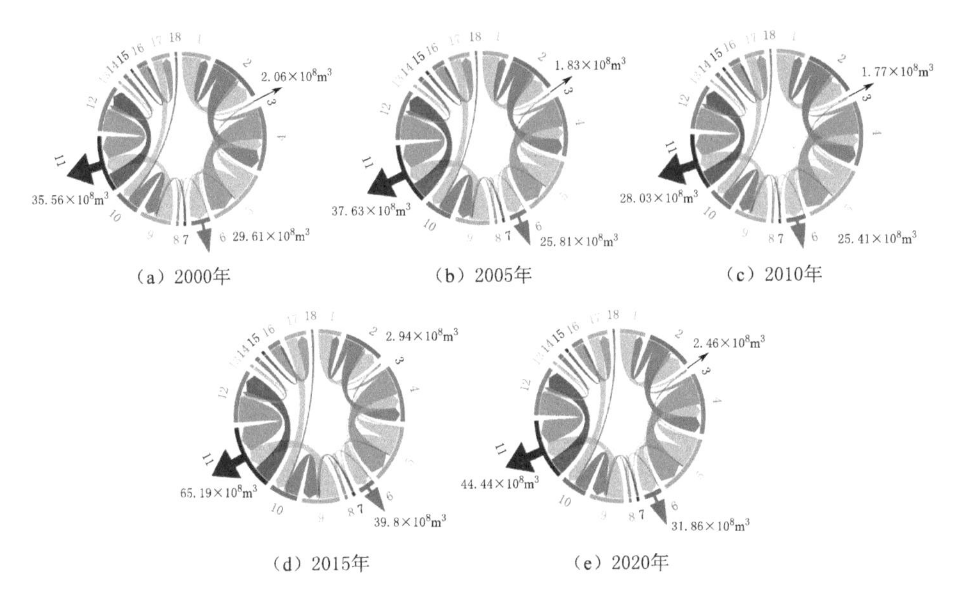


(a) 2000年　(b) 2005年　(c) 2010年

(d) 2015年　(e) 2020年

图 8-33　2000—2020 年漓江流域水供给服务跨子流域流转过程示意图

1—漓江上游子流域；2—甘棠江子流域；3—灵渠子流域；4—桃花江子流域；5—潮田河子流域；6—良丰河子流域；7—兴坪河子流域；8—遇龙河子流域；9—漓江入桂江段子流域；10—恭城河下游子流域；11—恭城河入桂江段子流域；12—荔浦河入桂江段子流域；13—马岭河子流域；14—荔浦河上游子流域；15—西岭河子流域；16—恭城河上游子流域；17—势江河子流域；18—榕津河子流域

水供给服务依托于地表河流在子流域之间流转，每条子流域会接受到相邻子流域的服务输入，同时，它也会将服务按照输送路径输出到相邻子流域。服务净流量（服务净流量＝流出量－流入量）可以反映研究区水供给服务在子流域间的流动方向（图 8-34）。研究区剩余服务量分布自北部、东部和南部三个方向流向中部地区：北部剩余服务量主要沿着 1→2→4→5→6 方向运动，即北部服务量主要沿漓江上游子流域→甘棠江子流域→桃花江子流域→潮田河子流域→良丰河子流域的方向运动，该方向与漓江干流流动方向较为一致；东部剩余服务量主要沿着 16→17→10→9→11 方向运动，即东部服务量沿着恭城河上游子流域→势江河子流域→恭城河下游子流域→漓江入桂江段子流域→恭城河入桂江段子流域的方向运动，近似于恭城河干流流动方向；南部剩余服务量分别从马岭河子流域和荔浦河上游子流域汇入恭城河下游子流域，最终流向流域出水口恭城河入桂江段子流域，服务流动方向与荔浦河流向较为一致。为了提高有限条件下的水资源保护效率，进一步确定了服务净流量较高的4个关键子流域，它们分别是漓江上游子流域、恭城河上游子流域、荔浦河上游子流域和潮田河子流域。此4个关键子流域的总面积为 $5909.24km^2$，占非岩溶区总面积的52.07%。它们主要位于河流上游，说明保护这些地区生态系统对保护区域水供给具有重要意义。

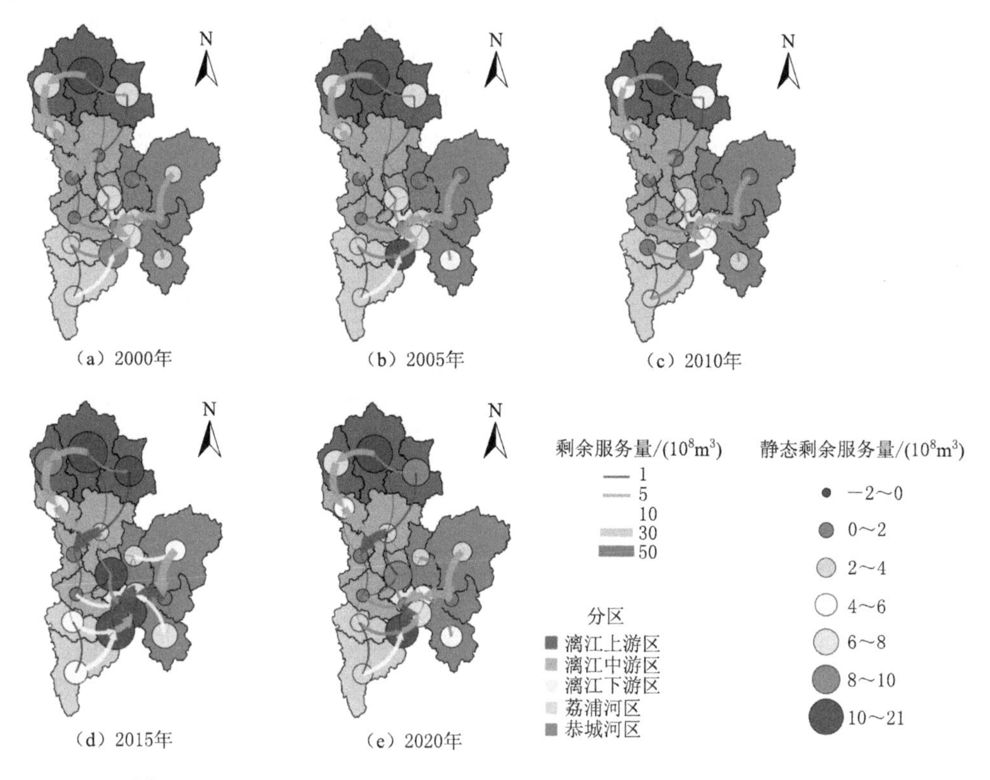


图8-34　2000—2020年漓江流域水供给服务跨子流域流转过程示意图

2000年、2005年、2010年、2015年和2020年漓江流域分别有 $61.23\times10^8m^3$、$65.27\times10^8m^3$、$53.21\times10^8m^3$、$107.93\times10^8m^3$ 和 $78.76\times10^8m^3$ 的地表水供给服务从漓江流域的供给单元通过不同级别的河流系统流向漓江流域以外的需求单元，2015年流出量最高，2010年最低。服务流出流入比可以明晰研究区潜在剩余水供给服务的出口，确定水供给服务的区外流动方向与流量。服务流出流入比大于1，即流入量小于流出量，表示区域剩余潜在服务量整体上处于减少状态，子流域可被视为服务传输区；服务流出流入比小于1，即流入量大于流出量，表示区域剩余潜在服务量不断增加，子流域可被视为服务停滞区。综合来看，除灵渠子流域、良丰河子流域和恭城河入桂江段子流域外，其他子流域可视为服务传输区，其中又以马岭河子流域、恭城河上游子流域、荔浦河上游子流域、潮田河子流域和甘棠江子流域服务传输量最高。与此相反，灵渠子流域、良丰河子流域和恭城河入桂江段子流域属于服务停滞区，意味着研究区域内流转的剩余潜在水供给服务将通过这些区域传送至研究区外。

具体来看，恭城河入桂江段子流域是三江汇合之处，也是漓江流域的出水口所在地，流域汇集后的剩余服务量将从该流域传递至研究区外的下游，平均每年输出的服务量 $47.61\times10^8m^3$。此外，不同于恭城河入桂江段子流域，灵渠子流域和良丰河子流域也成为服务停滞区的原因在于子流域内有人工运河。研究区一共涉及 2 条人工运河，分别是灵渠运河和相思埭运河（彭少华，2015）。其中，灵渠运河隶属灵渠子流域，位于桂林市兴安县境内，沟通了长江水系的湘江与珠江水系的漓江。因此，子流域内一部分剩余潜在服务量由北向南汇入漓江源头大榕江，另一部分则由南向北传递至湘江源头海洋河，平均每年可为湘江下游提供 $2.21\times10^8m^3$ 的服务量。相思埭运河隶属良丰河子流域，横穿桂林市临桂区的会仙湿地，沟通了漓江支流良丰河和洛清江支流相思江。实际上，相思埭运河是由同源异流的两条蜿蜒曲折的河流连接而成，河道通过分水塘直接相连，自分水塘起，水往两面流。因此，剩余服务量也根据河流运动方向在良丰河子流域一分为二，一部分服务量向西移动注入桂江水系的漓江，另一部分向东部移动汇入柳江水系的洛清江，平均每年为洛清江提供 $30.1\times10^8m^3$ 的服务量。

## 8.7 小　　结

本章从生态系统服务流动的角度出发，精确评估漓江流域水供给服务供需时空分布格局，动态模拟水供给服务的空间流动，科学计算水供给服务跨界流动方向与流量。本章结果有利于在考虑水安全的情况下进一步开发利用水资源，为未来水源地空间规划与保护和生态服务功能提升提供数据支撑，还可为后续跨区域生态补偿政策的制定提供科学依据。主要结论如下：

（1）水供给服务供给量：2000 年、2005 年、2010 年、2015 年和 2020 年漓江流域地表潜在供给量分别为 $102.94\times10^8m^3$、$99.52\times10^8m^3$、$82.75\times10^8m^3$、$146.5\times10^8m^3$ 和 $113.11\times10^8m^3$，约占总供水量的 74.13%。2000—2020 年漓江流域地下潜在供给量变化范围为 $29.16\times10^8\sim50.34\times10^8m^3$，多年平均供水量为 $35.85\times10^8m^3$，约占总供水量的 25.87%。校正后的水供给服务空间分布格局为西北部高于东南部，四周高于中部。

（2）水供给服务需求量：2000—2020 年漓江流域水供给服务需求量变化范围为 $19.37\times10^8\sim30.71\times10^8m^3$，2005 年最高，2020 年最低。流域用水类型以灌溉用水为主，其次是工业用水和林牧渔用水，最后是生活用水。从空间上看，流域水需求表现出明显的空间异质性，低值区主要分布在海拔较高的非岩溶区，高值区多集中在峰林平原地区，呈现较明显的城乡梯度变化。

（3）水供给服务流动量：2000 年、2005 年、2010 年、2015 年和 2020 年分别有 89.59%、82.78%、89.10%、98.20%和 96.80%的地区属于静态正平衡区，水需求满足方式为原位满足；有 2.86%、4.27%、2.69%、0.34%和 0.99%的区域属于动态正平衡区，水需求满足方式为原位满足与定向满足；有 7.55%、12.95%、8.21%、1.46%和 2.21%的区域属于动态负平衡区，水需求满足方式为原位满足、定向满足和远距离满足。其中，定向满足量为 $0.13\times10^8\sim1.12\times10^8 m^3$，远距离满足量为 $0.45\times10^8\sim7.25\times10^8 m^3$。

（4）水供给服务流动路径：2000—2020 年漓江流域剩余潜在地表水供给服务在区域间流转较为频繁，其中，北部剩余服务量沿漓江上游子流域→甘棠江子流域→桃花江子流域→潮田河子流域→良丰河子流域的方向运动；东部剩余服务量沿恭城河上游子流域→势江河子流域→恭城河入桂江段子流域→漓江入桂江段子流域→三江汇流子流域的方向运动；南部剩余服务量分别从马岭河子流域和荔浦河上游子流域汇入恭城河入桂江段子流域，最终流向流域出水口三江汇流子流域。流转后的地表剩余潜在水供给服务将通过灵渠子流域、良丰河子流域和三江汇流子流域输送至流域外。

# 第9章 生态系统服务权衡与协同

基于AcrMap空间分析软件，将30m×30m栅格数据转化成180m×180m栅格数据后将栅格数据转化成点状数据，再进行固碳释氧、水源涵养、土壤保持和生境质量等主要生态系统服务空间自相关分析，揭示漓江流域主要生态系统服务空间集聚特征及其空间分异规律。从全域、区县和子流域尺度研究2020年固碳释氧、水源涵养、土壤保持和生境质量等生态系统服务之间的权衡与协同相互关系，并基于2000年、2005年、2010年、2015年、2018年和2020年6期生态系统服务数据集，从栅格尺度研究流域生态系统服务的权衡与协同关系。结果表明，漓江流域主要生态系统服务空间集聚特征显著，且年际变化明显。全域、区县和子流域尺度生态系统服务之间关系以协同关系占主导。栅格尺度流域主要生态系统服务之间既存在极显著或显著的协同关系，也存在极显著或显著的权衡关系，且生态系统服务间的权衡协同关系及其空间格局因服务类型而不同。

## 9.1 研究方法与数据来源

### 9.1.1 自相关研究方法

以180m×180m分辨率的栅格为基本单元，利用双变量Moran I指数分别研究漓江流域固碳释氧、水源涵养、土壤保持和生境质量等四种主要生态系统服务空间自相关关系及其空间分异。Moran I指数是一种多方向、多维度的自相关系数，计算公式如下：

$$I=\frac{n\sum_{i=1}^{n}\sum_{j=1}^{n}w_{ij}(X_i-\bar{X})(X_j-\bar{X})}{\sum_{i=1}^{n}(X_i-\bar{X})^2(\sum_{i=1}^{n}\sum_{j=1}^{n}w_{ij})} \tag{9-1}$$

式中：$I$为Moran I指数，取值范围为［−1，1］，当$I>0$时表示在空间上呈正相关关系，当$I<0$时表示在空间上呈负相关关系，当$I=0$时表明空间上不相

本章执笔人：中国科学院地理科学与资源研究所张昌顺、肖玉，广西师范大学马姜明，国家林业和草原调查规划院王小昆。

关，为随机分布（齐麟等，2021）；$n$ 为研究区的空间网格单元数量；$x_i$ 和 $x_j$ 分别为空间单元 $i$ 和空间单元 $j$ 的观测值；$(X_i - \bar{X})$ 为第 $i$ 空间单元上观测值与平均值的偏差；$w_{ij}$ 为空间单元 $i$ 和空间单元 $j$ 的权重矩阵。

### 9.1.2 权衡协同研究方法

采用相关分析研究固碳释氧、土壤保持、水源涵养和生境质量等主要生态系统服务之间的权衡与协同关系。相关系数计算模型为

$$P_{X,Y} = \frac{\mathrm{cov}(X, Y)}{\sigma_X \sigma_Y} = \frac{E[(X-\mu_X)(Y-\mu_Y)]}{\sigma_X \sigma_Y} = \frac{E(XY)-E(X)E(Y)}{\sqrt{E(X^2)-E^2(X)}\ \sqrt{E(Y^2)-E^2(Y)}} \tag{9-2}$$

式中：$P_{X,Y}$ 为变量 $X$ 与 $Y$ 的 Pearson 相关系数；cov（$X$，$Y$）为两个变量的协方差；$\sigma_X$ 和 $\sigma_Y$ 为两变量的标准差。

$P_{X,Y} \in [-1, 1]$，当 $r>0$ 时，表示两变量正相关；当 $r<0$ 时，表示两变量负相关；当 $r=0$ 时，表示两变量间无线性相关关系。当 $P_{X,Y}$ 越接近 1 或 −1 时，表示两变量之间线性关系越紧密，当 $P_{X,Y}$ 越接近 0，表示两变量之间的线性关系越弱。

本章首先在 ArcMap 中将 30m×30m 分辨率的生态系统服务栅格数据转化成 180m×180m 分辨率的栅格数据，再通过栅格计算简单相加获取整个流域主要生态系统服务均有数据的空间分布，之后将其转化成点状数据，并利用 ArcMap 中 Zonal Statistics as Table 获得各点主要生态系统服务值，并在 SPSS 统计软件上进行相关分析获得 Pearson 相关系数及其显著性，最后反其道而行之，将相关系数及其显著性结果与空间点数据关联，转化生成栅格数据进行制图分析。采用该方法对全域、区县和子流域尺度权衡协同关系进行研究（Hou et al.，2017，杨洁，2021）。

栅格尺度主要生态系统服务权衡协同研究则是在 ArcMap 空间分析软件上进行线性回归分析，获得栅格尺度不同生态系统服务之间的 *Slope* 格局及其显著性 $F$ 值，并根据 *Slope* 大小确定正负相关特征，再根据显著 $F$ 值及其与 $F$ 阈值的大小关系确定栅格尺度生态系统服务之间的无关联、极显著负相关、显著负相关、不显著负相关、不显著正相关，显著正相关和极显著正相关等权衡协同类型（张昌顺等，2023）。

### 9.1.3 数据来源

本章所用的数据源为前面章节通过生态模型获得的固碳释氧、水源涵养、土

壤保持和生境质量等主要生态系统服务，其次为课题组基于 DEM 提取的子流域分布数据，以及广西师范大学提供的 2021 年行政区划数据。

# 9.2 生态系统服务空间自相关

## 9.2.1 水源涵养

2000—2020 年漓江流域水源涵养空间自相关显著，且流域水源涵养集聚分布格局年际变化明显（表 9-1 和图 9-1），以不显著集聚类型面积最大，平均占总面积的 63.4%，主要分布于流域中部和北部地区。高一高集聚和低一低集聚面积相当，平均分别约占总面积的 18.2%和 18.1%，其中高一高集聚主要分布于流域中北部地区，低一低集聚主要分布于流域南部地区。高一低集聚和低一高集聚类型面积占比较小，平均占总面积的 0.2%和 0.1%，主要零星分布于流域北部和中部地区。

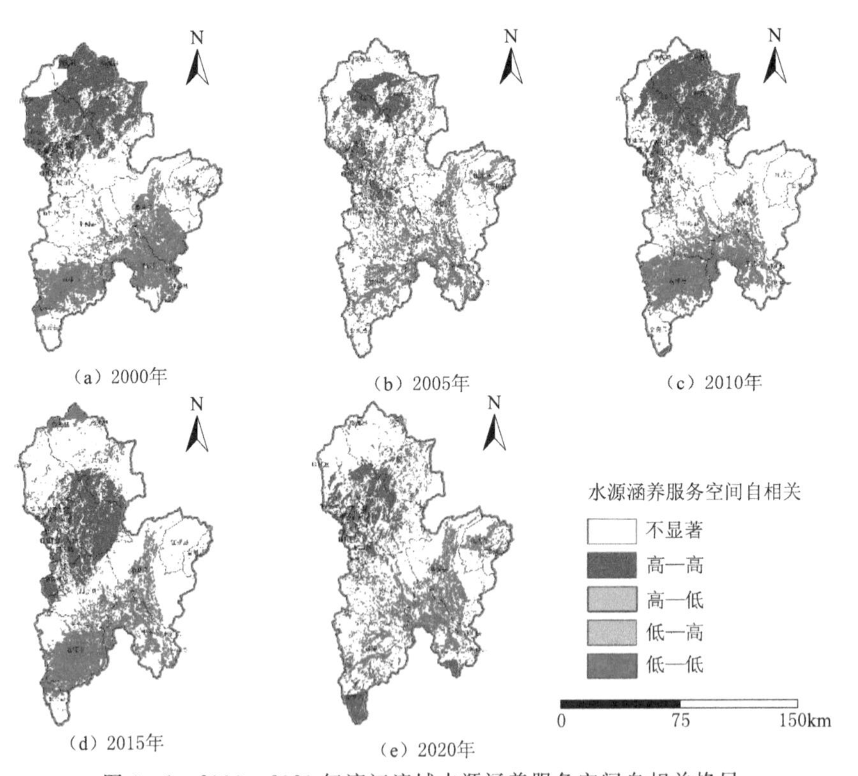


图 9-1 2000—2020 年漓江流域水源涵养服务空间自相关格局

表 9-1 2000—2020 年漓江流域水源涵养服务空间自相关类型面积占比演变

| 集聚类型 | 面积占比/% | | | | |
|---|---|---|---|---|---|
| | 2000 年 | 2005 年 | 2010 年 | 2015 年 | 2020 年 |
| 不显著 | 55.59 | 69.06 | 61.10 | 62.49 | 68.79 |
| 高一高 | 22.44 | 14.83 | 19.41 | 18.26 | 15.81 |
| 高一低 | 0.03 | 0.50 | 0.05 | 0.04 | 0.38 |
| 低一高 | 0.02 | 0.29 | 0.01 | 0.04 | 0.20 |
| 低一低 | 21.92 | 15.33 | 19.43 | 19.17 | 14.82 |

### 9.2.2 土壤保持

2000—2020 年漓江流域土壤保持服务空间自相关显著，且空间格局年际波动明显（表 9-2 和图 9-2），这是流域降水、地形地貌、土壤和植被等时空异质综合作用所致。就面积占比而言，以不显著集聚类型面积占比最大，平均约占总面积的 73.7%，广泛分布于流域北部和南部地区。随后为低一低集聚和高一高集聚，平均分别约占总面积的 12.5%和 12.9%，其中高一高集聚主要分布于流域中部、西部和东部山地丘陵地区，低一低集聚主要分布于流域西北部、中南部、东北部地区。高一低集聚和低一高集聚类型面积占比较小，平均约占总面积的 0.1%和 0.8%，其中低一高集聚主要分布于流域中部山地丘陵和平原台地交界地带。

表 9-2 2000—2020 年漓江流域土壤保持服务空间自相关类型面积占比演变

| 集聚类型 | 面积占比/% | | | | |
|---|---|---|---|---|---|
| | 2000 年 | 2005 年 | 2010 年 | 2015 年 | 2020 年 |
| 不显著 | 71.07 | 77.07 | 71.72 | 81.42 | 67.29 |
| 高一高 | 12.72 | 13.07 | 12.97 | 11.04 | 14.65 |
| 高一低 | 0.12 | 0.04 | 0.10 | 0.03 | 0.09 |
| 低一高 | 0.90 | 0.67 | 0.84 | 0.60 | 0.92 |
| 低一低 | 15.19 | 9.15 | 14.37 | 6.91 | 17.05 |

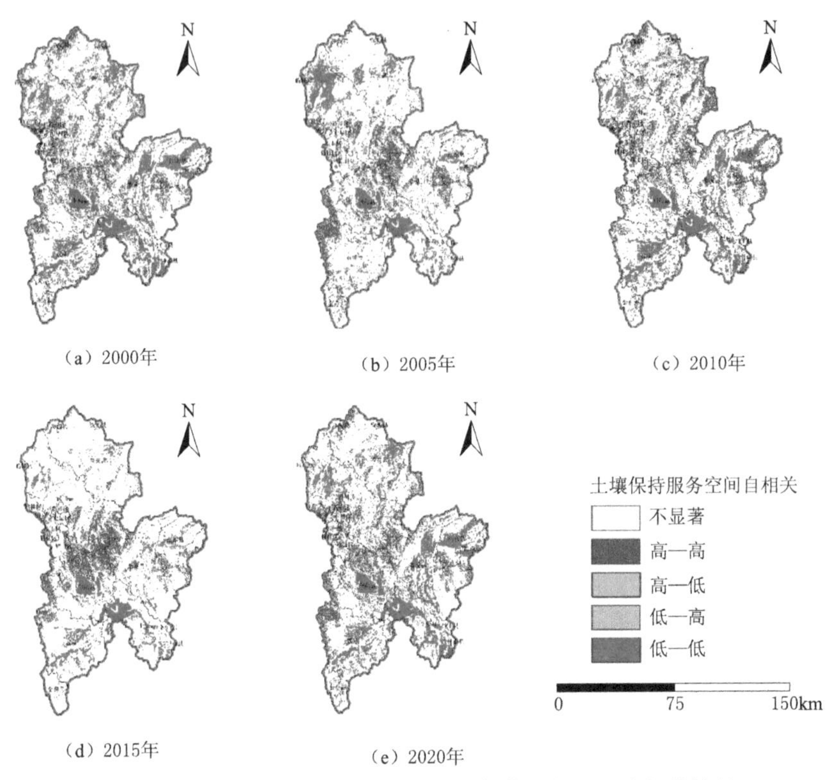


图 9-2 2000—2020 年漓江流域土壤保持服务空间自相关格局

## 9.2.3 固碳释氧

2000—2020 年漓江流域固碳释氧服务空间自相关显著，且空间格局年际波动大（表 9-3 和图 9-3），这是流域降水、植被类型构成与布局、光照等时空差异综合作用的结果。就面积占比而言，以不显著集聚类型面积占比最大，平均占总面积的 59.2%，主要分布于流域北部、东部、南部、西部等流域周边山区；其次为低一低集聚和高一高集聚，平均分别占总面积的 22.0%和 18.8%，其中高一高集聚主要分布于流域北部、西部、东部和中部地区，低一低集聚主要分布于流域西部、中南部和东北部地区。高一低集聚和低一高集聚类型面积占比较小，呈零星分布，平均约占总量的 0.01%和 0.05%。

**表 9-3 2000—2020 年漓江流域固碳释氧服务空间自相关类型面积占比演变**

| 集聚类型 | 面积占比/% | | | | |
|---|---|---|---|---|---|
| | 2000 年 | 2005 年 | 2010 年 | 2015 年 | 2020 年 |
| 不显著 | 56.96 | 58.87 | 60.52 | 60.49 | 59.04 |
| 高一高 | 19.66 | 18.44 | 17.13 | 17.95 | 20.67 |

续表

| 集聚类型 | 面积占比/% | | | | |
|---|---|---|---|---|---|
| | 2000 年 | 2005 年 | 2010 年 | 2015 年 | 2020 年 |
| 高一低 | 0.01 | 0.01 | 0.01 | 0.02 | 0.01 |
| 低一高 | 0.03 | 0.05 | 0.06 | 0.08 | 0.02 |
| 低一低 | 23.34 | 22.63 | 22.28 | 21.46 | 20.26 |

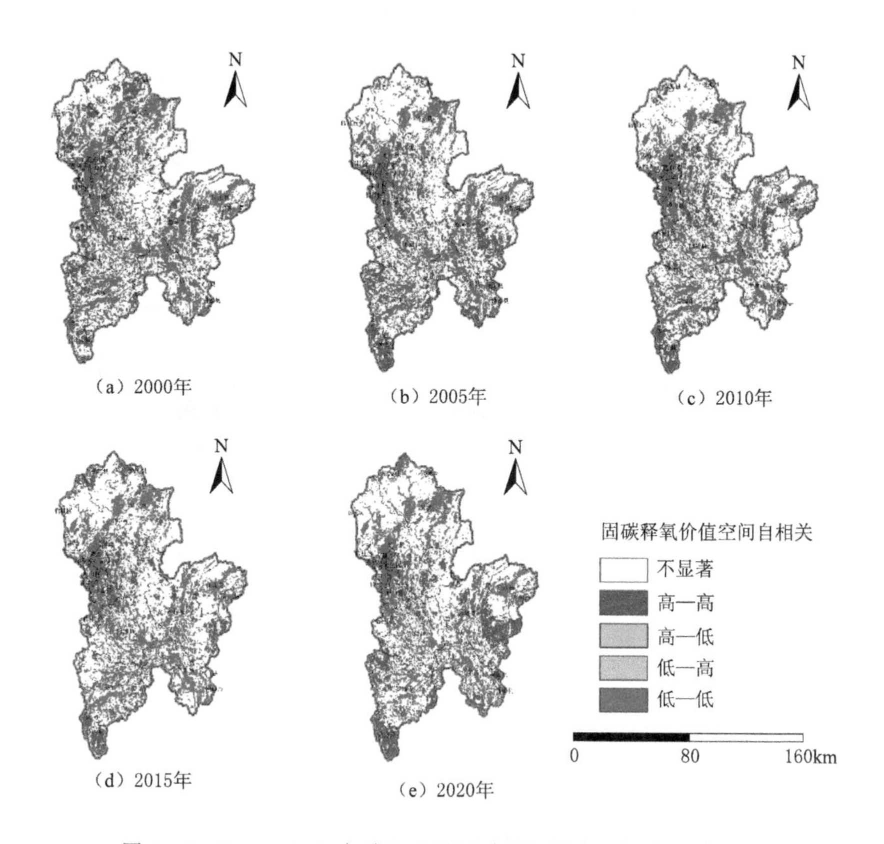


图 9-3　2000—2020 年漓江流域固碳释氧服务空间自相关格局

### 9.2.4　生境质量

2000—2020 年漓江流域生境质量空间自相关同样显著，且空间格局年际波动明显（表 9-4 和图 9-4），这是流域生态系统构成与格局、土壤开发、城市建设与布局等时空异质性综合作用所致。就面积占比而言，尽管仍以不显著集聚类型面积占比最高，平均占总面积的 49.0%，但与高一高集聚面积占比相差小于 20%，主要分布于流域中部、中北部和中山部平原台地及其与丘陵过渡带。随后为高一高集聚和低一低集聚，平均分别约占总面积的 30.9%和 19.6%。其中高一高集聚主要分布于流域北部、西部、东部和西南部地区，这些区域既是流域生物多样性保护功能区，也是流域重要的水源涵养功能区和土壤保持功能区。因此，这些区域是流域生态保护的重点区域；低一低集聚主要分布于流域西部、中北部、南部和东北部地区。高一低集聚和低一高集聚类型呈零星分布，面积占比较小，平均约占总量的 0.2%。

**表 9-4　2000—2020 年漓江流域生境质量空间自相关类型面积占比演变**

| 集聚类型 | 面积占比/% | | | | |
|---|---|---|---|---|---|
| | 2000 年 | 2005 年 | 2010 年 | 2015 年 | 2020 年 |
| 不显著 | 48.48 | 49.12 | 49.00 | 49.19 | 49.38 |
| 高一高 | 31.24 | 30.81 | 30.95 | 30.90 | 30.77 |
| 高一低 | 0.22 | 0.22 | 0.22 | 0.22 | 0.21 |
| 低一高 | 0.22 | 0.23 | 0.23 | 0.20 | 0.17 |
| 低一低 | 19.84 | 19.62 | 19.60 | 19.49 | 19.47 |

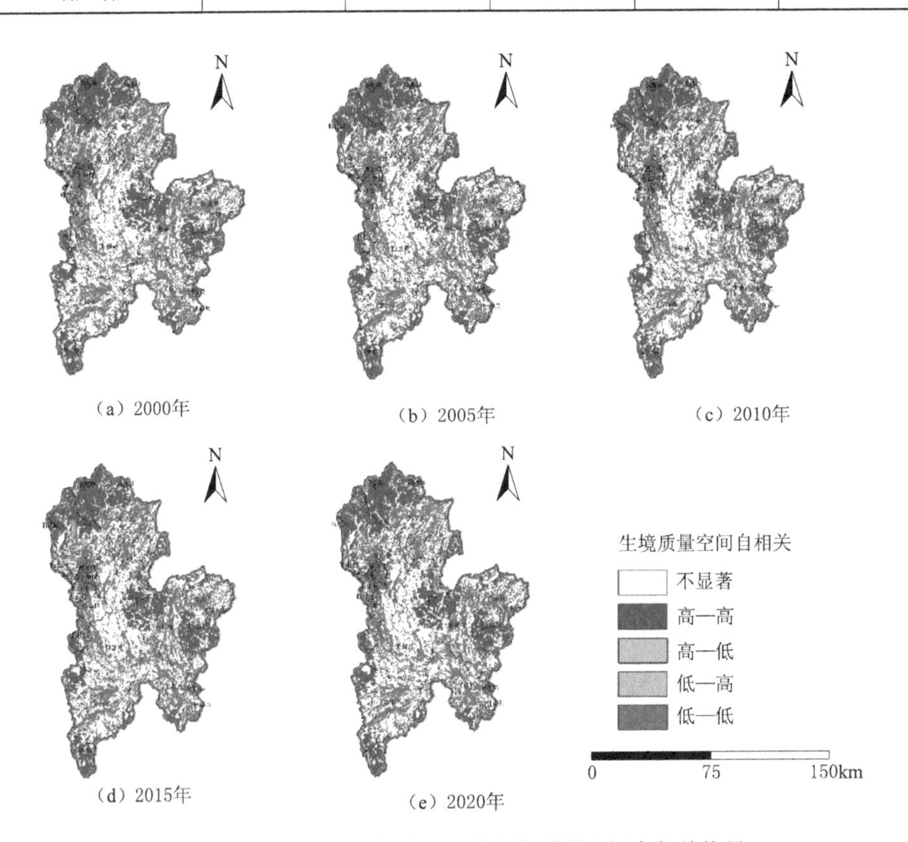


图 9-4　2000—2020 年漓江流域生境质量空间自相关格局

# 9.3 生态系统服务权衡关系

## 9.3.1 全域尺度

相关分析结果表明，2020 年全域固碳释氧、土壤保持、水源涵养和生境质量等主要生态系统服务之间存在极显著的正相关关系（$P<0.01$）。其中以生境质量与固碳释氧的相关系数最高，为 0.643；其次为水土保持与生境质量的相关系数，为 0.367；再次为水源涵养与生境质量的相关系数，为 0.361；水源涵养与固碳释氧的相关系数最低，为 0.024。但上述相关系数亦达极显著相关水平，说明漓江流域整体生态系统服务间存在极显著的协同相关关系，即存在一损俱损、一荣俱荣的协同关系（表 9-5）。

**表 9-5　2020 年漓江流域全域生态系统服务价值间的权衡与协同关系**

| 生态系统服务 | 固碳释氧 | 土壤保持 | 水源涵养 | 生境质量 |
|---|---|---|---|---|
| 固碳释氧 | — | 0.321** | 0.024** | 0.643** |
| 土壤保持 | 0.321** | — | 0.247** | 0.367** |
| 水源涵养 | 0.024** | 0.247** | — | 0.361** |
| 生境质量 | 0.643** | 0.367** | 0.361** | — |

注　** 表示在 0.01 水平上极显著相关。

## 9.3.2 区县尺度

2020 年区县尺度生态系统固碳释氧、土壤保持、水源涵养和生境质量等生态服务之间存在极显著或显著的权衡与协同关系（表 9-6）。相关分析结果表明，除资源县固碳释氧与水源涵养、水源涵养与生境质量和钟山县固碳释氧与生境质量的相关性不显著外，资源县水源涵养与土壤保持服务极显著负相关，其固碳释氧与土壤保持极显著正相关，其生境质量与固碳释氧和土壤保持极显著正相关；而钟山县固碳释氧与土壤保持和水源涵养分别显著和极显著负相关，其生境质量还与土壤保持和水源涵养极显著负相关，其水源涵养还与土壤保持极显著正相关；金秀瑶族自治县水源涵养还与固碳释氧和土壤保持服务均极显著负相关，其生境质量与水源涵养极显著负相关，固碳释氧与土壤保持和生境质量极显著正相关，生境质量与土壤保持极显著正相关。这些都说明资源县、钟山县和金秀瑶族自治县生态系统服务之间存在一定的权衡与协同关系。其余区县固碳释氧、土壤保持、水源涵养和生境质量等生态系统服务之间存在极显著的正相关关系，说明这些区县主要生态系统服务间存在一损俱损、一荣俱荣的协同关系。

表 9-6　2020 年漓江流域区县尺度生态系统服务权衡与协同关系

| 指标 | 土壤保持 | 水源涵养 | 生境质量 | 土壤保持 | 水源涵养 | 生境质量 | 土壤保持 | 水源涵养 | 生境质量 |
|---|---|---|---|---|---|---|---|---|---|
| | 江永县 | | | 秀峰仙 | | | 叠彩区 | | |
| 固碳释氧 | 0.488** | 0.722** | 0.769** | 0.582** | 0.760** | 0.855** | 0.457** | 0.716** | 0.866** |
| 土壤保持 | — | 0.397** | 0.513** | — | 0.463** | 0.477** | — | 0.268** | 0.405** |
| 水源涵养 | 0.397** | — | 0.678** | 0.463** | — | 0.931** | 0.268** | — | 0.833** |
| 指标 | 象山区 | | | 七星区 | | | 雁山区 | | |
| 固碳释氧 | 0.433** | 0.696** | 0.816** | 0.504** | 0.752** | 0.888** | 0.485** | 0.551** | 0.735** |
| 土壤保持 | — | 0.257** | 0.339** | — | 0.359** | 0.452** | — | 0.286** | 0.383** |
| 水源涵养 | 0.257** | — | 0.890** | 0.359** | — | 0.881** | 0.286** | — | 0.804** |
| 指标 | 临桂区 | | | 阳朔县 | | | 灵川县 | | |
| 固碳释氧 | 0.373** | 0.466** | 0.786** | 0.283** | 0.368** | 0.691** | 0.364** | 0.321** | 0.591** |
| 土壤保持 | — | 0.225** | 0.338** | — | 0.252** | 0.233** | — | 0.107** | 0.328** |
| 水源涵养 | 0.225** | — | 0.578** | 0.252** | — | 0.516** | 0.107** | — | 0.436** |
| 指标 | 兴安县 | | | 资源县 | | | 平乐县 | | |
| 固碳释氧 | 0.275** | 0.357** | 0.665** | 0.095** | −0.042 | 0.782** | 0.361** | 0.383** | 0.761** |
| 土壤保持 | — | 0.115** | 0.400** | — | −0.269** | 0.164** | — | 0.307** | 0.349** |
| 水源涵养 | 0.115** | — | 0.366** | −0.269** | — | 0.008 | 0.307** | — | 0.512** |
| 指标 | 恭城瑶族自治县 | | | 荔浦市 | | | 钟山县 | | |
| 固碳释氧 | 0.353** | 0.101** | 0.725** | 0.440** | 0.465** | 0.762** | −0.079* | −0.251** | 0.065 |
| 土壤保持 | — | 0.322** | 0.458** | — | 0.459** | 0.392** | — | 0.241** | −0.115** |
| 水源涵养 | 0.322** | — | 0.429** | 0.459** | — | 0.544** | 0.241** | — | −0.749** |
| 指标 | 富川瑶族自治县 | | | 金秀瑶族自治县 | | | | | |
| 固碳释氧 | 0.425** | 0.507** | 0.731** | 0.097** | −0.758** | 0.696** | | | |
| 土壤保持 | — | 0.172** | 0.485** | — | −0.048** | 0.110** | | | |
| 水源涵养 | 0.172** | — | 0.507** | −0.048** | — | −0.708** | | | |

注　* 和 ** 分别表示在 0.05 和 0.01 水平上变化显著。

### 9.3.3 子流域尺度

对 2020 年子流域尺度固碳释氧、土壤保持、水源涵养和生境质量等主要生态系统服务权衡与协同关系的研究表明，除甘棠江子流域水源涵养与土壤保持和恭城河入桂江段子流域固碳释氧与土壤保持的相关系数未达显著水平外（分别为 $r=0.010$ 和 $r=-0.026$），甘棠江子流域和恭城河入桂江段子流域其余主要生态系统服务之间存在极显著的正相关关系，其余子流域生态系统服务间存在极显著的正相关关系，说明漓江流域子流域尺度生态系统服务之间存在极显著的协同关系，即存在一损俱损、一荣俱荣的协同关系。除恭城河入桂江段子流域和马岭河子流域土壤保持服务与水源涵养的相关系数大于土壤保持与生境质量的相关系数外，其余子流域主要生态系统服务间的相关系数均以与生境质量的相关系数最大（表 9-7），说明生境质量优劣能较好地表征漓江流域子流域生态系统服务水平。

**表 9-7　2020 年漓江流域子流域尺度生态系统服务权衡与协同关系**

| 指标 | 土壤保持 | 水源涵养 | 生境质量 | 土壤保持 | 水源涵养 | 生境质量 | 土壤保持 | 水源涵养 | 生境质量 |
|---|---|---|---|---|---|---|---|---|---|
| | 漓江上游 | | | 甘棠江 | | | 灵渠 | | |
| 固碳释氧 | 0.208** | 0.355** | 0.634** | 0.395** | 0.220** | 0.668** | 0.332** | 0.355** | 0.761** |
| 土壤保持 | — | 0.035** | 0.360** | — | 0.010 | 0.434** | — | 0.195** | 0.433** |
| 水源涵养 | 0.035** | — | 0.257** | 0.010 | — | 0.409** | 0.195** | — | 0.528** |
| 指标 | 桃花江 | | | 潮田河 | | | 良丰河 | | |
| 固碳释氧 | 0.347** | 0.715** | 0.871** | 0.289** | 0.426** | 0.696** | 0.511** | 0.539** | 0.736** |
| 土壤保持 | — | 0.293** | 0.303** | — | 0.152** | 0.257** | — | 0.281** | 0.436** |
| 水源涵养 | 0.293** | — | 0.866** | 0.152** | — | 0.498** | 0.281** | — | 0.691** |
| 指标 | 兴坪河 | | | 遇龙河 | | | 漓江入桂江段 | | |
| 固碳释氧 | 0.204** | 0.206** | 0.596** | 0.325** | 0.359** | 0.718** | 0.136** | 0.360** | 0.669** |
| 土壤保持 | — | 0.209** | 0.243** | — | 0.176** | 0.236** | — | 0.369** | 0.202** |
| 水源涵养 | 0.209** | — | 0.480** | 0.176** | — | 0.541** | 0.369** | — | 0.623** |
| 指标 | 恭城河下游 | | | 恭城河入桂江段 | | | 荔浦河入桂江段 | | |
| 固碳释氧 | 0.312** | 0.210** | 0.566** | −0.026 | 0.059** | 0.626** | 0.315** | 0.115** | 0.649** |
| 土壤保持 | — | 0.256** | 0.300** | — | 0.162** | 0.072** | — | 0.125** | 0.236** |
| 水源涵养 | 0.256** | — | 0.732** | 0.162** | — | 0.496** | 0.125** | — | 0.375** |
| 指标 | 马岭河 | | | 荔浦河上游 | | | 西岭河 | | |
| 固碳释氧 | 0.471** | 0.515** | 0.792** | 0.430** | 0.369** | 0.779** | 0.269** | 0.203** | 0.683** |
| 土壤保持 | — | 0.494** | 0.484** | — | 0.317** | 0.365** | — | 0.413** | 0.452** |
| 水源涵养 | 0.494** | — | 0.650** | 0.317** | — | 0.473** | 0.413** | — | 0.629** |
| 指标 | 恭城河上游 | | | 势江河 | | | 榕津河 | | |
| 固碳释氧 | 0.438** | 0.350** | 0.724** | 0.480** | 0.300** | 0.769** | 0.480** | 0.536** | 0.802** |
| 土壤保持 | — | 0.311** | 0.490** | — | 0.245** | 0.438** | — | 0.353** | 0.428** |
| 水源涵养 | 0.311** | — | 0.504** | 0.245** | — | 0.453** | 0.353** | — | 0.612** |

**注**　* 和 ** 分别表示在 0.05 和 0.01 水平上变化显著。

### 9.3.4 栅格尺度

与全域、区县和子流域尺度不同，漓江流域栅格尺度主要生态系统服务之间均存在一定的权衡与协同关系（图 9－5）。水源涵养与土壤保持之间以协同关系占主导，其中极显著协同关系栅格主要分布于流域雁山区中南部、阳朔县西北部和临桂区南部地区，而显著协同关系栅格广泛分布于流域北部、西北部、中部、东部和南部地区。显著权衡关系栅格集中分布于最北部小范围区域。与水源涵养和土壤保持关系不同，水源涵养与固碳释氧关系以权衡关系占主导，权衡关系栅

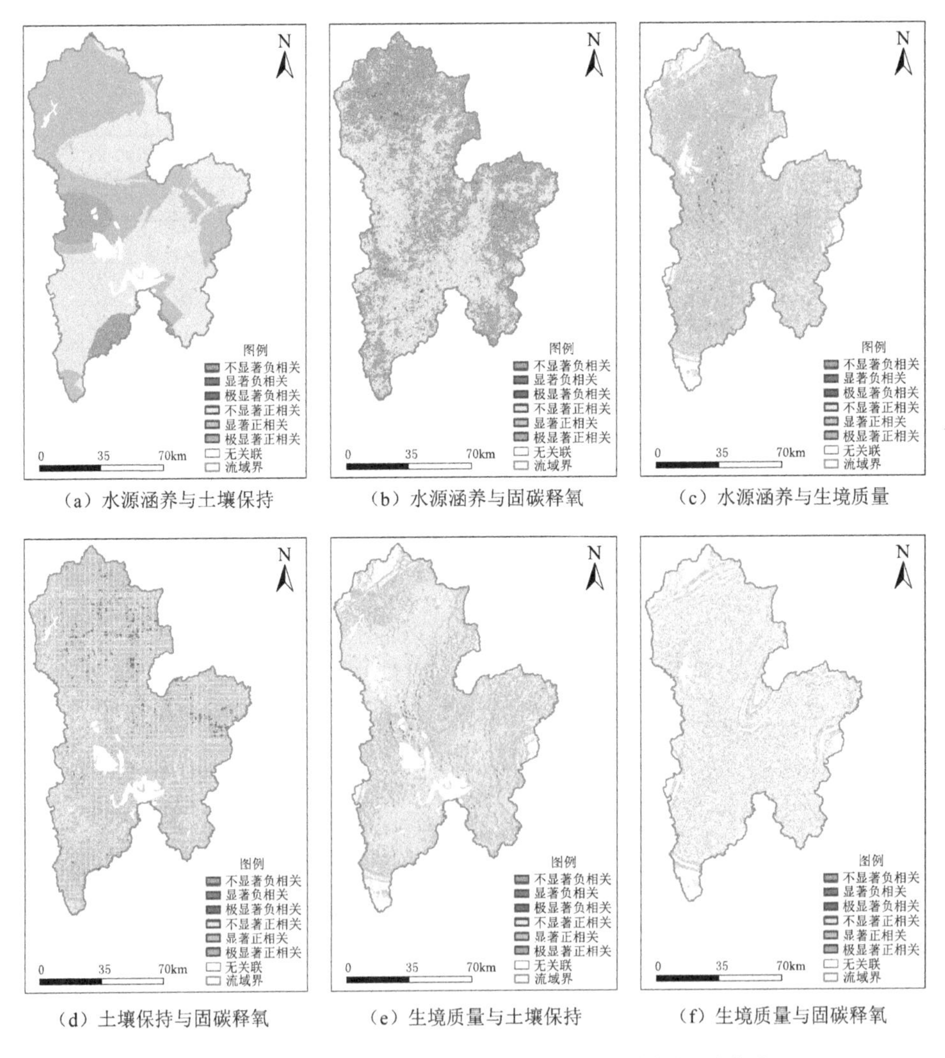


（a）水源涵养与土壤保持　（b）水源涵养与固碳释氧　（c）水源涵养与生境质量

（d）土壤保持与固碳释氧　（e）生境质量与土壤保持　（f）生境质量与固碳释氧

图 9－5　漓江流域栅格尺度生态系统服务权衡与协同关系

格有三大主要分布区：①漓江流域上游中部地区；②恭城瑶族自治县中部地区；③漓江中游阳朔县和临桂区东南部地区。而协同关系栅格有两大主要分布区：①桂林市主城区；②荔浦市、平乐县和阳朔县交界周边区域。

同样，尽管水源涵养与生境质量之间既存在权衡关系，又存在协同关系，但以权衡关系占主导，主要分布于漓江上游、潮田河和良丰河等子流域内，其次分布于恭城河上游子游域和西岭河子流域内。协同关系栅格主要分布于灵渠西北部和桃花江西北部地区（图 9－5）。

土壤保持与固碳释氧和生境质量的关系同样存在权衡与协同关系，且均以权衡关系占主导，其中土壤保持与固碳释氧权衡关系栅格广泛分布于流域中部、北部和东部山地丘陵地区。就子流域而言，主要分布于灵渠中北部、漓江上游中部和北部、潮田河东北部和北部、甘棠江的南部和中部、恭城河上游中东部和西岭河北部地区。生境质量与土壤保持权衡关系栅格主要分布于潮田河子流域中部和南部山地丘陵区。

与上述生态系统服务之间关系类似，尽管生境质量与固碳释氧之间既存在权衡关系，又存在协同关系，但权衡关系与协同关系的栅格数量相当，且它们的空间分布更为零散。

2000—2020 年漓江流域栅格尺度水源涵养、土壤保持、固碳释氧和生境质量等主要生态系统服务权衡与协同关系详见图 9－5。

鉴于漓江流域栅格尺度主要生态系统服务间存在极显著或显著的权衡与协同关系，在该区域进行生态产业化开发时，应加强生态保护与建设、扬长避短，趋利避害，实现流域生态产品价值最大化与可持续利用。

## 9.4 小　　结

基于空间分析技术探讨漓江流域水源涵养、土壤保持、固碳释氧和生境质量空间自相关关系，并从全域、区县、子流域和栅格尺度研究主要生态系统服务间的权衡与协同关系，得到以下主要结论：

（1）尽管漓江流域水源涵养、土壤保持、固碳释氧和生境质量等主要生态系统服务空间集聚均以无显著集聚占主导，但流域生态系统服务集聚类型构成及其空间分布在服务类型间和年际间差异明显。如不显著集聚面积占比以水源涵养最高，平均为 73.7％；土壤保持次之，平均为 63.4％；生境质量最低，平均仅为 49.0％。高一高集聚分布，水源涵养服务主要分布于北部、中北部地区，土壤保持服务主要分布于中部和东部地区，固碳释氧服务主要分布于流域西南、东部和中北部地区，而生境质量则主要位于流域周边海拔较高的山区，这是流域生态系统、气象、地形地貌等因素综合作用所致。

（2）2020 年漓江流域全域、区县和子流域固碳释氧、水源涵养、土壤保持和生境质量等生态系统服务间关系以极显著或显著协同关系为主，且大多服务与生境质量的协同关系最为密切。

（3）栅格尺度生态系统服务间存在极显著或显著的权衡与协同关系，但生态系统服务间的权衡与协同空间格局因生态服务类型而异，如水源涵养与土壤保持服务间以协同关系为主，其空间分布主要位于流域北部、中部和东部南部局部区域，而土壤保持和固碳释氧以权衡关系占主导，主要以小范围分布于流域中北部和东北部地区。

（4）全域、区县和子流域生态系统服务关系以权衡关系占主导，而栅格尺度生态系统服务间既有权衡关系，又有协同关系，说明生态保护与建设对提升整体、区县和子流域生态系统服务效果显著，但应基于栅格尺度生态系统服务权衡协同关系制定具体空间生态保护与建设方案与措施。

# 第10章　研究结论与政策建议

## 10.1　研究结论

### 10.1.1　生态系统格局与演变规律

2020年漓江流域生态系统以森林和农田生态系统占主导，分别占总面积的64.9%和21.7%。2000—2020年全域生态系统变化集中体现为农田和草地面积极显著降低（$P<0.01$），水域与湿地和聚落极显著增加，森林和其他呈先增加后降低，这是区域退耕还林还草还湿、城市化和生态系统保护与建设等综合作用的结果。生态系统转移强度2010—2020年明显大于2000—2010年，2000—2010年农田、森林和草地转出量仅分别约为2010—2020年相应类型转出量的17.9%、14.1%和30.5%。2000—2020年转出以农田、森林和草地转出为主，分别转出了256.179$km^2$、232.257$km^2$和114.714$km^2$；转入主要转化成森林、农田和聚落，转入面积分别为206.937$km^2$、186.545$km^2$和132.041$km^2$。2000—2020年农田主要转化成森林和聚落，占转出总量的47.94%和33.84%；森林主要转化成农田和草地，约占转出量的54.17%和24.53%；草地主要转化成森林，约占61.86%；水域与湿地主要转化成农田和森林；其他主要转化成森林和水域与湿地。由于生态系统大多呈集聚分布，致使2000—2020年流域生态系统空间转化格局因生态系统类型的不同而不同：农田转出主要在平原台地及建成区周边，主要转化成森林和聚落生态系统；而森林转出区域主要为山地丘陵区及城乡过渡带地区，主要转化成聚落和农田等生态系统。

### 10.1.2　生境质量格局与演变特征

漓江流域生境质量整体较高，约为0.7684，生境质量高值区（>0.85）约占流域总面积的46.40%，58.4%的区域生境质量大于全域平均值。尽管2000—2020年流域生境质量整体呈极显著降低，但下降速率极其缓慢，说明漓江流域生态系统保护与建设成效显著。由于区域城市化建设和生态系统结构与格局等空

本章执笔人：中国科学院地理科学与资源研究所张昌顺、肖玉，广西师范大学马姜明。

间差异悬殊，流域生境质量及其变化规律在区县间和子流域间差异显著，其中2020 年漓江上游及恭城河上游和荔浦河上游区县或子流域的生境质量明显高于中下游区县或子流域。区县尺度以资源县最高，为 0.9720；钟山县次之，为 0.9518，七星区最低，仅为 0.3642。子流域尺度以漓江上游子流域最高，为 0.8788；甘棠江子流域次之，为 0.8567；桂林市主城区所在的主要区域桃花江流域最低，为 0.5414。区县和子流域生境质量、演变速率及其显著性因生态系统类型而不同，这是区域自然资源禀赋、分布格局和人为干扰等影响因素综合作用所致。

### 10.1.3 生态系统服务格局与演变

漓江流域生态系统服务能力强，2000—2020 年流域单位面积净初级生产力、水源涵养、土壤保持、植被固碳量及其释氧量分别为 558.2g C/($m^2$ · 年)、341.7mm/($m^2$ · 年)、3310.1t/($hm^2$ · 年)、909.9g/($m^2$ · 年)和 664.3g/($m^2$ · 年)，均高于同期全国平均水平。受气象、地形地貌、生态系统格局、土壤等因素影响，流域生态系统服务时空分异显著，且时空分异规律因生态系统服务类型的不同而不同。其中全域尺度，植被净初级生产力和固碳释氧量以 2018 年最高，2010 年最低；水源涵养量以 2015 年最高，2018 年最低；土壤保持服务以 2005 年最高，2018 年最低。区县尺度，植物净初级生产力和固碳释氧服务能力以金秀瑶族自治县最高，钟山县次之，七星区最弱；水源涵养服务能力以资源县最强，钟山县次之，平乐县最弱；土壤保持服务能力以资源县最强，金秀瑶族自治县次之，叠彩区最弱。生态系统服务能力在年际间、区县间、子流域间和生态系统间均差异显著，其原因与区域植被类型与分布、坡度、地貌、土壤、人为干扰、降雨、温度等影响因子时空分异密切相关。

### 10.1.4 水供给服务空间流转演变

漓江流域水资源异常丰富，不仅解决自身用水需求，还向流域外供给大量清洁淡水。不考虑水供给服务空间流转条件下，2000—2020 年，91.3%的区域实现水供需平衡。考虑水供给服务空间流流转，又可增加流域总面积 2.2%的区域实现水供需平衡，仅约 6.5%的区域需要开采地下水或借助灌溉设施跨区域调水才能实现水供需平衡。水供给服务沿着水网从干流/支流的上游向中下游区县和子流域流动，其中剩余潜在水供给服务流出量较高区县包括恭城瑶族自治县、灵川县、雁山区、平乐县和象山区。流入量较高的区县依次为雁山区、平乐县、恭城瑶族自治县、象山区和灵川县。净流量较高的区县为灵川县、兴安县、恭城瑶族自治县、荔浦市和阳朔县，而平乐县和雁山区的净流量为负值，说明研究区域内流转的剩余潜在水供给服务将通过平乐县和雁山区输送至流域外，每年从雁山区和平乐县向流域外输出 27.57 亿 $m^3$ 和 34.05 亿 $m^3$ 淡水。漓江流域水供给流转路径为：

北部：漓江上游→甘棠江→桃花江→潮田河→良丰河；

东部：恭城河上游→势江河→恭城河下游→漓江入桂江段→恭城河入桂江段；

南部：马岭河→荔浦河上游→恭城河下游→恭城河入桂江段。

此外，还确定了各区县和子流域间水供给服务流转量，为流域水供给服务跨区域补偿提供数据支撑。

### 10.1.5 生态系统服务权衡与协同

2000—2020 年漓江流域水源涵养、土壤保持、固碳释氧和生境质量等生态系统服务空间集聚分布显著，且集聚分布特性在生态系统服务类型间和年份间差异均显著，如水源涵养服务有 18.2%的区域呈高一高集聚，18.1%的区域呈低一低集聚，约 63.4%的区域呈不显著的集聚；而土壤保持服务高一高集聚和低一低集聚面积平均分别约占总面积的 12.9%和 12.5%，约 73.7%的区域无显著集聚分布。生态系统服务权衡与协同关系因研究尺度的不同而不同，其中全域尺度、区县尺度和子流域尺度，2020 年生态系统服务间权衡与协同关系主要表现为协同关系，且大多与生境质量关系最为紧密。在栅格尺度上，漓江流域生态系统服务间既存在权衡关系，又存在协同关系，且不同生态系统服务间的权衡与协同关系的空间格局与构成差异显著，其中水源涵养与土壤保持服务间主要为协同关系，二者的协同关系区域集中连片分布于流域北部、中部和东部地区，此外，在流域南部地区也有集中连片分布，其余生态系统服务间以权衡关系为主，协同关系的区域较小，且主要为零散分布，鲜有集中连片分布。

## 10.2 政 策 建 议

### 10.2.1 土地城市化开发建设

漓江流域生境质量整体较高，但空间差异显著，低值区主要分布于岩溶地貌区，高值区主要位于流域北部、中北部、东部、南部和西部的海拔较高的山地丘陵区，这是区域地形地貌、生态系统格局和城市化建设等综合作用的结果。同时，生境质量高值区大多是土壤保持、水源涵养、固碳释氧等重要生态功能区，而低值区主要为桂林市各区县主城区及乡村聚落分布区，同时也是岩溶地貌区，面临石漠化风险。鉴于流域内建成区及其周边的生境质量大多低于流域生境质量平均水平，同时也属于岩溶地貌区，故该区域应尽量提高土地利用效率，限制土地城市化开发，减少人类活动对生境质量的影响，加强原生景观的保护与建设，着重关注岩溶地区石漠化防治和水土流失治理，确保河流生态用水与景观用水，提升区域景观资源价值，积极发展景观文化旅游产业，促进生态产品价值实现，实现流域得天独厚的“桂林山水”景观资源可持续利用。

### 10.2.2 流域生态保护与建设

漓江流域水源涵养、土壤保持、固碳释氧和生境质量等主要生态系统服务空间自相关研究表明，漓江流域主要生态系统服务空间集聚分布显著。因此，应根据流域生态系统服务空间自相关研究结果，因地制宜，一地一策，在不同区域采取不同的生态保护与建设措施。如水源涵养、土壤保持等生态系统服务高－高集聚区是流域水源涵养、土壤保持、固碳释氧和生物多样性保护等重点功能区，应加强生态系统的保护与管理，防治生态系统退化，促进生态系统演替，提升上述重点生态功能区的生态价值。而对于低—低集聚区，则可通过封山育林、人工促天然更新、人工造林种草等方式，恢复与增加绿色植被，优化生态系统结构与空间格局，提升生态系统服务。对于高—低集聚区或低—高集聚区，则应在不降低区域生态系统服务功能的前提下，基于近自然生态系统经营的理论，降低人为干扰强度，通过封育或飞播造林等人工促天然更新等方式，提升区域生态系统服务。在实施生态保护与建设过程中，既要考虑生态系统服务权衡与协同关系，还应考虑区域主导服务功能与生态定位，实现漓江流域自然、社会和经济的和谐可持续发展。

### 10.2.3 流域生态产品产业化

生态产业化是“绿水青山就是金山银山”理论的具体实践，是区域可持续发展的重要体现与必经之路。漓江流域得天独厚的景观资源是“桂林山水”的主体，是桂林市生态产业化的物质基础。漓江流域生态产业化规划设计中位置选择时，不仅要考虑流域水源涵养、土壤保持、固碳释氧等主要生态系统服务空间格局与自相关关系，还应考虑生态系统服务权衡与协同关系，以及流域上中下游生态系统服务间的相互作用关系和生态系统服务空间流转特征。例如：在水源涵养、土壤保持、生境质量等生态系统服务高－高集聚的山地丘陵区重点发展生物多样性保护、生态公益林保护和碳汇等产业，通过国家财政转移支付或碳基金等方式实现生态资源价值；在低－低集聚的平原台地地区，可以发展绿色农田、田园综合体等生态农业；而在低－高和高－低集聚的城乡过渡带应发展林果蔬采摘农业、休闲农业，提升景观价值。同理，在干流或支流上游重点发展低耗水旅游、林果等产业，而在下游可以发展耗水量相对高的生态农业、绿色林果加工业等产业，因为中上游的产水量可通过水网向中下游供给。总之，在生态产业化过程中，应充分利用流域得天独厚的景观资源和丰富的生态系统服务资源，加强基础设施建设和绿色产品品牌打造，优化产业布局，加强基础设施建设，促进流域丰富景观产品价值的实现。

### 10.2.4 流域跨区域生态补偿

生态补偿是以保护和可持续利用生态系统服务为目的，以经济手段为主，调节相关者利益关系的制度。广义的生态补偿既包括对生态系统和自然资源保护所获得效益的奖励或破坏生态系统和自然资源所造成损失的赔偿，也包括对造成环境污染者的收费。狭义的生态补偿则主要是指前者。目前我国的生态补偿主要由国家转移支付或通过生态保护与建设工程等方式实现，如通过实施天然林保护工程、退耕还林还草工程、三北防护林工程、京津风沙源治理工程、国家级公益林保护等生态工程，筑牢生态屏障，改善生态安全。随着生态补偿研究的不断深入，跨区域生态补偿日益受到学者和政府的重视，跨区域补偿是真正落实“谁受益谁补偿、谁买单”的有效途径，对保护重要生态功能区和实现区域可持发展具有重要意义。

漓江流域产水量异常丰富，不仅解决了流域内水资源需求，每年还向流域外供给约61.6亿$m^3$的淡水。流域内水供给服务空间流动量巨大，区县尺度，以秀峰区、七星区、象山区、叠彩区、平乐县的流动受益量最多，平均每年接受上游水供给服务量为$38.5\times10^6$ $m^3$、$31.87\times10^6$ $m^3$、$30.75\times10^6$ $m^3$、$21.66\times10^6$ $m^3$、$15.17\times10^6$ $m^3$；子流域尺度，榕津河、桃花江、荔浦河上游、潮田河、遇龙河等子流域的流动受益量较高，平均每年接受上游水供给服务量为$6.21\times10^6$ $m^3$、$5.23\times10^6$ $m^3$、$4.78\times10^6$ $m^3$、$4.3\times10^6$ $m^3$、$4.15\times10^6$ $m^3$。这些区县或子流域应向上游区县或子流域进行生态补偿，用于加强上游地区生态系统保护与建设及民生改善，这样既有利于上游生态保护与建设，实现上下游的和谐发展，还可加快上游区县社会经济发展，促使下游区县节约用水，提高水资源利用效率。鉴于跨区域生态补偿涉及供体、受体、补偿机制、补偿额度、受益额度等方方面面，跨区域生态补偿有待深入研究。此外，跨区域生态补偿不仅有流域内跨区域补偿，还涉及漓江流域与桂江流域间的生态补偿，乃至珠江流域内跨区域生态补偿。同时，鉴于不同区域发展水平差异悬殊，跨区域生态补偿涉及多方利益，我国跨区域生态补偿研究尚处于探索阶段，但已成为生态补偿研究的新热点。

# 参 考 文 献

毕奔腾，杨辰，李景文，等，2022. 基于数字高程模型的中国岩溶地貌研究进展及前景分析［J］. 中国岩溶，41（2）：318－328.

蔡崇法，丁树文，史志华，等，2000. 应用 USLE 模型与地理信息系统 IDRISI 预测小流域土壤侵蚀量的研究［J］. 水土保持学报，14（2）：19－24.

陈余道，蒋亚萍，朱银红，2003. 漓江流域典型岩溶生态系统的自然特征差异［J］. 自然资源学报，18（3）：326－332.

高江波，左丽媛，王欢，2019. 喀斯特峰丛洼地生态系统服务空间权衡度及其分异特征［J］. 生态学报；39（21）：7829－7839.

国家发展和改革委员会，2016. 资源环境承载能力监测预警技术方法（试行）［R］. 北京：国家发展和改革委员会 .

何艳阳，2022. 桂林市漓江流域乡村性评价及其乡村发展类型划分［D］. 桂林：桂林理工大学 .

环境保护部，2015. 生态保护红线划定技术指南［R］. 北京：环境保护部 .

江思义，吴福，刘庆超，等，2019. 广西桂林市规划中心城区岩溶发育特征及分布规律［J］. 中国地质灾害与防治学报，30（3）：120－128.

李炜轩，2020. 海洋-寨底地下水系统水资源动态特征分析及评价［D］. 桂林：桂林理工大学 .

刘宝元，张科利，焦菊英，1999. 土壤可蚀性及其在侵蚀预报中的应用［J］. 自然资源学报，14（4）：345－350.

刘绍华，郭芳，姜光辉，等，2015. 桂林市峰林平原区岩溶水文地球化学特征［J］. 地球与环境，43（1）：55－65.

刘宪锋，任志远，林志慧，2013. 青藏高原生态系统固碳释氧价值动态测评［J］. 地理研究，32（4）：663－670.

罗书文，贺卫，杨桃，等，2021. 湘桂走廊地貌发育特征的地学意义及形成机制研究［J］. 中国岩溶，40（5）：750－759.

彭少华，2015. 桂柳运河与相思江［J］. 桂林师范高等专科学校学报，29（4）：1－8.

朴世龙，方精云，郭庆华，2001. 利用 CASA 模型估算我国植被净第一性生产力［J］. 植物生态学报，25（5）：603－608，644.

齐麟，张月，许东，等，2021. 东北森林屏障带生态系统服务权衡与协同关系［J］. 生态学杂志，40（11）：3401－3411.

任梦梦，黄芬，胡晓农，等，2020. 漓江流域 δD 和 $\delta^{18}O$ 对蒸发的指示作用［J］. 中国环境科学，40（4）：1637－1648.

任智丽，路明，孙小双，2020. 会仙湿地岩溶地下水数值模拟［J］. 南水北调与水利科技，18（5）：157－164.

荣检，2017. 基于 InVEST 模型的广西西江流域生态系统产水与固碳服务功能研究［D］. 桂林：广西师范大学 .

石朋，侯爱冰，马欣欣，等，2012. 西南喀斯特流域水循环研究进展［J］. 水利水电科技进展，32（1）：69－73.

宋晓猛，张建云，占车生，等，2013. 基于DEM的数字流域特征提取研究进展［J］. 地理科学进展，32（1）：31－40.

王军，严有龙，王金满，等，2021. 闽江流域生境质量时空演变特征与预测研究［J］. 生态学报，41（14）：5837－5848.

王腊春，史运良，2006. 西南喀斯特峰丛山区雨水资源有效利用［J］. 贵州科学，24（1）：8－13.

王朋辉，姜光辉，袁道先，等，2019. 岩溶地下水位对降雨响应的时空变异特征及成因探讨——以广西桂林甑皮岩为例［J］. 水科学进展，30（1）：56－64.

吴志强，潘林艳，代俊峰，等，2022. 漓江流域岩溶与非岩溶农业小流域水体硝酸盐源解析［J］. 农业工程学报，38（6）：61－71.

肖玉，谢高地，鲁春霞，等，2016. 基于供需关系的生态系统服务空间流动研究进展［J］. 生态学报，36（10）：3096－3102.

谢高地，张彩霞，张雷明，等，2015. 基于单位面积价值当量因子的生态系统服务价值化方法改进［J］. 自然资源学报，30（8）：1243－1254.

肖飞鹏，李晖，尹辉，等，2014. 基于生态系统服务的青狮潭水库生态补偿研究. 广西师范大学学报（自然科学版），32（2）：162－167.

徐洁，肖玉，谢高地，等，2016. 东江湖流域水供给服务时空格局分析［J］. 生态学报，36（15）：4892－4906.

杨洁，2021. 黄河流域草地生态系统服务功能及其权衡协同关系研究［D］. 兰州：甘肃农业大学.

杨明德，1990. 论喀斯特环境的脆弱性［J］. 云南地理环境研究，2（1）：21－29.

杨先武，2019. 基于DEM的喀斯特峰林峰丛地形特征与空间分异研究［D］. 南京：南京师范大学.

易连兴，夏日元，王喆，等，2017. 岩溶峰丛洼地区降水入渗系数——以寨底岩溶地下河流域为例［J］. 中国岩溶，36（4）：512－517.

余新晓，吴岚，饶良懿，等，2008. 水土保持生态服务功能价值估算［J］. 中国水土保持科学，6（1）：83－86.

袁道先，1988. 论岩溶环境系统［J］. 中国岩溶，7（3）：9－16.

张昌顺，范娜，刘春兰，等，2023. 1990—2018年中国生态系统水源涵养功能时空格局与演变研究［J］. 生态学报 43（13）：5536－5546.

钟泓，2009. 漓江流域生态旅游资源开发的空间结构演变研究［D］. 北京：北京林业大学.

钟佩，2020. 基于多源数据的漓江流域旅游资源评价及空间格局分析［D］. 桂林：桂林理工大学.

周广胜，张新时，1996. 中国气候-植被关系初探［J］. 植物生态报，20（2）：113－119.

ANGULO－MARTÍNEZ M，BEGUERÍA S，2009. Estimating rainfall erosivity from daily precipitation records：a comparison among methods using data from the Ebro Basin（NE Spain）［J］. Journal of Hydrology，379（1－2）：111－121.

FIELD C B，RANDERSON J T，MALMSTRÖM C M，1995. Global net primary production：combining ecology and remote sensing［J］. Remote sensing of Environment，51（1）：74－

88.

GAO Y，FENG Z，LI Y，et al，2014. Freshwater ecosystem service footprint model：A model to evaluate regional freshwater sustainable development—a case study in Beijing - Tianjin - Hebei，China [J]. Ecological Indicators，39：1 - 9.

HOU Y，LÜ Y，CHEN W，et al，2017. Temporal variation and spatial scale dependency of ecosystem service interactions：a case study on the central Loess Plateau of China [J]. Landscape Ecology，32 (6)：1201 - 1217.

MCCOOL D K，FOSTER G R，MUTCHLER C K，et al，1989. Revised slope length factor for the universal soil loss equation [J]. Transactions of the American Society of Agricultural Engineers，32 (5)：1571 - 1576.

POTTER C S，RANDERSON J T，FIELD C B，et al，1993. Terrestrial ecosystem production：a process model based on global satellite and surface data [J]. Global biogeochemical cycles，7 (4)：811 - 841.

QIN K Y，LIU J Y，YAN L W，et al，2019. Integrating ecosystem services flows into water security simulations in water scarce areas：Present and future [J]. Science of The Total Environment，670：1037 - 1048.

RENARD K G，FOSTER G R，WEESIES G A，et al，1997. Predicting soil erosion by water ：a guide to conservation planning with the Revised Universal Soil Loss Equation (RUSLE) [R]. U. S. Department of Agriculture.

SUN S，LÜ Y，FU B，2023. Relations between physical and ecosystem service flows of freshwater are critical for water resource security in large dryland river basin [J]. Science of The Total Environment，57：159549.

WANG X，ZHANG X，FENG X，et al，2020a. Trade - offs and synergies of ecosystem services in karst area of China driven by Grain - for - Green program [J]. Chinese Geographical Science，30 (1)：101 - 114.

WANG Z Z，ZHANG L W，LI X P，et al，2020b. A network perspective for mapping freshwater service flows at the watershed scale [J]. Ecosystem Services，45：101129.

WILLIAMS J R，JONES C A，DYKE P T，1984. A modeling approach to determining the relationship between erosion and soil productivity [J]. Transactions of the American Society of Agricultural Engineers，27 (1)：129 - 0144.

YANG X，TANG G，MENG X，et al，2018. Saddle Position - Based method for extraction of depressions in fengcong areas by using digital elevation models [J]. ISPRS International Journal of Geo - Information，7 (4)：136.

ZHANG S，XIONG K，QIN Y，et al，2021. Evolution and determinants of ecosystem services：Insights from South China karst [J]. Ecological Indicators，133：108437.

ZHU Q，TRAN L T，WANG Y，et al，2022. A framework of freshwater services flow model into assessment on water security and quantification of transboundary flow：A case study in northeast China [J]. Journal of Environmental Management，304：114318.